ヤマケイ文庫

野草の名前 秋・冬 和名の由来と見分け方

Takahashi Katsuo
高橋勝雄 解説・写真

Matsumi Katsuya
松見勝弥 絵

Yamakei Library

はじめに

高橋勝雄

秋に高原へ出かけると、トリカブトの仲間を目にする。何トリカブトであるかは分からなくても、「トリカブトだ！」と叫ぶことができる。このトリカブトの名前は、どんなところからつけられたのだろうかと考えると、毒草として敬遠したこの草と近しくなれる。

越《え》天楽《てんらく》など雅楽の奏者(伶人)に錦でつくった帽子をつけている人がいる。この帽子は、想像上の鳥〝鳳凰〟を象《かたど》っている。〝鳳凰〟は鳥であり、帽子は兜(甲)に相当する。それで、この帽子を〝鳥兜《とりかぶと》〟という。

トリカブトの花を見ると〝鳥兜〟に似ている事がわかる。それで、トリカブトの名前がついたことを知る。

このように、名前の由来を考えたり、調べたりすると、今まで気がつかなかったことが分かったり、植物名を容易に覚えることもできる。

アシボソという、どこにでもはびこる草がある。アシボソなんて、若い女性の喜びそうな名前である。しかし、何でこんな変な名前をつけたのだろうかと思って、じっくり観察した。根の方を見ているうちに、この草の茎を下の方へたどっていくと、根が伸びているところと茎との境目の茎の一節だけは、明らかに細い。茎の〝足〟の部分が細いから、アシボソである。

次に、名前の由来を調べていくと、幾つかの類型に分類できることも分かる。

▼ヤマトリカブトと伶人の鳥兜

和名の由来

① 物に似る。似る物の名前をつける

ウキヤガラ（枯れた茎が矢筈《やがら》に似る）、ウリカワ（葉は瓜をむいた皮に似る）、ナンバンギセル（草姿が南蛮人の持つ煙管《きせる》に似る）。

② 似る動物または一部の名前をつける

エノコログサ（花穂《かすい》が子犬の尾に似る）、コブナグサ（葉が小鮒に似る）、タコノアシ（草姿が蛸の足に似る）、コウモリソウ（葉形がコウモリの飛行の姿に似る）。

③ 2段論法式、別の植物の名前を付加

イワインチン（葉姿がインチンヨモギに似る）、ヤマゼリ（葉姿はセリに似るが、山に生えている）。

④ 3段論法式、植物同士の名前を付加

コセンダングサは、センダングサの名前を借り、センダングサは樹木のセンダンの名前を借りた。

⑤ 植物の色彩を名前に

アカザ（新葉の中心部分が赤色に染まる）、アカネ（根が赤みを帯びる）、ベニバナボロギク（花の一部が赤い。花後の実の頃に白い綿毛ができる。これを〝ぼろ〟という）。

⑥ 生薬名が植物名に

サラシナショウマ（升麻《しょうま》という生薬）、シラネセンキュウ（川芎《せんきゅう》という生薬に似た草姿か？ 薬効は不明）。

▼ナンバンギセルと南蛮人の煙管

▼エノコログサと子犬

⑦産地・自生地が名前に

キクタニギク(京都の菊渓《きくたに》)、ハキダメギク(ゴミ捨て場に自生)、ハマギク(浜辺に自生)。

⑧植物の持つ"力"が名前に

イタドリ(痛みどりから)、イボクサ(イボがとれる)、オヤマボクチ(火熾《おこ》しの材料、火口《ぼくち》に加工できる)。

⑨植物が備える形状が名前に

アシボソ(一番下の茎が上の茎よりも細くなる)、サンカクイ(茎を横に切った断面が三角形)。

⑩その植物が持つ匂いが名前に

ジャコウソウ(草に麝香《じゃこう》の香り)、リュウノウギク(葉に竜脳香の香りがする)。

⑪文字に似る

ジンジソウ(人の字形の花が咲く)、ダイモンジソウ(大の字形の花が咲く)。

[本書をお読みになる前に]

本書は二〇〇三年十一月に発行した『山溪名前図鑑　野草の名前　秋・冬―和名の由来と見分け方』を文庫化したものです。文庫化にあたっては紙面の都合上、一般に馴染みのうすい種類や木本植物(木のこと)、いつくかの写真や植物解説を割愛しましたが、由来を解説した文章・イラストは、原則単行本と同じものです。また植物の分類情報に関しては、DNA解析に基づく分類体系(APGⅢ)に準拠しています。

▼浜辺に自生するハマギク

【お礼(初版より)】

1　読者の皆さんから、温かい励ましをたくさんいただきました。そのお陰で、〝挫折〟を遠ざけることができました。

2　取材についてご案内して下さった協力者の方々へ、お礼を申し上げます。

3　イラスト担当の松見勝弥氏には、とてもいい絵を描いていただきうれしく思っています。

4　山と溪谷社の編集担当の江種雅行氏の仕事振りに感銘を受けました。同社の香川長生氏には困った時に助けていただきました。高橋礼子氏には資料収集の応援をしていただきました。

(高橋勝雄)

【主な参考文献】

阿部正敏著『葉による野生植物の検索図鑑』
阿部正敏著『葉によるシダの検索図鑑』
安藤宗良著『花の由来』
伊沢一男著『薬草カラー大事典』
上田萬年ほか編『覆刻版・大辞典』上・下
奥山春季著『日本野外植物図鑑』I～III
北村四郎ほか著『原色日本植物図鑑』(草本)単子葉類編、合弁花編、離弁花編
木村陽二郎監修『図説草木辞苑』
儀礼文化研究所編『日本歳事事典』
権藤芳一著『能楽手帳』
佐竹義輔ほか編『日本の野生植物』草本I～III
清水建美編『日本の帰化植物』
高橋幹夫著『江戸萬物事典』
辻合喜代太郎著『日本の家紋』正・続
長田武正著『野草図鑑』全8巻
永田芳男・畔上能力著『山に咲く花』
中西　進著『万葉集』全4巻
中村　浩著『植物名の由来』
新村　出編『広辞苑』
沼田　真ほか著『日本原色雑草図鑑』
林　弥栄・平野隆久監・著『野に咲く花』
ピッキオ編著『花のおもしろフィールド図鑑』
深津　正著『植物和名の語源探究』
本田正次著『日本植物記』
前川文夫著『植物の名前の話』
前川文夫著『原色日本のラン』
牧野富太郎著『原色牧野植物大図鑑』

▼ジンジソウと人の字

アオスズラン【青鈴蘭】

別名／エゾスズラン　*Epipactis papillosa*

緑色(青という)の花がいくつもつく姿をスズランの花に見立てて、〝青鈴蘭〟。

分類 ラン科カキラン属
分布 北海道〜九州
環境 標高の高い地域の林の中や森のへり
花期 7〜8月

唇弁の奥は濃紫色。葉は茎を抱く。高さは30〜70cm

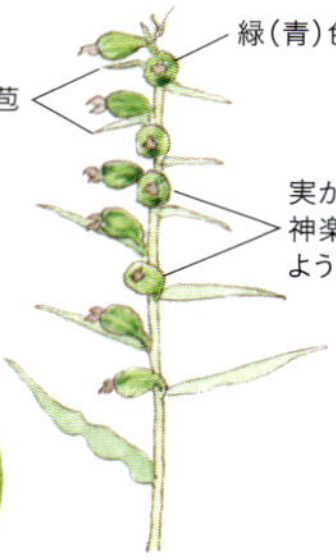

▲アオスズラン

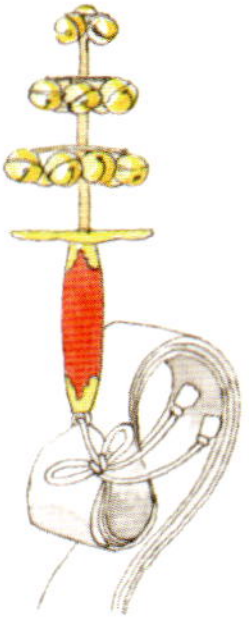
▲神楽鈴

昔は、青色も緑色も、ともに〝アオ〟といっていた。「目に青葉　山ホトトギス　初鰹」の青葉は、緑色の若葉を指す。青二才、青春、青田などの〝青〟も、すべてグリーンを意味する。アオスズランは緑色の花を茎に10〜30個咲かす。花がいくつも並ぶ姿を〝神楽鈴《かぐらすず》〟にたとえて〝鈴〟の名前がつく。〝神楽鈴〟とは、神社の舞台で神楽を奏する時に、踊り子が持つ鈴のこと。小さな鈴を12個ばかり、縦と横の細い棒にくくりつけ、柄をつけたものである。アオスズランの緑色の花は〝青鈴〟となる。そして、ラン科なので〝ラン〟をつけ〝青鈴蘭〟。ほかに、緑色の花をスズランの花になぞらえ、アオスズランにしたともいえる。

アオミズ【青水】

Pilea pumila

"ミズ"に似た草で花が緑色なので"アオミズ"。

分類 イラクサ科ミズ属
分布 北海道〜九州
環境 山地の沢沿いの湿った斜面など
花期 7〜10月

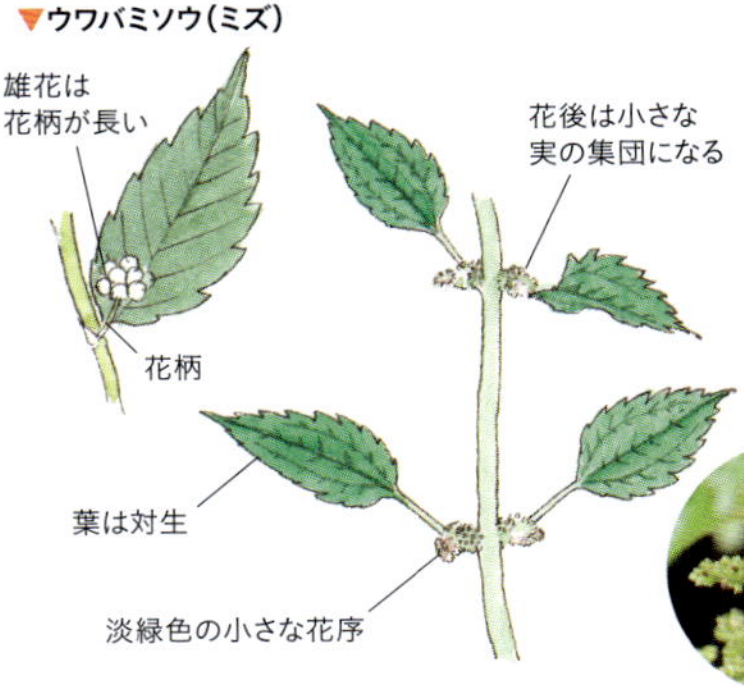

▲アオミズ

葉柄の基部に小花が固まってつく。高さ30〜50cm　(下)小さな卵状の花

"ミズナ"というと、一般にアブラナ科の2年草の壬生菜《みぶな》(京菜)のことを指す。本来は"ミブナ"であったが、訛《なま》って"ミズナ"となった。同じ"ミズナ"でも"水菜"は、イラクサ科のミズとかミズナと呼ばれる種で、沢沿いの湿った場所に群生する山菜である。大きな蛇(ウワバミという)でも現われそうな場所に自生するので、ウワバミソウの名前がある。

これとは別属だが、草姿が似ていることから"ミズ"がついた草がいくつかある。その中で、花が緑っぽいので、"アオミズ"。葉柄の基部に淡緑色(茶褐色部含む)の小さな花が集まる。茎がみずみずしいので"ミズ"がついたという説もあるが、水菜の"ミズ"をつけたのだと思う。

アカザ【藜、阿加佐、赤座】

Chenopodium album var. *centrorubrum*

新葉の基部が“赤く”染まる状態を、諸仏の座する台座に見立てた。

ア

葉は茎に互生。高さは1.5mほど　(下)緑色の小さな花が固まってつく

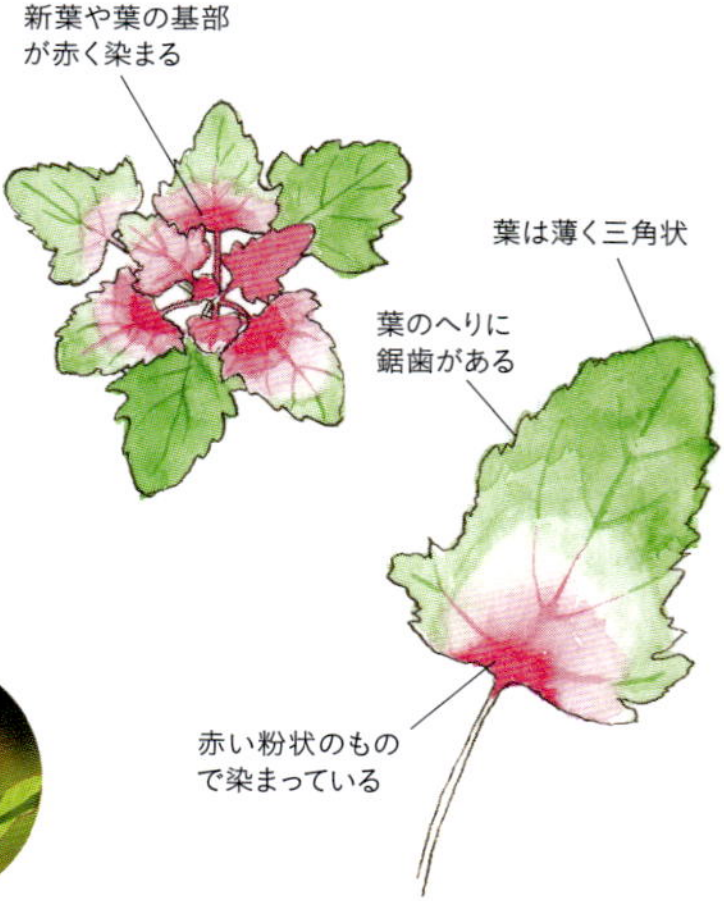

アカザはインド原産の草。古い時代に中国経由で日本に渡来した。『和名抄《わみょうしょう》』(平安時代中期)に登場するので、平安時代前期より前に知られた草であった。その当時から、中国名が〝藜《れい》〟で、和名が〝阿加佐《あかざ》〟であった。阿加佐は〝赤い座〟の意味であったと推定される。〝座〟は仏像を安置する台をいう。座には蓮《はす》の葉をかたどった蓮華座《れんげざ》、須弥山《しゅみせん》(仏教の教えで、世界の中心にある高山)を形どった須弥座、獅子を形どった獅子座、岩を形どった岩座などがある。若葉の基部が美しい赤色に染まっている状態を〝赤座〟とし、当時の万葉仮名で〝阿加佐〟と当てた。

分類 ヒユ科アカザ属
分布 日本各地
環境 農村の畑や人里近くの荒地
花期 5～10月
仲間 日本各地の道端などに生えるシロザ(白藜)は若葉が白い(P128参照)。コアカザ(小藜)は浅く3裂した葉が特徴(夏編P99参照)。ケアリタソウ(毛有田草)は枝分かれが多く、全体に特有の匂いがする。

類似種との見分け方

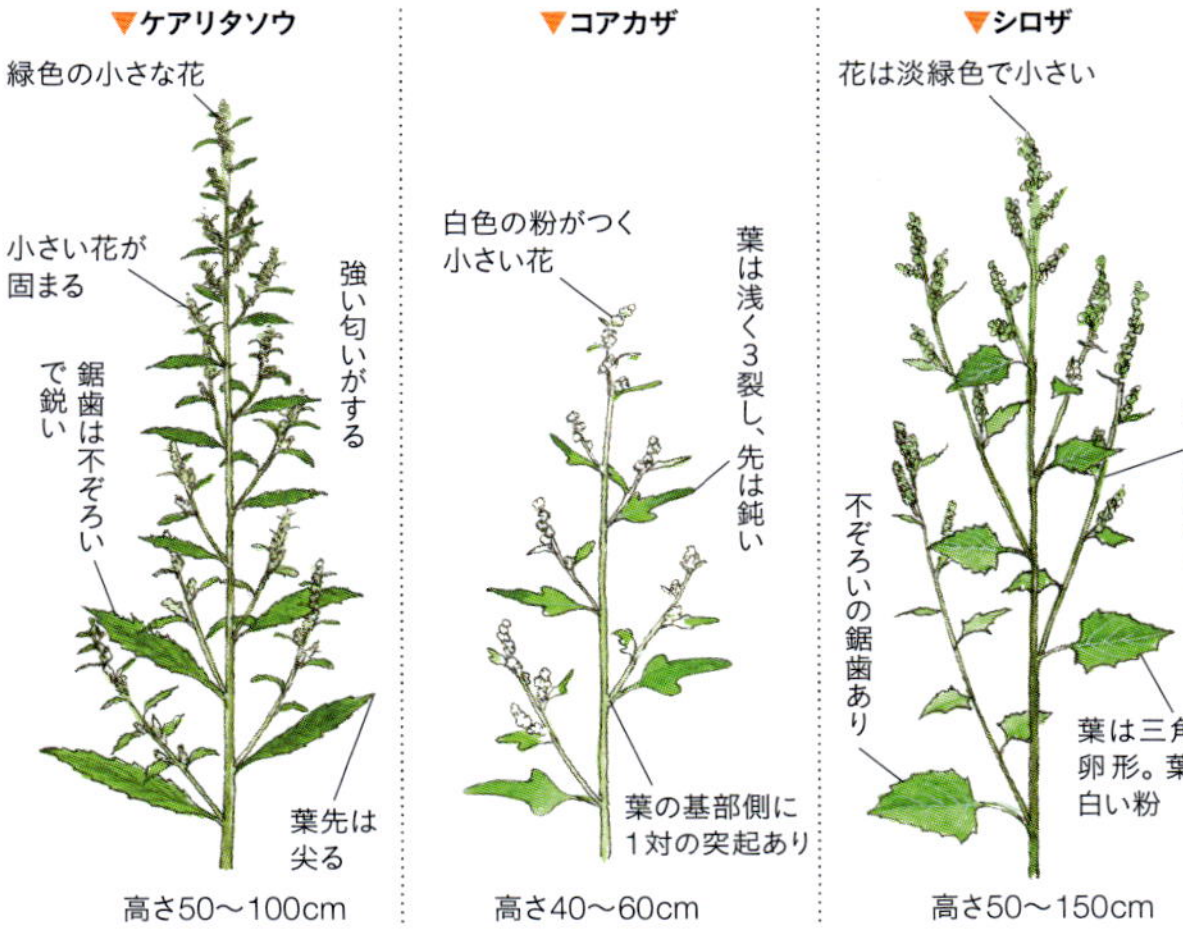
茎に縦の筋あり
葉は三角形で卵形。葉裏に白い粉

また、アカザの中国名が"藜"であることが分かると、阿加佐の文字を使わなくなり、藜《れい》をアカザと読ませるようになって、現在に至る。

なお、アカザを説明する場合、在来種であるシロザと比べられたようだ。シロザの若葉も基部が白色になるので、"白座"である。

蛇足だが、アカザの茎でつくった杖は軽くて丈夫である。杖を常用すると、中風にならないとか、中風の治療にいいといわれている。しかし、これは迷信。アカザの杖に中風を治したり、予防する薬効はない。

アカソ【赤麻】

Boehmeria silvestrii

"赤い"茎の皮は繊維の材料になり、"麻《あさ》"に相当するので、"赤麻《あかそ》"。

花序は細いひも状。葉先は深く3裂し、葉柄は赤い

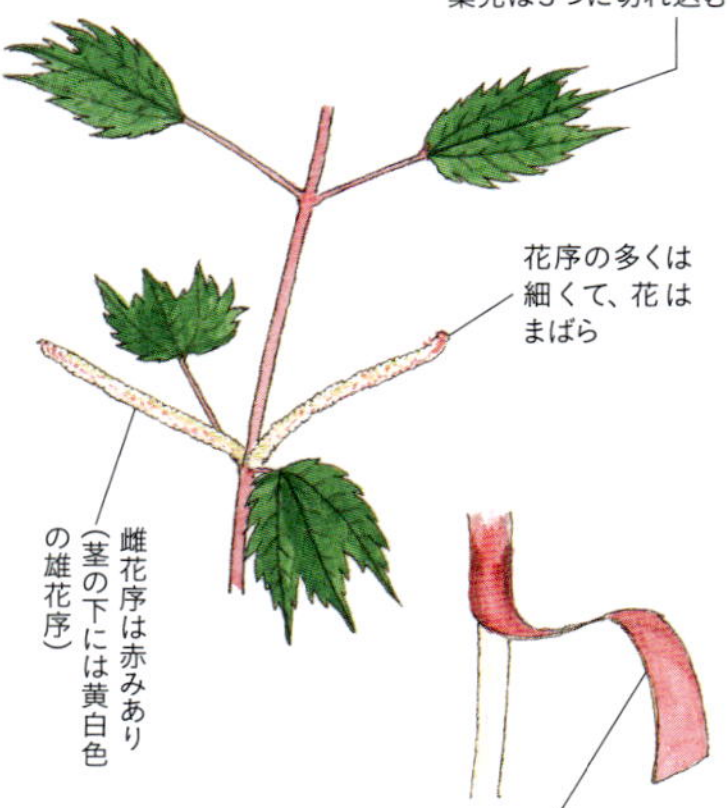
葉先は3つに切れ込む
茎の皮は麻のようだ

綿や繭《まゆ》から繊維を引き出し、糸縒車《いとよりぐるま》を回しながら糸にすることを〝紡《つむ》ぐ〟という。また、麻や苧《からむし》などを細かく裂いて、つなぎ合わせ、縒《よ》り合わせて糸にすることを〝績《う》む〟という。紡ぐことと績むことが、繊維をつくる基本的な作業である。これらの作業から〝紡績《ぼうせき》〟という言葉が生まれた。

アカソは〝麻《あさ》〟に相当するから、績むという作業が必要である。アカソの茎の皮を細く裂いて、つなぎ合わせて糸にする。糸にしたら、機織《はたおり》にかけて布をつくる。

古い時代から明治時代初期までは、赤麻が繊維材料として役立っていた。その後、ア

分類 イラクサ科カラムシ属
分布 北海道～九州
環境 山地の森陰や沢沿いの斜面など
花期 7～9月
仲間 クサコアカソ（草小赤麻）は、北海道から九州の山野の湿ったところに生える（P97参照）。コアカソ（小赤麻）は、本州から九州の野山に自生する高さ1～2mの半低木。

類似種との見分け方

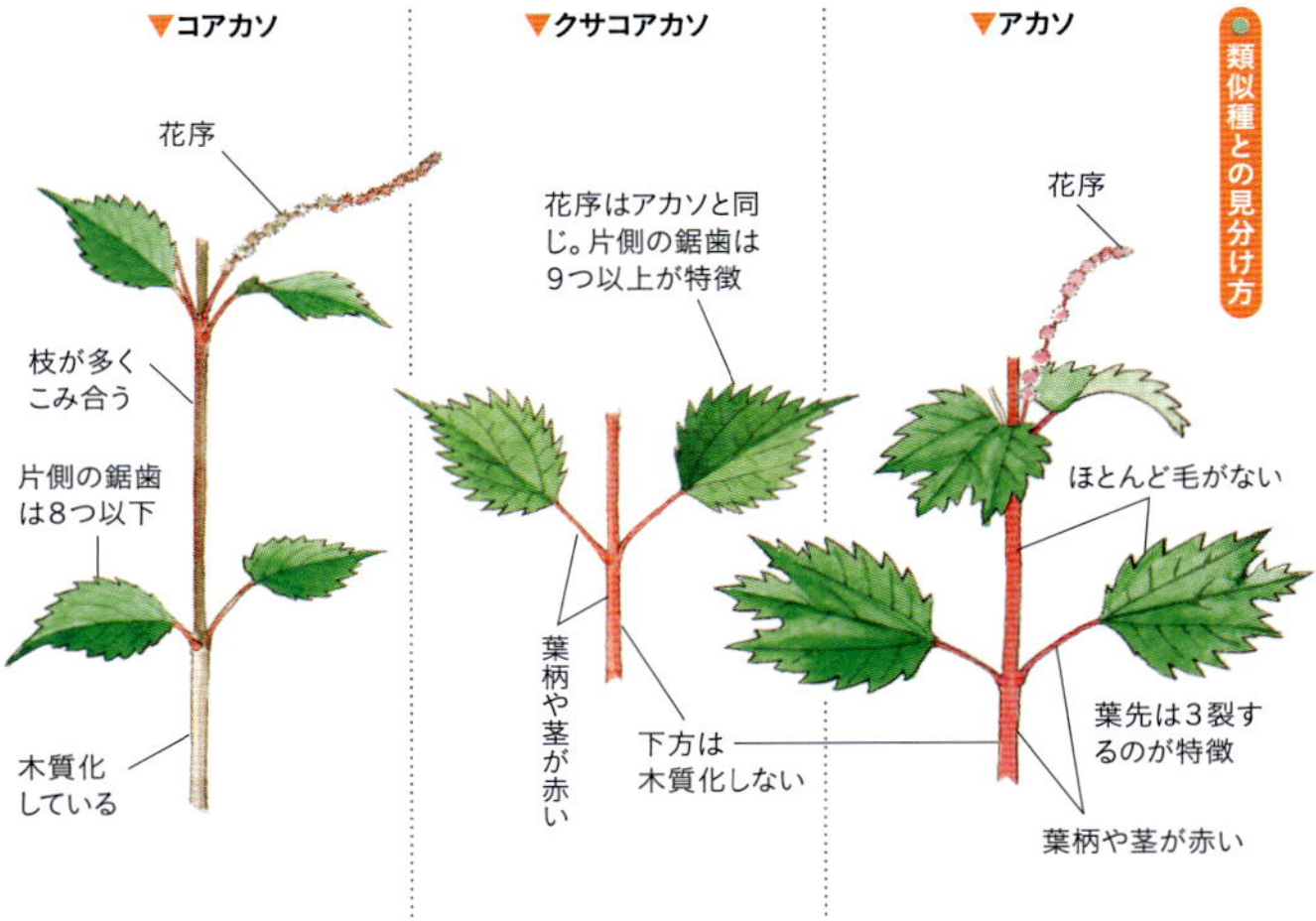

オイ科の綿花が紡績用に使われるようになり、さらに養蚕《ようさん》が盛んになり、繭《まゆ》から絹織物がつくられて外貨を稼ぐようになった。綿花や繭に比べて生産性が悪く、繊維の質の芳しくないアカソは、カラムシなどとともに利用されなくなった。それで、アカソに、なぜ〝麻〟という字が用いられているのかが分からなくなった。カラムシも〝幹《から》（茎のこと）蒸し〟が名前の語源である。茎の皮の繊維を採るために、茎を蒸したことが植物名のもとになっている。カラムシも今では見向きもされず、その名前の由来が忘れ去られている。

アカネ【茜】

Rubia argyi

根で布を染めると、茜《あかね》色になる。根で赤く染めるから"アカネ"。

分類 アカネ科アカネ属
分布 本州、四国、九州
環境 山野の道端や草むら
花期 8〜10月

(上)横へ伸びた茎に小さな緑黄色の花と実がつく　(中)実は直径約5mmの球形で黒く熟す　(下)根は茜染めの原料になる

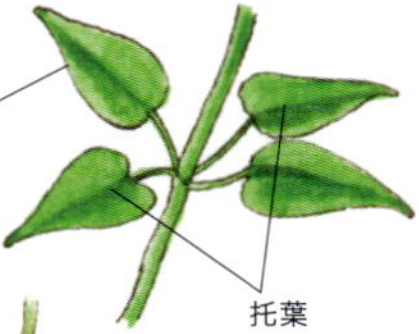
葉は4枚が輪生状につく

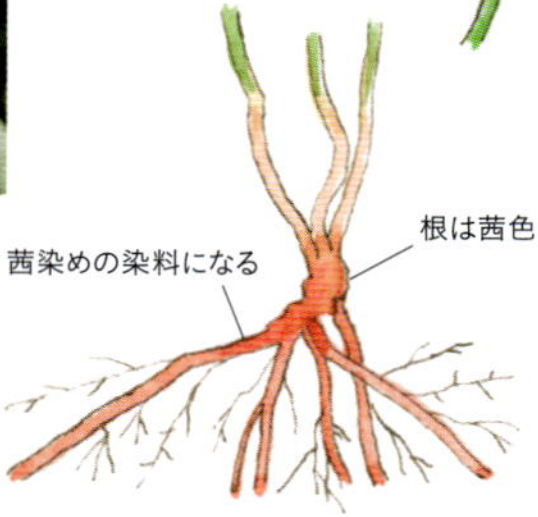

アカネの根は、オレンジ色である。その根を乾かして臼でつぶして煮る。その液に灰汁《あく》で処理した布を入れると赤く染まる。根を主材料にして、赤く染めるので赤根であるが、"茜《あかね》"の字を使う。空が茜色に染まるというのは、アカネ染めの色と同じ。"あかねさす"は、日、昼、紫、君の枕詞《まくらことば》で、これもアカネが語源。『万葉集』にも、「あかねさす紫野《むらさきの》行き標野《しめの》行き、野守《のもり》は見ずや君が袖振る」(額田王、巻1・20)の枕詞がある。

アカハナワラビ → ハナワラビの仲間(P180、181)

アキギリ

【秋桐】

Salvia glabrescens

樹木の"キリ"に似た花が秋に咲くので"アキギリ"。

分類 シソ科アキギリ属
分布 中部地方~近畿
環境 山地の林の中
花期 8~10月

▼アキギリの花

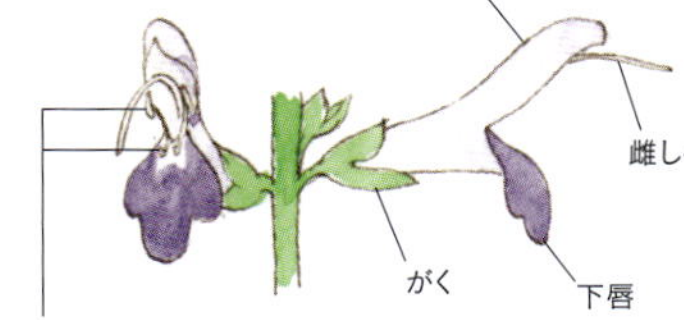

▲キリの花(樹木)

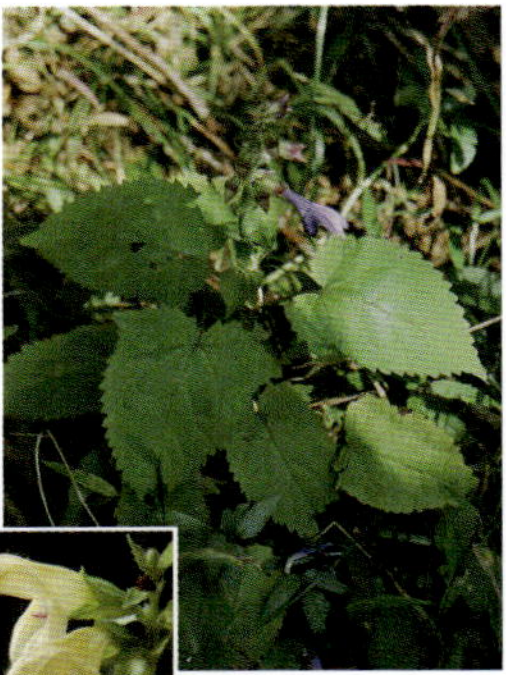

葉は三角形状の矛形で対生する　(下)キバナアキギリの花

キリ科キリ属のキリ(落葉高木)の花は、5月頃に咲く。花は青紫色で、ロングスカート形である。花を横から見ると胴長の唇形で、上唇《じょうしん》側は先が2裂、下唇《かしん》側は先が3裂している。この〝キリ〟の花に似ているのが、シソ科アキギリ属の〝アキギリ(草)〟である。花色が似ていて、花形も似る。アキギリの花の方が上唇と下唇の裂け方が深い。しかも、花から雌しべが長く飛び出す。キリの花に似て〝秋咲き〟であるので、アキギリの名前がついた。

なお、中部地方~近畿地方に分布するアキギリに対し、本州~九州とより広い地域に分布する似た草がある。この花は、花形がアキギリとそっくりで、葉の形もほぼ同じ。花色だけが淡黄色と異なる。それで、キバナアキギリ(草)という名前になった。

アキチョウジ【秋丁子】

Isodon longitubus

“チョウジ”という木の花に似て胴長で、秋咲きだから“秋丁子”。

分類 シソ科ヤマハッカ属
分布 中部地方〜九州
環境 山地の林の中や森のへり
花期 9〜10月

花先は上下に開いた唇形。高さは1m程になる　(下)セキヤノアキチョウジの花

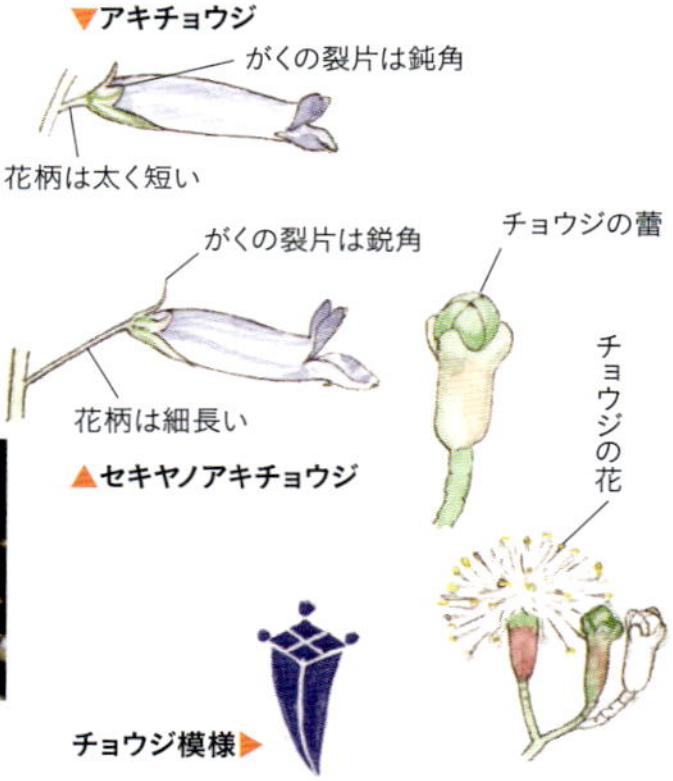

インドネシアに自生するフトモモ科のチョウジ(丁子)の蕾を乾燥させたのが、クローブという香料。これは江戸時代前期に輸入されて以来、万能薬として市販されていた。この蕾も花も胴長であった。胴長の花というと、チョウジの名前が出るほど知られていた。そこで、本種の花も胴長であるので、チョウジの名がついた。さらに、秋咲きなので、アキチョウジの名前に。この〝秋丁子〟の名前は江戸時代中期の『物品識名《ぶっぴんしきめい》』に掲載されている。

なお、アキチョウジによく似たセキヤノアキチョウジが、関東から中部地方に自生する。〝セキヤノ〟は〝関屋の〟である。関屋は、関所役人が見張る小屋や関守の住む建物を示す。箱根の関屋の近くで見つかったため、この名前がついた。

アキノウナギツカミ
【秋の鰻掴み】

Persicaria sagittata
別名／秋の鰻蔓

この草を手のひらにのせて“鰻”を握ったら、滑らずに“掴《つか》める”と想像。

分類 タデ科イヌタデ属
分布 北海道～九州
環境 草やぶ、荒地、道端など
花期 6～9月

ア

茎に下向きの刺があるためウナギが掴める
葉は細長く、基部は2裂し、茎を抱く

（上）草やぶなどに群生。茎は長さ約1mで、刺がある（下）花は淡紅色で半開き

鰻の身体には、ぬめりがあるために、掴《つか》もうとしても〝ぬるり〟と逃げられてしまう。鰻のどこかを押さえれば、ウナギ職人のように掴めるはずだ。しかし、素人には、その勘どころが分からない。何度試みても、ぬるりと逃げられてしまう。何か鰻を掴む方法はないものかと考えたが、よい考えが浮かばなかった。その後、秋のある日に草やぶにこの草を見つけた。茎や葉柄に下向きの刺《とげ》が多数ある。これだ！これを切って手のひらにのせれば〝ウナギ〟が掴める！

アキノエノコログサ → エノコログサ（P55）

アキノキリンソウ【秋の黄輪草、秋の麒麟草】

Solidago virgaurea

ベンケイソウ科のキリンソウに花が似て、秋咲きなので、“アキノキリンソウ”。

茎の上部に黄色い花を多数つける。高さ30～90cm　（下）花は直径約1.3cm

アキノキリンソウを〝秋の麒麟草《きりんそう》〟とする書籍がある。〝麒麟〟とは、①動物園にいるキリン、②中国では、聖人がこの世に現われる前に姿を見せるという想像上の動物、③すぐれた人物などをいう。また、字が少し異なる〝騏驎〟は、1日に千里も走る駿馬の意味である。〝麒麟〟か〝騏驎〟に本種の花や草姿とのつながりは見つからない。

　それで、本種はベンケイソウ科のキリンソウの名前を借用したものと考えた。キリンソウ(黄輪草)と花の構造は異なるが、ぼんやりと見れば似ている。両種の花は小さめの花がいくつも集まって、黄色

分類
キク科
アキノキリンソウ属

分布
北海道～九州

環境
山地の草原や丘陵の土手など

花期
8～11月

仲間
ミヤマアキノキリンソウ(深山秋の黄輪草)は、中部地方以北の高山の草原に自生。ハチジョウアキノキリンソウ(八丈秋の黄輪草)は伊豆諸島の日当たりのいい岩場や草原に自生する。

ア

類似種との見分け方

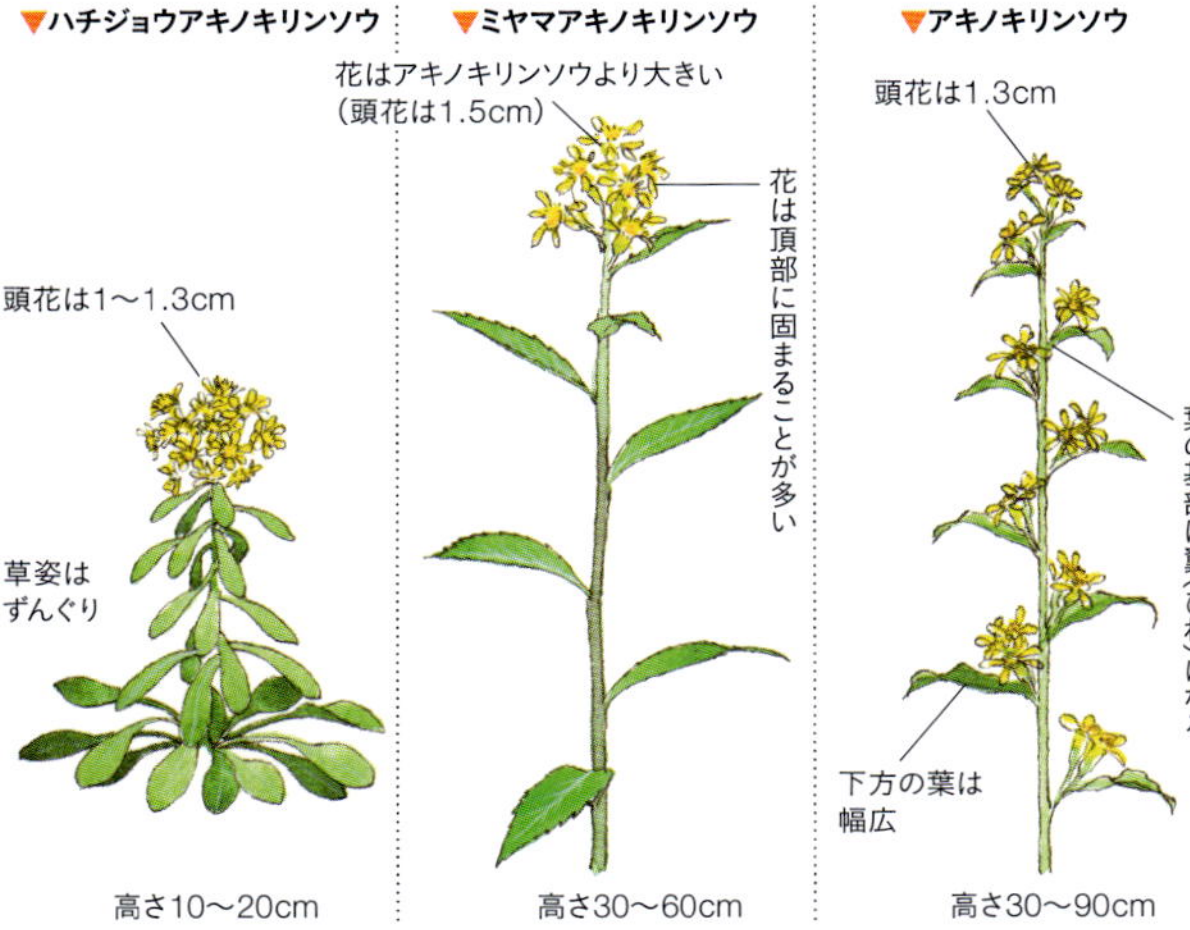
葉の基部は翼(ひれ)になる

い固まりに見えるなどの共通点がある。それで〝キリンソウ〟の名前を借り、秋咲きだから〝アキノ〟をつけたと思う。

アキノキリンソウにはアワダチソウという別名もある。同じアキノキリンソウ属のセイタカアワダチソウと同様に、頭花が群がる姿を〝泡沫《ほうまつ》〟と見て、〝泡立ち〟の名前がついたのだろう。

ちなみに、アキノキリンソウの高山型をミヤマアキノキリンソウ(別名コガネギクといい、花序が大きい)という。伊豆諸島の八丈島には、草姿が低いハチジョウアキノキリンソウが知られている。

アキノタムラソウ【秋の多紫草、秋の田村草】

Salvia japonica

淡紫色の花が多数つくので、“多紫草”。ナツノタムラソウと区別のため、“アキノ”がつく。

分類 シソ科アキギリ属
分布 本州、四国、九州
環境 野山の道端、土手、草やぶなど
花期 7～11月

葉は3～5小葉で茎に対生する。高さ30～70cm

花は青紫色の唇形で白い毛がある

キク科のタムラソウと、本種とは似ていない。この名前を借用したとは考えにくい。単に紫色系の花が多数咲いているので、〝多紫草〟になったと思う。夏に咲くナツノタムラソウがあり、区別するため〝アキノ〟がついた。秋の〝タムラサキソウ〟が短縮化されて、アキノタムラソウに。

アキノノゲシ【秋の野芥子】

Lactuca indica

葉がケシ科のアザミゲシに似て、秋咲きなので、この名前が。

分類 キク科アキノノゲシ属
分布 日本各地
環境 日当たりのいい土手、道端、草むらなど
花期 8～11月

直径約2cmの花は円錐状に多数つく。高さ1～2m

江戸時代末期に日本に渡来したメキシコ原産の草がアザミゲシ。観賞用に庭園で栽培され、葉姿は知られていた。本種の葉を見た命名者は、アザミゲシの葉と似ていると思い、〝ケシ〟の名前を与え、秋咲きなので〝アキノ〟をつけた。春咲きのノゲシも同じような命名法。

【曙草】アケボノソウ

Swertia bimaculata
別名／吉野草、吉野静

花びらにある紫黒色の細点を"夜明けの星"に見立てて"曙草"。

分類 リンドウ科センブリ属
分布 北海道～九州
環境 山野の沢沿いや湿った草原
花期 9～10月

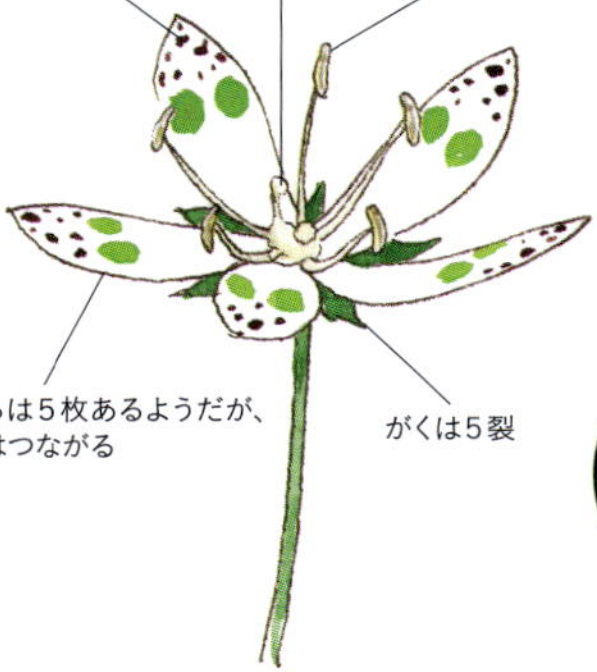
紫黒点を夜明けの星に見立てた
花柱は1つ
雄しべ5本
花びらは5枚あるようだが、基部はつながる

茎の上部で枝分れし、枝先に花を1つずつつける。高さ50～100cm

曙《あけぼの》とは〝夜明け〟のことである。東の空が明るんできた頃のことをいう。空にはまだ星がまたたいている。

ところで、アケボノソウの花の地色は白色だが、先端に寄った部分には紫黒色の細点が10～多数ある。この細点より中央に近い部分に円形の緑色斑が2つ並ぶ。緑色斑を地上の山に、紫黒色の細点を〝空の星〟に見立て、夜明けをイメージして、〝曙草〟の名前があると思う。

なお、和服の染め方に〝曙染め〟というのがある。上部を紅色か紫色に染め、裾側を白色になるようにぼかして、〝夜明けの空〟を表わす。花びらに曙染めの色彩に似た点があるので、曙染めから〝曙草〟の名前を思いついたかもしれない。

アサギリソウ【朝霧草】

Artemisia schmidtiana

銀白色の細裂した葉が、多数の集団で地面を覆う状態を"朝霧"にたとえた。

分類 キク科ヨモギ属
分布 北海道〜中部地方
環境 亜高山や高山の岩場や砂礫地
花期 8〜10月

淡黄色の小花が多数集まった頭花は、茎の片側へ多数つく

茎や細い葉に銀白色の絹毛が密にある。高さは20〜30cm

空気中の水蒸気が地面と接する辺りで、ごく小さな水滴となって空気中に浮遊するものが霧。靄《もや》と霧とよく混同するが、空気中の微塵がガス状になったのが靄で、霧よりは見通しがいい。平安時代以降には春の発生を〝霞《かすみ》〟とし、秋の発生を〝霧〟と呼び分ける人もいる。

本種の葉は、いくら地面を覆っても実際の〝朝霧〟には見えない。葉の状態を大袈裟におぼろげにたとえただけ。

〝朝霧〟の言葉は、万葉の時代から〝おほに（おぼろげの意）〟にかかる枕詞だった。「朝霧のおほに相見し人ゆえに命死ぬべく恋ひわたるかも」。おぼろげにしか会ってないので、恋しくて死にそうですの意味。

アサマリンドウ → リンドウの仲間（P251）

アシ

【葦、蘆、葭】

別名／ヨシ

Phragmites australis

湿地に群生する姿は緑色で、昔はこれを"青之《あおし》"といった。"青之"が"あし"に。

分類 イネ科ヨシ属
分布 日本各地
環境 池や沼のほとり、川岸
花期 8～10月

アシの茎で作った"よしず"。"よしず"の下は気温が下がる

地下茎で増え、群生する。高さは2～3m
(下)ススキに似た花が円錐状につく

アシの古名は〝弁志呂井《むしろい》〟。アシを編んで〝むしろ〟のような物がつくられるので、〝弁志呂井〟といわれたのかもしれない。

昔の日本は、河川や湖沼が多かった。そこには必ずといっていいほど、アシが繁っていた。それで、〝豊葦原瑞穂《とよあしはらみずほ》の国〟という、わが国の美称ができた。このように、どこでも見かけたアシなので、多数の文献にも登場する。『万葉集』の多数の歌に〝アシ〟が登場している。また、アシは若芽が食用に、茎(稈《かん》という)が簾《すだれ》などに、根茎が薬用になった。なお、後世になって、アシは〝悪し〟に通じるので、〝ヨシ(良し)〟とも呼ばれるようになった。

アシタバ【明日葉】

別名／八丈草、明日草
Angelica keiskei

食用のために葉を摘んでも、明日になると次の葉が展開するほど成長が早いので"明日葉"。

分類 セリ科シシウド属
分布 関東南部～東海、伊豆諸島、小笠原
環境 海岸の草むらや岩場
花期 8～10月

花序は傘形になる。高さ1～1.5m

茎や枝を傷つけると黄色い汁が出る

アシタバの若葉は、ゆでたり、てんぷらでおいしく食べられる。強い香りと少しの苦みがある。伊豆七島の民宿に泊ると、アシタバの料理が必ず出る。民宿のおばさんに、葉を今日摘んだところに明日に葉が出るかたずねた。すると、明日は無理だが2～3日で出るとのこと。

アシボソ【足細、脚細】

Microstegium vimineum

根に接する脚部の茎が、その上の節から上方の茎より細い。それで、"足細"。

分類 イネ科アシボソ属
分布 北海道、本州
環境 林や森周辺の岩場、石垣、草つき斜面など
花期 9～10月

花
先は鋭く尖る
節から根を出すことあり

花はメヒシバに似る。高さ30～60cm

"足が細い"というのは、その人を賞めたいい方である。女性なら誰もが"足が細い"といわれたい。この草は、アシボソといわれているので、賞められた名前がついていることになる。なお、"足《あし》細《ぼそ》"といえる部分は、この草の茎の一番下の節の辺りで、よく見ないと気付かない。

アゼトウナ

【畦唐菜】

別名／岸菜、雉菜

Crepidiastrum keiskeanum

海と陸とを仕切るような大きな岩の溝に生え、漬物用の縮緬《ちりめん》白菜（唐菜）に似る。

分類 キク科アゼトウナ属

分布 伊豆半島～九州の太平洋側

環境 海岸の岩場など

花期 8～12月

トウ（唐）は中国のこと。
中国産の草と思って、"トウ"がつく
海辺の岩場の崖（がけ）をアゼという
円形の葉がロゼット状につく
地下茎で子株を増やす

黄色い頭花は舌状花で構成。根元の葉は厚く、へら形で鈍い鋸歯がある

アゼトウナの〝アゼ〟について、辞典では①田と田の境をなすために土を盛り上げたもの、②敷居の2つの溝の中間の少し高くなった仕切りを〝アゼ〟といっている。磯には岩場があり、海と陸地を岩が仕切っていることがある。このような岩は、②の敷居の真ん中にある仕切り（アゼ）と似る。そんな岩の割れ目に本種がくっついている。ところで、『万葉集』に、〝アザ〟とか〝アズ〟とかいう言葉があり、海辺の崩れた崖を意味するとか。この言葉が〝アゼ〟に転じたという説がある。しかし、アゼトウナは土砂の崩れやすい崖には自生しない。がっしりした岩の溝に自生する。なお、〝トウナ〟は唐菜のことで、縮緬《ちりめん》白菜などの漬物用の菜をいう。

アゼムシロ

【畔筵、畦蓆】

別名／ミゾカクシ

Lobelia chinensis

茎が地面を這い、節から根を出し増える。田の“あぜ”に“筵《むしろ》”のように広がる。

分類 キキョウ科ミゾカクシ属

分布 日本各地

環境 田んぼの周辺の水気の多い場所

花期 6〜9月

葉の脇から伸びる長い柄の先に淡いピンクの花がつく。高さは10〜15cm

この草は水気のある場所が好きである。田のあぜ道、田の水路（溝《みぞ》）、休耕田など、日向の湿った場所に自生する。小さな草ながら、茎の節から根を出し、地面を覆うほど広がる。まるであぜの“筵《むしろ》”のように思う人がいる。あるいは、水量の少ない溝が見えなくなるほど群生して、“溝隠し”の名前は本当だと納得する人もいる。

アゼムシロの名前は、『草木図説《そうもくずせつ》』や『綱目啓蒙《こうもくけいもう》』に掲載されていて、遅くとも江戸時代にはこの名前があったといえる。ただ、薬用（解毒など）になることはあまり知られていなかったと思える。アゼムシロの中国の生薬名は“半辺蓮《はんぺんれん》”で、この字をアゼムシロに当てなかったからである。

アブラガヤ

【油茅】

Scirpus wichurae

茎の一部または熟した実は茶褐色に。まるで"油"をしみ込ませた色になる。

分類 カヤツリグサ科 アブラガヤ属

分布 北海道〜九州

環境 山地の日当たりのいい湿った草むらなど

花期 8〜10月

花序や葉鞘に油をぬったような照りがあり、臭いもする

山野の湿地に普通に見られる。茎は角が丸みのある三角形。高さは1〜1.5m

ア

アブラガヤを嗅いだことがないが、油の香りがするという人もいる。この人にいわせれば、草に油の臭いがあるから、"アブラガヤ"だという。また、花は小穂《しょうすい》という楕円形の固まりである。この小穂が稲穂のごとく茎に多数つく。小穂が熟すと、茶褐色になる。この色は油漬けしたような色である。それで、"アブラガヤ"だという人もいる。臭いと色の両方が油に似ているので、この名前がついたようだ。

なお、油に関連した名前がついた草がほかにもある。アブラススキも、油の香りがして油をしみ込ませた色。ホトトギスの別名は"油点草"。葉に油をたらしたような斑点がある。シマカンギクの別名が"アブラギク"。花を油に漬けて、やけどの薬にしたからである。

アマチャヅル【甘茶蔓】

Gynostemma pentaphyllum

煎じた味が、寺の灌仏会《かんぶつえ》の時に飲む"甘茶"に少し似て、草姿が"蔓《つる》"。

分類 ウリ科アマチャヅル属
分布 日本各地
環境 野山の林の中や草やぶなど
花期 8〜9月

葉はつる性の茎(2〜3m)に互生でつく
(下)雄花。花びらは星形に5裂する

5枚の小葉が
手のひら状につく

今でもアマチャヅル茶として
売られている

本種の葉を生のまま食べると甘いから、アマチャヅルだという説がある。しかし、アマチャの"チャ"の説明がないので、この説に納得できない。私はアマチャヅルの"アマチャ"は"甘茶"のことだと思う。4月8日の灌仏会《かんぶつえ》では、釈迦像に加工甘茶を煎じたものを注いだ。それを参詣人がいただき、家人と分け合って飲んだ。加工甘茶というのは、ヤマアジサイの一種でアマチャという変種の葉からつくる。夏に葉を摘み、その葉を発酵させる。その後、乾燥させると甘味が出る。この葉を煎じたものを"甘茶"という。この甘茶の味と本種を乾して煎じたものとの味が少し似るので、"アマチャ"とつく。そして、草姿が蔓であるから、"ヅル"が加わった。

アメリカセンダングサ
【亜米利加栴檀草】
Bidens frondosa
別名／セイタカウコギ

“栴檀《せんだん》”という樹木に葉が似るセンダングサがある。センダングサに似て北米原産。

分類 キク科センダングサ属
分布 北米原産
環境 野山の道端、都会の空き地、河川敷など
花期 9～10月

キク科のセンダングサの葉がセンダン科の落葉高木の“センダン”の葉に似ている。両方とも基部が太めの楕円形小葉が鳥の羽状につく。それで、“センダングサ”の名前がある。本種の葉もセンダングサの葉に似て、“北米原産”なのでアメリカセンダングサと名付けられた。

黄色い頭花の周囲に長い苞(小さな葉)が車輪状につく

アメリカネナシカズラ
【亜米利加根無葛】
Cuscuta campestris

北米産のつる性の寄生植物。自らの根を枯らして、宿主へ寄生根を差し込む。

分類 ヒルガオ科ネナシカズラ属
分布 北米原産
環境 河川敷や道路脇など
花期 7～10月

アメリカネナシカズラの“アメリカ”は北米産の帰化植物であるから。“ネナシ”は根無しのこと。タネが発芽し、宿主を探し当ててからみつくと、つるの下部は枯れてなくなる。それで根無しになる。つるはどんどん伸びて宿主に巻きつくので、“カズラ”の言葉がつく。

花は直径約3mm。花びらは5裂する

アメリカイヌホオズキ → イヌホオズキ(P38)

アレチウリ【荒れ地瓜】

Sicyos angulatus

"荒地"に目立つようになったつる草。草姿は"ウリ"の仲間に似る。

分類 ウリ科アレチウリ属
分布 北米原産
環境 都市近郊の未利用地、川の土手など
花期 8~9月

ハート形に浅いくびれがある葉が、つるの節ごとにつく。つるは数mも伸びる　(下)実は刺と軟毛に覆われる

カラスウリ、スズメウリなど"ウリ"の名前のつく草はすべてつる性である。もちろん、冬瓜《とうがん》もつる性。これらウリの仲間の草姿とアレチウリの草姿がよく似ているので、"ウリ"の名前がついた。ところが、草姿が似ていても、ウリらしい実はまったくつけない。金平糖を大きくして、長い毛を生やしたような実だけである。アレチウリの"アレチ"は、荒地に生えることを意味しているが、増殖力が著しいこの草への嫌悪をこめた名前であろう。

イシミカワ

【石実皮、石見川、石膠】

Persicaria perfoliata

由来に諸説あり。秋の青黒い実は、外はがくで、中の黒いのが実。石のような実に皮がある。

分類 タデ科イヌタデ属
分布 日本各地
環境 森のそばや川の土手など
花期 7〜10月

がくにつつまれた丸いもの。中の黒い球が本当の実
葉の裏側に葉柄がつく
葉は正三角形状
托葉は円形
下向きの鋭い刺がある

（上）花序の基部に円形の葉（苞）がある　（中）（下）実は緑色から青黒色に変化する

名前の由来は、①現在の大阪府河内長野市の近くに石見川村があった。江戸時代中期の『倭訓栞《わくんのしおり》』によると、薬草（生薬名〝杠板帰《こうばんき》〟）としての本種は、石見川村のものが良質だったので、イシミカワと呼ぶようになった。②江戸時代中期の『和漢三才図会《わかんさんさいずえ》』によると、イシミカワのつる葉は、骨折の場合に膠《にかわ》の如く骨を接ぐ。骨を石の如くつけるので〝石膠《いしにかわ》〟。石膠が〝いしみかわ〟になったとか。このほかに、石のような実と皮の説であるが、これが最も分かりやすい。

イソギク【磯菊】

Chrysanthemum pacificum

房総半島から御前崎までの太平洋側の岩場に自生するキクなので、"イソギク"。

分類 キク科キク属
分布 千葉・神奈川・静岡県、伊豆諸島
環境 磯、崖、砂浜
花期 10〜12月

頭花は直径5mm程。高さ20〜40cm
(下)白い舌状花をもつハナイソギク

▲イソギク　▲ハナイソギク

"磯"とは、海辺や湖畔などの、岩石の多いところや、水中から露出している岩石のあるところをいう。

イソギクの場合、湖畔には自生せず、太平洋側の海辺に自生する。その海辺でも、伊豆半島の東海岸の溶岩が海へ流れ込んだ一帯にイソギクが大群生している。房総半島、三浦半島、御前崎などでも、砂浜、岩場、崖に生えているが、伊豆半島の溶岩上のイソギクのように美しくは咲かない。溶岩の磯がイソギクにとって、最も適した自生地であると思える。

ところで、イソギクのように丈夫な草が、なぜ愛知県以西や茨城県以北に自生しないのかが、不思議でならない。なお、イソギクの中に白色の花びらをもつものが見つかり、これを"花磯菊"と名付けた。

イタチガヤ
【鼬茅】
Pogonatherum crinitum

花序は茶色で、"鼬《いたち》"の尻尾に似ている。草姿は小さいが、"チガヤ"などに似る。

分類 イネ科イタチガヤ属
分布 紀伊半島〜沖縄
環境 低山の土手や岩場
花期 8〜11月

葉舌という小さな薄い膜があり、長い毛が生えている

長さ2〜3cmの花序が茎の頂部につく。小穂の長い芒が束になる

今では野生のイタチを見ることは少ないが、昔は時々見かけた動物であった。全体が茶褐色の胴長で、長い尾も茶褐色であった。

本種の頂部は小穂《しょうすい》のついた花穂《かすい》（2〜3㎝）が集まって、小さいが〝鼬《いたち》〟の尾のように見える。草姿はススキには見えないが、チガヤとかササガヤなど〝カヤ〟とつくイネ科の植物に似る。それで〝イタチガヤ〟の名前がついた。この細い穂を小筆の先に見立て、イタチガヤを〝鼠尾《そび》（筆の別名）〟と称する園芸家もいる。

なお、マメ科のつる草にイタチササゲというのがある。花が茶色で、長い莢《さや》（ササゲの莢も長い）も茶色である。鼬の胴や尾に似ているから、この名前がある。

イタドリ【虎杖】

別名／スイバ、スカンポ
Fallopia japonica

江戸時代中期の『和《わ》訓《くんの》栞《しおり》』によると、“痛みとり”が“イタドリ”に転じたという。

分類 タデ科ソバカズラ属
分布 北海道～九州
環境 野山の日当たりのいい土手、草むら、道脇など
花期 7～10月

雌雄別株。雌花が終わりかけると、3稜のある長いハート形の実になる　(下)雄花

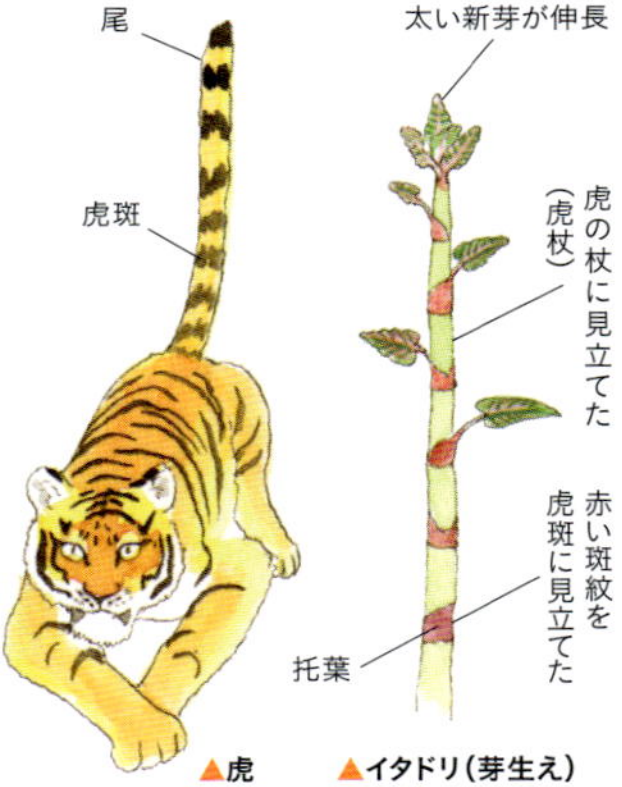

▲虎　▲イタドリ(芽生え)

民間療法では、イタドリの若葉を傷薬にしていた。若葉を手でもんで、傷口に当てると血が止まり、痛みがとれるとか。傷の〝痛みとり〟が、短縮されて〝イタドリ〟になったと思う。

ところで、イタドリを漢字で書くと〝虎杖〟である。なぜ、虎杖なのか？ その理由は次の通りである。イタドリの太い茎の節ごとに、赤い斑紋がぐるりと横縞状に巻いている。この斑紋は茎を横に輪切りにする形にも見える。この横縞模様は、虎の縞模様と形状が似る。

東洋蘭の世界では、細長い葉に横縞形に現われる斑《ふ》(白色や黄色の模様)を〝虎斑〟という。イタドリに虎の模様と同じ斑紋があり、茎は杖になりそうだから、〝虎杖〟と書く。

イッスンキンカ

【一寸金花】

Solidago minutissima

草丈が"一寸"程と、ごく小さい。黄花を咲かすので、"金花"。

分類 キク科アキノキリンソウ属
分布 屋久島
環境 標高1200m以上の山の岩場の湿った溝など
花期 7～8月

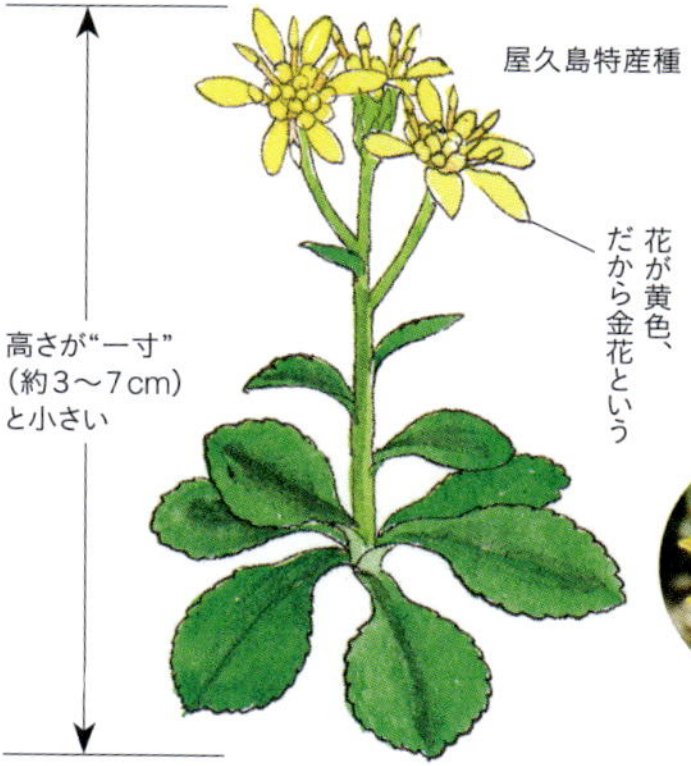

屋久島特産種
花が黄色、だから金花という
高さが"一寸"（約3～7cm）と小さい

舌状花は数枚、中央の筒状花も数個くらい。総苞は瓦状に3列。高さ3～7cm

〝一寸〟は尺貫法の長さの単位で、約3㎝の長さを表わす。しかし、〝イッスンキンカ〟の一寸は、ごく小さいという意味の比喩である。一寸法師の場合も、背丈が3㎝ということではなく、ごく小さな僧という意味である。また、〝一寸の虫にも五分の魂〟という言葉があるが、小さな者や弱い者でも、それ相応の意地や感情を持っている。小さいからといって、甘く見てはいけないという意味である。

〝金花〟とは黄色い花のことである。キンラン、キンミズヒキ、キンコウカ、キンレイカなどの〝キン〟も〝金〟の文字で、黄花を表わす。

以上のことから、イッスンキンカは、花が黄色のごく小さな草の意味である。

イトラッキョウ

【糸辣韮、糸辣韮、薤】

Allium virgunculae

白色の球根(鱗茎《りんけい》)は、“ラッキョウ”に似る。葉や球根の香りも似る。葉は細くて丸く、“糸”のよう。

花びらが6枚。高さ10～15cm　（下）ラッキョウのような鱗茎

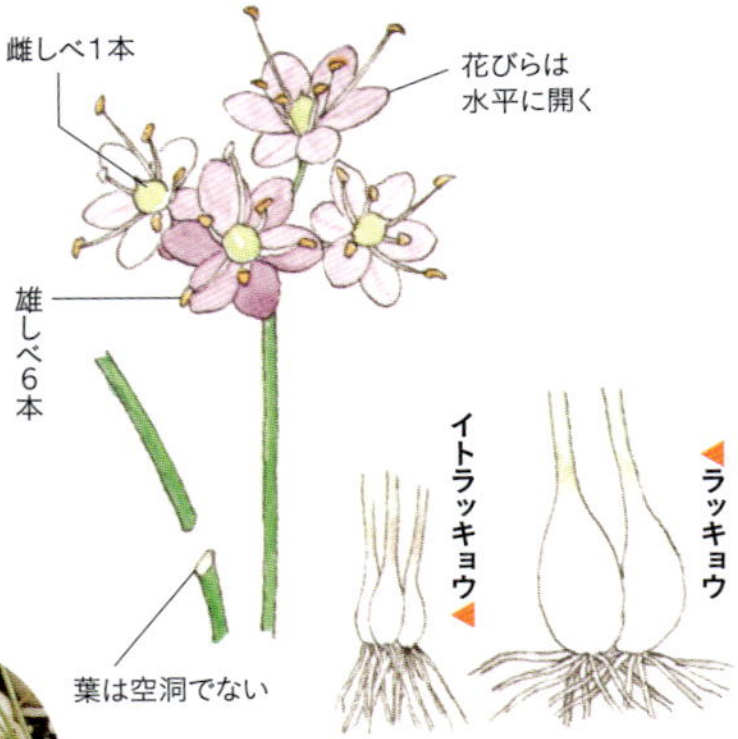

イトラッキョウの球根（鱗茎）は、ラッキョウに似る

ラッキョウは薬用や食用として、古い時代に中国から日本へ渡来していた。平安時代初期の『本草和名《ほんぞうわみょう》』などには“於保美良《おほみら》”の名前で出ている。その後、野生のニラ（ヤマラッキョウなど）と区別するために、“里韮《さとにら》”の名前がついた。その後、中国名“薤”を“おおみら”と発音するようになった。さらに、中国から辣韮が入り、“ラッキョウ”といった。

ラッキョウは、体温を高め、精神を安《やす》んじるのに効能がある植物であった。時代は経過し、江戸時代になると『成形図説』で、“らっきゃう”が掲載されるようになる。ラッキョウは各地で生産されて、広まっ

分類 ヒガンバナ科ネギ属
分布 長崎の平戸島
環境 日当たりのいい岩場
花期 11月
仲間 キイイトラッキョウ(紀伊糸辣韮)はイトラッキョウに似て、紀伊半島で発見されたので、"紀伊"の名前がつく。西日本の日当たりのいい岩場や急斜面に自生。ヤマラッキョウ(山辣韮)は関東〜九州の日当たりのいい野山に自生(P243参照)

類似種との見分け方

ていった。秋から春に生育し、夏に地上部が枯れて、掘り上げられた。

ラッキョウの名前が広まるにつれて、日本の山野に自生していた"似たもの"にもラッキョウの名前がついた。ヤマラッキョウ、キイイトラッキョウ、イトラッキョウなどである。

このうち、イトラッキョウは、最も小さいタイプである。葉が糸のように見え、葉の断面が中空でないことから、イトラッキョウの名前がある。このラッキョウは、どこにでも自生しているのではなく、たった1つの島にだけ自生していた。

イヌショウマ

【犬升麻】

Cimicifuga biternata

サラシナショウマに花と葉が似ている。イヌは“犬”でなく、“否《いな》”の意味。

分類 キンポウゲ科サラシナショウマ属
分布 東北南部〜近畿
環境 山地や丘陵のやや湿った林
花期 8〜9月

蕾はピンク色。葉は9枚の小葉で編成される。高さは50〜90cm

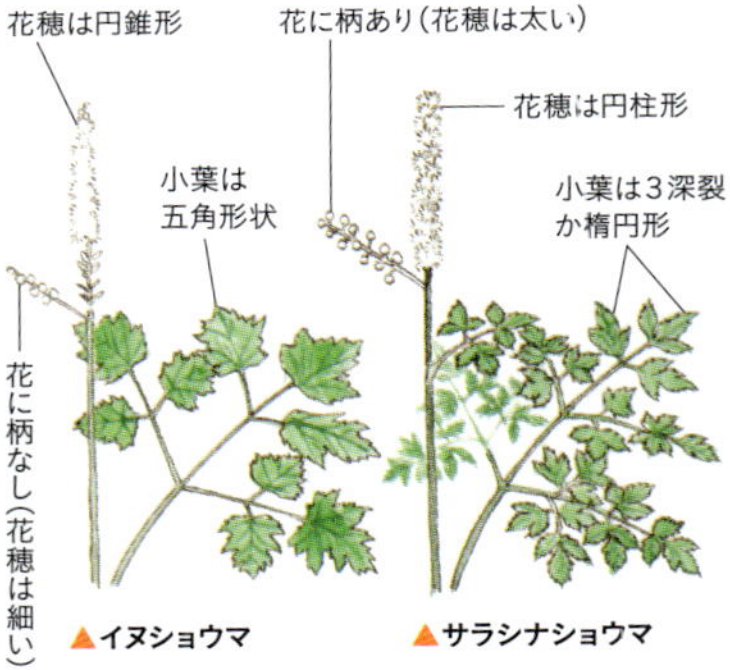

イヌショウマの〝イヌ〟は多くの書籍で〝犬〟とされて、イヌザンショウ、イヌツゲ、イヌゴマ、イヌヨモギなどは〝犬〟と同様に役立たないので〝イヌ〟がつくと書かれている。しかし、犬は昔から番犬や猟犬として役立ってきた。現在では麻薬犬、盲導犬、介護犬などで活躍している。それを役立たないから〝犬〟とつくといっては犬に失礼である。〝イヌ〟は犬ではなく、〝否《いな》〟の意味である。

イヌショウマは、ショウマ（サラシナショウマのこと）に似るが、ショウマと異なるという意味である。擬《もどき》に近い意味である。花序はサラシナショウマより細く、小葉は浅い切れ込みのモミジ形で、サラシナショウマの楕円形の小葉とは異なる。

イヌタデ

【犬蓼】

Persicaria longiseta

別名/アカマンマ(赤飯)

タデ酢に加工する“ホンダデ”に似て異なるのがイヌタデ。

分類 タデ科イヌタデ属

分布 日本各地

環境 野や丘の道端、土手、空き地など

花期 6〜10月

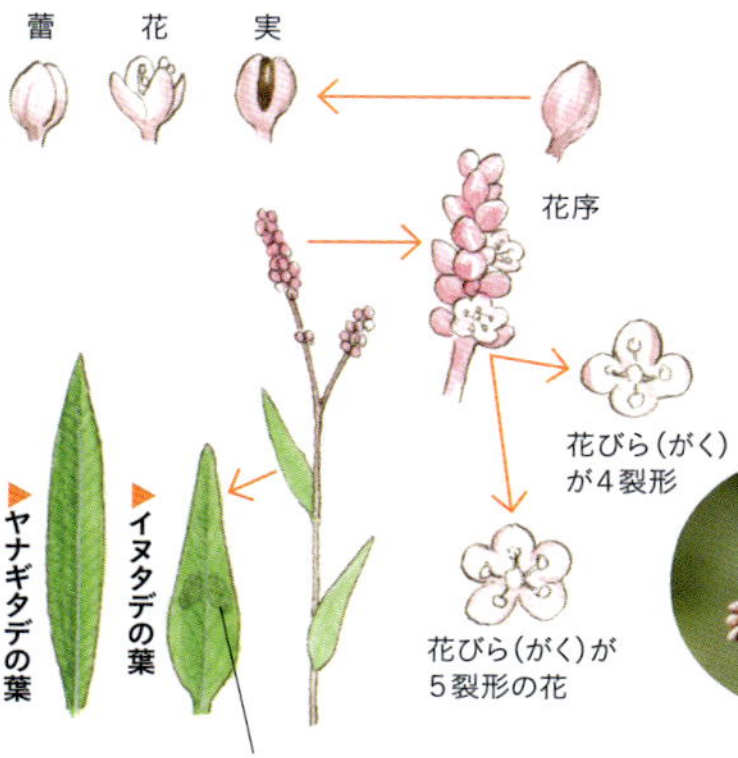

小さな紅色の花が多数ついて花穂になる。高さは30〜50cm

「蓼《たで》食う虫も好き好き」という言葉がある。辛いタデの葉が好きな虫もいるように、人の好みも色々という意味である。この辛いタデは、本当のタデという意味で“ホンタデ”といったり、“真《ま》タデ”ともいう。しかし、正式の和名は葉が柳に似るので“ヤナギタデ”。

ヤナギタデに似ているのがイヌタデ。似ているが、葉に辛みがないので“イヌ”がついた。“イヌ”は“否《いな》”で、ヤナギタデに似るが異なるという意味。

なお、“タデ”の意味は、辛みで口の中が“ただれる”からという説がある。しかし、古名は“太豆《たず》”とか“太良《たら》”で“ただれる”と直接結びつかない。私は中国名“蓼《たで》”から“タデ”というようになったと思う。

イヌホオズキ

【犬酸漿】

Solanum nigrum

草姿がホオズキに似るが、花も実も、がくも異なる。“イヌ”は犬ではなく“否《いな》”。

分類 ナス科ナス属

分布 日本各地

環境 農村の周辺の荒地や道端、市街地の草やぶなど

花期 8～10月

道端などで見かける。高さ40～60cm
(下)花は白色で5裂する

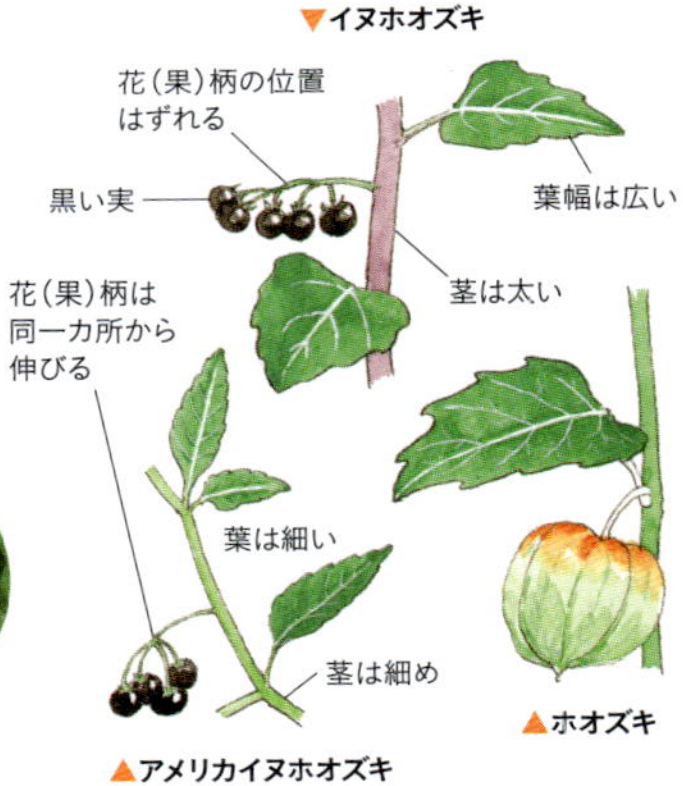

イヌホオズキの〝イヌ〟については、イヌショウマの項で述べたので、参照されたい。

さて、〝ホオズキ〟だが、古い時代に中国から渡来したものといえる。古名は〝赤加賀智《あかがち》〟とか、〝奴加豆支《ぬかづき》〟などといい、また、〝燈籠草〟とか〝燈籠花〟ともいわれていた。江戸時代には、〝ほほづき〟(『備考草木図《びこうそうもくず》』)となった。ホオズキの名前の由来は、①少女がタネを出した実皮をキュウキュウと鳴らす時に頬を突くから、②燈籠花とか鬼灯と呼ばれたホオズキの実を火《ほ》とみなし、火《ほ》付《づ》きがなまった、③ホホというカメムシの好物だったから、など諸説ある。私は②の説を推したい。

イヌヤマハッカ → ヤマハッカ(P242)

イノモトソウ

【井の許草、井口辺草】

Pteris multifida

昔の井戸は、周りを石垣で囲って、すき間にシダが生えていた。"井《い》の許《もと》草"である。

分類 イノモトソウ科イノモトソウ属
分布 関東～九州
環境 道端や石垣

人里近くの石垣や日陰の土手に普通に見られるシダである。中でも井戸端の石垣のすき間にイノモトソウがよく生えていた。それで、〝井《い》の許《もと》草〟とか〝井口辺《いのもと》草〟の名前がついた。なお、葉の先側の3枚の羽片が鳥の足形に見え、〝鳥脚《とりのあし》〟〝鶏足羊歯《けいそくしだ》〟とも呼ぶ。

羽片は切れ込みがない。高さ30～60cm

イボクサ

【疣草】

別名／イボトリグサ

Murdannia keisak

この草をもんで、"疣《いぼ》"にこすりつけると疣がとれたので、この名前が。

分類 ツユクサ科イボクサ属
分布 本州～沖縄
環境 池や沼のそばなど
花期 8～10月

イボクサの葉や茎をちぎると、透明なやや粘る液体が出てくる。昔の人は、この液体を疣《いぼ》に塗布すると疣がとれると信じていた。しかし、現在の薬草の本にイボクサが登場しないのは、〝イボトリ〟の効能が確認されていないためと思う。〝イボトリ〟は名前の由来だけで、効能はなさそう。

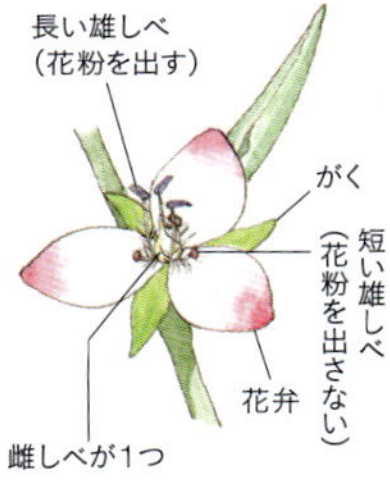

花は淡紅色の3弁花。葉は細長く、先が尖る

イラクサ【刺草】

別名／アイコ
Urtica thunbergiana

葉、葉柄、茎に刺毛《しもう》がある。刺《とげ》の古語を〝いら〟といったので、イラクサ。

分類 イラクサ科イラクサ属
分布 福島県～九州
環境 山地の林の中や森のへり
花期 9～10月

小さな緑色の花が多数、穂のように連なる。高さは40～100cm

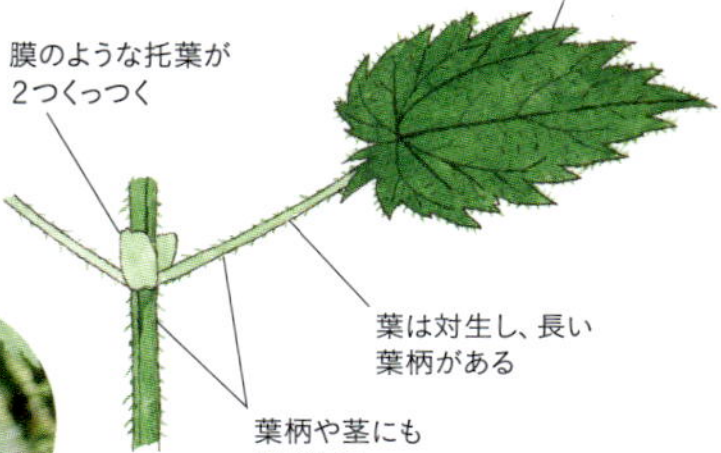
葉の表裏に刺がある
膜のような托葉が2つくっつく
葉は対生し、長い葉柄がある
葉柄や茎にも刺がある

イラクサは、全草についた刺《とげ》で人を痛がらせ、赤くはらす草なので有毒植物として知られてきた。江戸時代中期の『有毒草木《そうもく》図説《ずせつ》』にも〝いらくさ〟の名前がある。しかし、若芽は〝アイコ〟の名前で食用になり、茎皮は織物の材料になっていた。少し危ない有用植物と思われていたようである。そのことは、〝痛痛草《いたいたぐさ》〟〝疼草《いらくさ》〟〝人刺草《ひとさしぐさ》〟などの毒刺《どくとげ》を表わす名前、〝鬼麻〟〝蛇麻〟〝火麻〟など織物材料の麻を表わす名前、〝ゆなぐさ（湯菜草）〟など食用になることを表わす名前などがあることで、理解できる。

なお、イラクサは古代では〝伊良〟〝以良〟〝刺〟〝苛〟などと書き、単に〝いら〟といっていたようだ。

イワインチン
【岩茵陳】
Chrysanthemum rupestre
別名／インチンヨモギ

高山の岩場に自生し、河原艾《よもぎ》（別名を茵陳艾《いんちんよもぎ》）に似る。

分類 キク科キク属
分布 東北南部～中部地方
環境 高山の岩上
花期 8～9月

カワラヨモギの生薬名を〝茵《いん》陳蒿《ちんこう》〟といい、これを飲むと黄胆治療や駆虫の効がある。生薬名の〝茵陳蒿〟からカワラヨモギの別名が〝インチンヨモギ〟になった。ところで、イワインチンの葉は、カワラヨモギの葉に似るので、〝インチン〟の名前を使い、自生環境の〝岩〟を加えた。

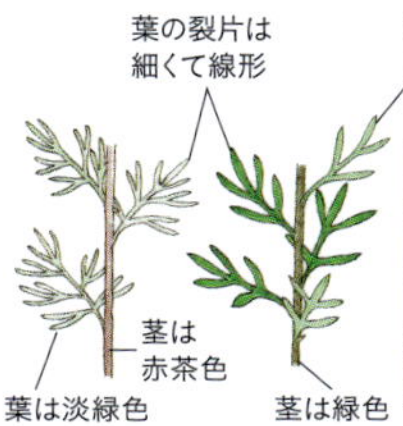

黄色い筒状花だけの花。高さは約20cm

イワオモダカ
【岩面高】
Pyrrosia hastata

湿地に自生する“オモダカ”の葉に少し似て、主に“岩”の上で根茎が横に這う。

分類 ウラボシ科ヒトツバ属
分布 日本各地
環境 山地の岩壁や太い樹木に着生

イワオモダカの葉は、モミジの葉に似る。モミジの葉の中央裂片が長く伸びた形である。あるいは、穂が十字の形をした、昔の武具の十字文字槍にもよく似ている。イワオモダカの葉は、オモダカ以外のものに似ているのに、命名者の思い込みで、この名前がついた。

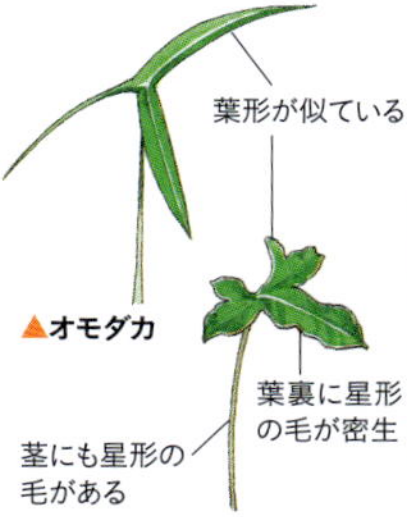

葉は中央の裂片が長く、先は尖る

イワガネソウ
【岩ケ根草】
Coniogramme japonica

岩場の下の方に自生するか、石と石のすき間に自生するので、この名前に。

分類 イノモトソウ科 イワガネゼンマイ属
分布 北海道〜南西諸島
環境 山地の林の中や森のへリ

(上)中央の茎から左右へ細長い葉(羽片)が伸びる。高さ40〜100cm　(中)葉の表面　(下)葉裏に網目がある

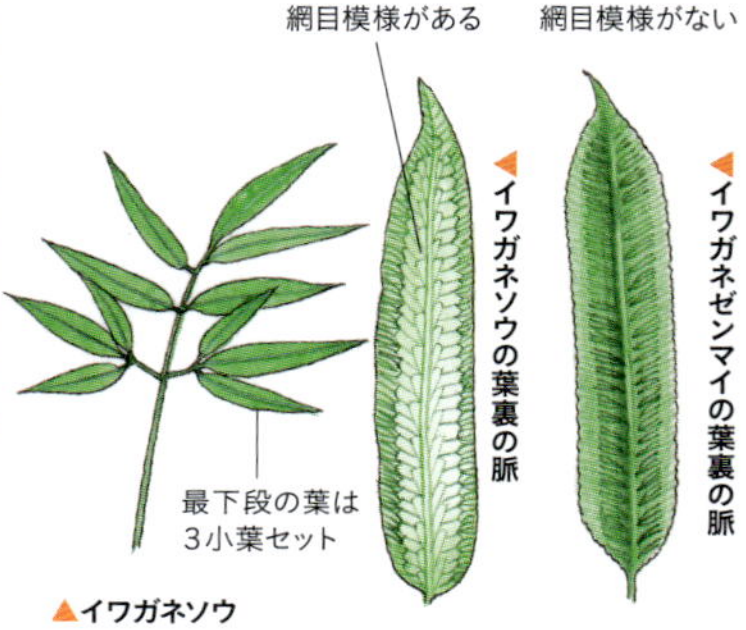

森の中のしっとりした場所に自生し、岩場以外に自生することが多い。名前のような場所に自生しているとは限らない。名前がつけられる対象になった株が、たまたま日陰の岩場にあったため、〝岩〟のつく名前をつけたのであろう。このシダの形状に関係なく、標準的な自生環境も表わさない、凡名である。なお、本種にそっくりなイワガネゼンマイの〝ゼンマイ〟は、葉の構成がゼンマイの葉に似るからである。

イワギク
【岩菊】

Chrysanthemum zawadskii

別名／ピレオギク

山中の岩場に自生する菊だから、“岩菊”。

分類 キク科キク属

分布 北海道〜九州

環境 海岸や山地の岩場など

花期 7〜10月

花の周辺は白色の舌状花。中央は黄色の筒状花

山中の岩場に自生

白色の舌状花は20枚くらい。高さは10〜40cm　（下）葉は羽形に細裂

〝イワギク〟という、平凡な名前の草である。岩場の〝岩〟という自生地の言葉を借用した安易な命名法である。自生地は、岩場だけでなく急斜面の草地もあるが、命名の対象になった株が、たまたま岩場に自生していたからである。イワギクのように自生の環境を借用した安易な例は、いくつもある。浜辺に生えるので、〝浜菊〟。磯に自生するから〝磯菊〟。黒潮が近くを流れているから〝潮菊〟。浜辺に広がっているから〝浜辺野菊〟など。

なお、イワギクは北海道では海岸に自生し、〝ピレオ(旧樺太の地名)ギク〟とか、〝エゾノソナレギク〟と呼ばれている。〝ソナレ〟とは磯馴れと書き、浜辺を意味する言葉である。

イワシャジン
【岩沙参】
Adenophora takedae

渓谷沿いの岩場に自生し、根が"ツリガネニンジン(沙参《しゃじん》)"に似るので、この名前がついた。

花柱は花から突き出ない。茎は針金のように細く、長さ20〜40cm

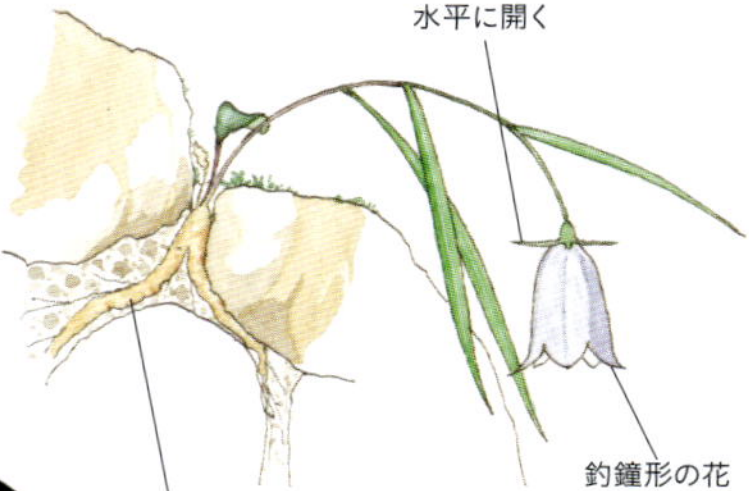

イワシャジンの〝イワ〟は〝岩〟のことで、自生地の岩場を示す。〝シャジン〟は〝沙参〟と書き、ツリガネニンジンの根をいう。沙参は漢名(生薬名)で、もともとはツリガネニンジンの根を乾燥させたものを指す。しかし、根が沙参に似た草に対しても、ホウオウシャジン、フクシマシャジン、ヒメシャジン、ミヤマシャジンなどと〝沙参〟をつけている。

ところで、この沙参であるが、〝参〟という言葉が入っているために、〝人参《にんじん》〟や〝竹節人《ちくせつにん》参《じん》〟の仲間のように思われることが多かった。人参は高麗人参(朝鮮人参)のことをいい、胃弱や強壮に効能がある。

分類 キキョウ科 ツリガネニンジン属
分布 関東西部、中部地方東南部
環境 沢沿いの岩場
花期 9～10月
仲間 宮崎や熊本に自生するツクシイワシャジン(筑紫岩沙参)、夜叉神峠周辺に自生するヤシャジンシャジン(夜叉神沙参)、南アルプスの鳳凰三山などに自生するホウオウシャジン(鳳凰沙参)などがある。

類似種との見分け方

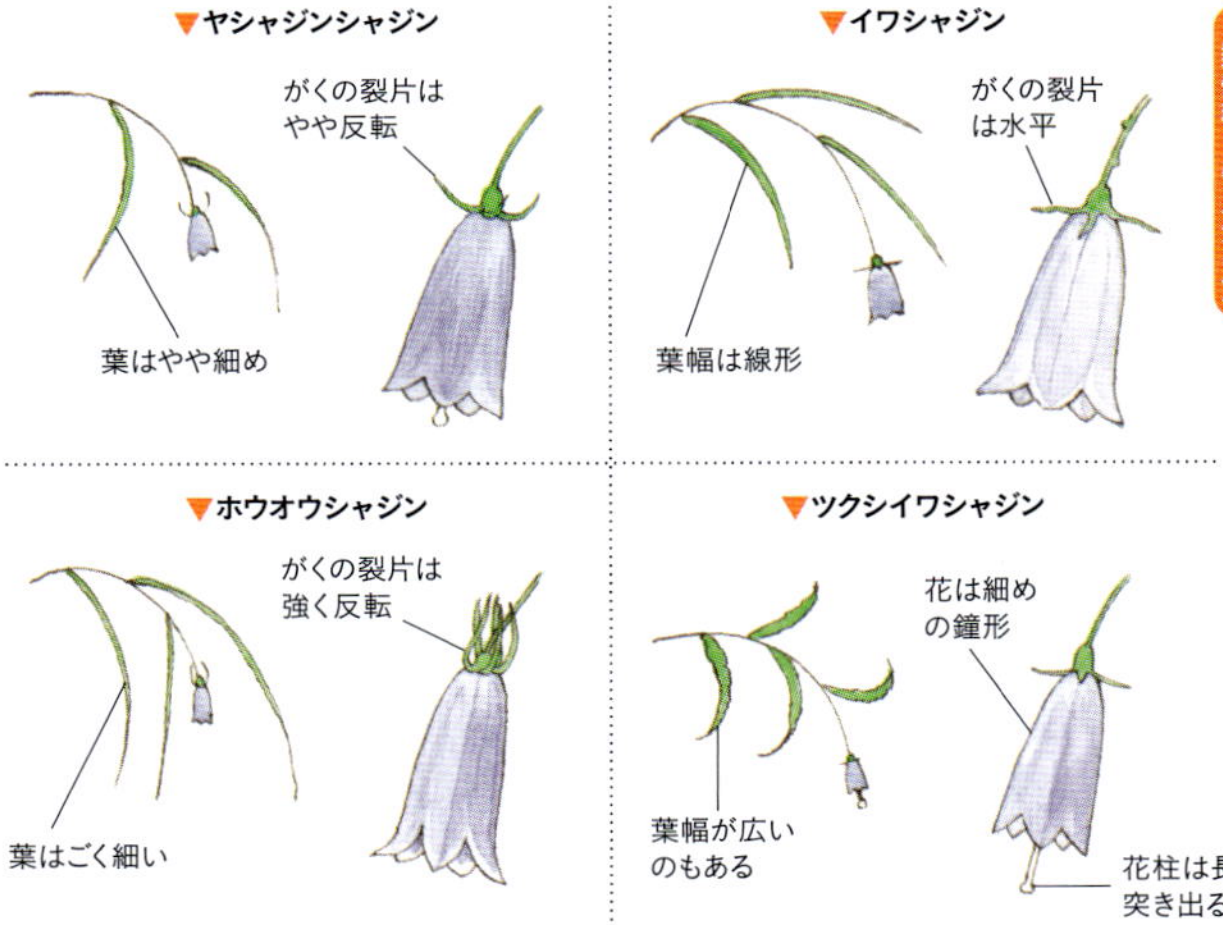

江戸時代に徳川吉宗は人参の国内栽培を命じて成功している。人参のタネを幕府が貸与したことから、御種《おんたね》人参と敬称をつけた。その後、短く〝オタネニンジン〟となった。竹節人参はトチバニンジンのことである。人参の根とは異なり、横に延び、竹の節のようなものがある根であったので、竹節人参の名前がある。竹節人参は苦味が強く、健胃と去痰の効能がある。

なお、これらより後れて登場した橙赤色のキャロット(現在の人参)のことは、当時〝菜人参《なにんじん》〟といった。

イワダレソウ

【岩垂れ草】
Phyla nodiflora

海岸の岩に垂れるように群生しているのを見て“岩垂れ草”と名付けた。しかし？

分類 クマツヅラ科イワダレソウ属
分布 関東南部～沖縄
環境 海岸の砂浜
花期 7～10月

手で触ると硬い感じがする。花茎の高さ10～20cm。草の広がりの直径2～3m

花は下から上へ咲き上がる
花は冠状に咲く

岩に垂れることもあるので、イワダレの名前がある

イワダレソウは、海岸の砂浜に群生している。茎が砂浜を這って、茎の節《ふし》から根を伸ばして増える。葉が茎に対生し、葉の脇から花茎を伸ばす。通常は砂浜に自生し、岩に垂れることはほとんどない。命名者は、この草が垂直な岩場にたまたま自生していたのを見て、〝岩垂れ草〟と名付けた。しかし、この草は前述の通り、茎の節から根を出して岩壁に付着しているので、垂れているわけではない。命名者は岩に垂れているように見誤ってしまったのである。草の花茎の先に円柱形の花序ができ、花が輪のように並ぶ。スポーツの勝利者へ贈られる花の冠に見える。〝冠《かんむり》草〟とでもつけた方がよかったと思う。

イワレンゲ【岩蓮華】

Orostachys malacophylla var. *iwarenge*

岩場に自生するのを見て、“イワ”がつく。葉姿がハスの花（蓮華）に似るので、“レンゲ”。

分類 ベンケイソウ科 イワレンゲ属
分布 関東以西の本州、九州
環境 茅葺き屋根や人家の石垣など
花期 9〜11月

▲ハスの花

花穂は長さ10〜20cmで、下の方から咲く　（下）新芽の葉は蓮華状

本種は遅くとも江戸時代には、その名前が知られていた。『大和本草《やまとほんぞう》』『物《ぶつ》品識名《びんしきめい》』などに記載されていることで分かる。

当時、茅葺き屋根が多く、イワレンゲは屋根の上に自生すると思われていた。しかし、〝イワ〟がついたのは、命名の対象になったイワレンゲが、たまたま岩場に自生していたからであろう。数少ない自生地の〝イワ〟をつけたのは、〝屋根レンゲ〟では名前として格好がつかないと思ったからかもしれない。なお、葉姿が蓮華に似るから、〝レンゲ〟がついたことに異論はない。ぴったりの表現である。

ところで、レンゲソウ、レンゲショウマ、キレンゲショウマなどは、花が〝蓮華〟に似るが、イワレンゲの仲間は葉姿が〝蓮華〟に似る。

ウキヤガラ【浮矢柄、浮矢幹】

Bolboschoenus fluviatilis

冬に枯れた茎が水に浮く。その姿は"矢柄《やがら》"が浮いているようだ。

分類 カヤツリグサ科ウキヤガラ属
分布 北海道～九州
環境 沼地や池などの岸辺
花期 7～10月

茎の頂部に細長い苞(葉に見える)が2～4枚つく。茎は三角状。高さ数十～150cm

矢柄《やがら》の本体はほとんど篠竹で作られている。この長い本体を篦《の》と言っている。篦の先には、鉄製の鏃《やじり》があり、篦の後方には羽が差し込まれている。これが矢柄(矢幹)の構成で、もっぱら敵を攻めるために使い、"征矢《そや》"ともいう。

ウキヤガラは多年草であるが、冬に枯れる。枯れた後、強風に吹かれ、根元の茎が切れて根と離れることがある。根から離れた地上部は、水面に浮かび漂う。この枯れたウキヤガラは、戦《いくさ》の後で沼や川に浮かぶ折れた矢柄に見える。昔はこの折れた矢柄が、戦のむなしさを語ってくれたと思う。今では、名前の由来のためだけに、この矢柄(枯れたウキヤガラ)がある。

ウシクグ

【牛莎草】

Cyperus orthostachyus

“ウシ（牛）”は大形の意味。“クグ”は銭を括《くく》る“くぐ縄”の材料になったから。

分類 カヤツリグサ科 カヤツリグサ属

分布 北海道～九州

環境 田んぼのあぜ道や小川のそばの草むらなど

花期 8～10月

苞
小穂
これでひもを編む（くぐ縄）

▲ウシクグ

くくる縄をくぐ縄という

「くくる」からくぐ→クグ

茎の頂部に茶褐色の小穂が10～20個つく。高さは30～70cm

〝クグ〟の名前は『新選字鏡《しんせんじきょう》』（平安時代前期）や『倭名抄《わみょうしょう》』（平安時代中期）に登場している古い言葉。ウシクグなどを古くは〝クグ〟と呼んだ。ウシクグの茎を割いてひもを編む、これを〝くぐ縄〟といい、多数の銭の穴に通して、輪に括《くく》った。椀や皿をくぐ縄で縛って保管もした。くぐ縄は、〝莎縄〟とか〝莎草縄〟と書いた。

本種は、銭や食器を括る〝くぐ縄〟の原料だからまず〝クグ〟と呼ばれて、草姿が大きいので〝牛〟がつき、ウシクグになったのだろう。大形のハコベをウシハコベというのと同じである。なお、クグの古名を〝ハマスゲ〟とする説があるが、昔はハマスゲもウシクグも同じ草として扱って、いずれも〝くぐ縄〟の材料にしていたと思う。

ウシノシッペイ【牛の竹篦】

Hemarthria sibirica

牛をたたいて移動させるのに使う"むち（竹篦《しっぺい》）"に、草姿が似る。

分類 イネ科ウシノシッペイ属
分布 本州～沖縄
環境 野山の日当たりのいい湿地
花期 7～10月

茎先や葉腋から花序を1本ずつ出す。高さは70～100cm

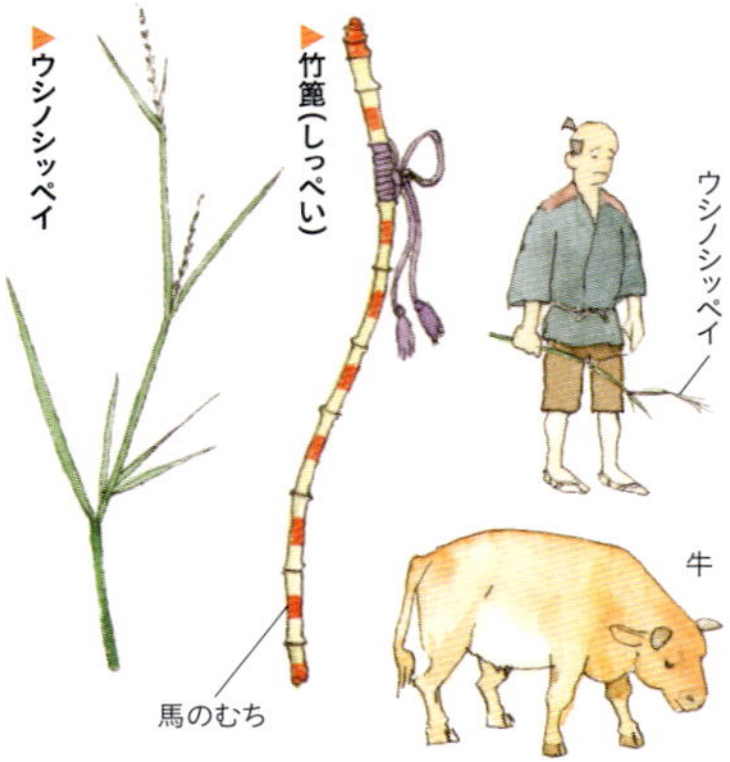

〝竹篦《しっぺい》〟とは、禅宗の寺で座禅修行者の肩などをたたく〝杖〟のことをいう。竹をへら形に加工し、籐《とう》を巻いたもので、全体に漆《うるし》が塗ってある。漆の篦《へら》であるから、〝漆篦《しっぺい》〟ともいい、竹篦《たけべら》も〝しっぺい〟と発音するようになった。ところで、牛のむちは笹竹などを使う。ウシノシッペイの草姿を牛のむち（笹竹など）に見立て、この名前に。

なお、ウシノシッペイの代わりに〝ウマノシッペイ〟でもいいが、ウマのむちは細い革とか棒状または波形の篠竹である。本種の草姿に似るが、本種は茎が細いのでウマにはつかわない。〝ヒツジノシッペイ〟も成立しない。ヒツジを追うのは、犬であるから。

ウメバチソウ

【梅鉢草】

Parnassia palustris

花が家紋の“梅鉢紋”に似ているので、ウメバチソウの名前がついた。

分類 ニシキギ科 ウメバチソウ属
分布 北海道～九州
環境 山地の草原や日当たりのいい斜面
花期 8～10月

▲梅鉢紋

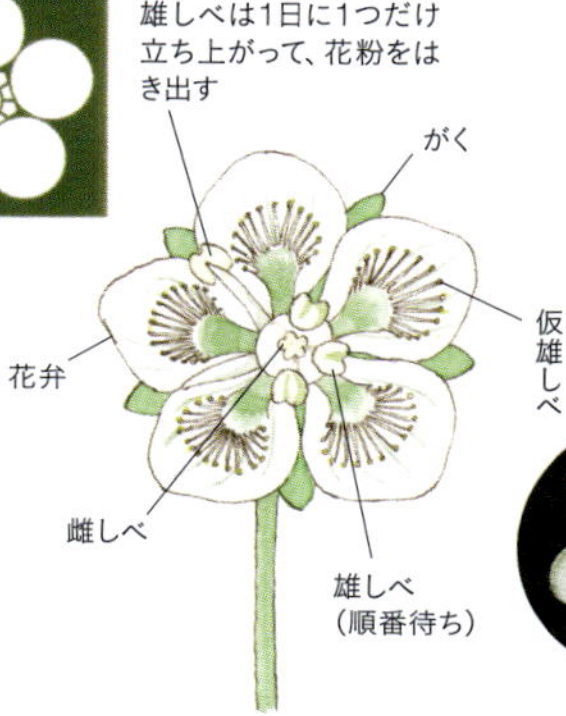

茎の中央にハート形で柄の無い葉をつける。花茎の高さ10～30cm

藤原氏によって失脚させられた菅《すが》原道真《わらのみちざね》は、太宰府にて寂しい一生を終えた。彼の亡骸は太宰府の天満宮に葬られて、天満宮の祭神となる。彼の好んだ梅の花は、天満宮の神紋になった。天満宮の氏子や道真を尊敬する人々、道真にゆかりのある人々は、梅の花の家紋を採用した。そのうちの1つが〝梅鉢紋〟。梅の花の、雄しべを省き花弁を円形にしたもの。ウメバチソウの雄しべを省いた形によく似る。梅の花をかたどったいくつかの家紋のうち、梅鉢紋が最もウメバチソウに似る。なお、図鑑によっては、「花が梅の花に似ているから、ウメバチソウという」と書いている。その場合、ウメバチソウの〝バチ〟の説明ができないので、支持しない。

ウリカワ【瓜皮】

Sagittaria pygmaea

本種の葉の形が、ウリの皮を刃物でむいたような形なので、“瓜皮”。

分類 オモダカ科オモダカ属
分布 東北南部〜沖縄
環境 沼や水田、池など
花期 7〜10月

白色の3弁花で、雄花と雌花がある。高さ20〜30cm

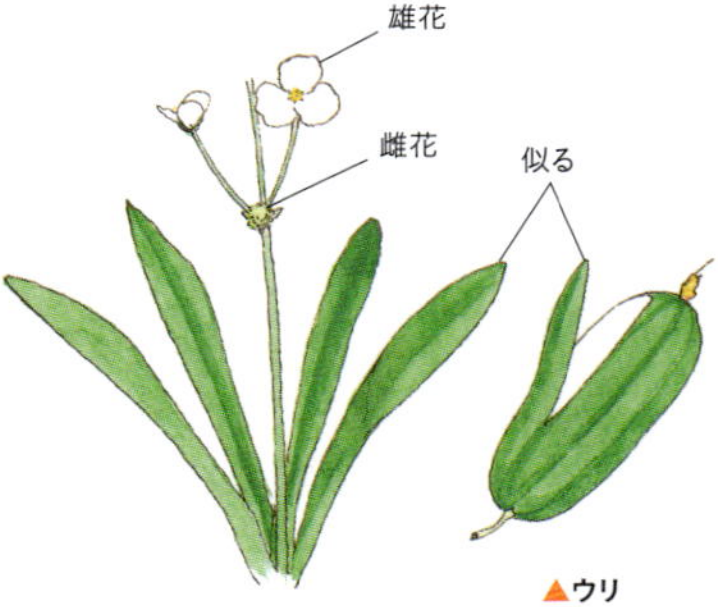

ウリとは、植物学的にはシロウリとかマクワウリなどウリ科のつる性1年草の実《み》をいう。また、ウリの名前は、奈良時代から江戸時代までの多くの文献に登場する。身近な夏の食物として知られていたことを示している。

ところで、ウリはマクワウリの古名でもある。ウリカワの〝ウリ〟はマクワウリを指す。なお、マクワウリは〝真桑瓜〟と書く。江戸時代以前に美濃国の真桑村に産するウリが知られていたことから、ウリをマクワウリと呼ぶようになった。このウリは奈良時代か、それ以前に中国から渡来したと思う。以来、夏の暑さをしのぐ果物として愛され、ウリカワの葉を見て、すぐに庖丁でむいたマクワウリの皮を連想したのだ。

エノキグサ 【榎草】

別名／編笠草

Acalypha australis

葉が“榎《えのき》”の葉に似る草。雌花のある葉（総苞《そうほう》）の形から、別名“編笠草《あみがさそう》”。

分類 トウダイグサ科 エノキグサ属
分布 日本各地
環境 畑のそば、道端、空き地など
花期 8〜10月

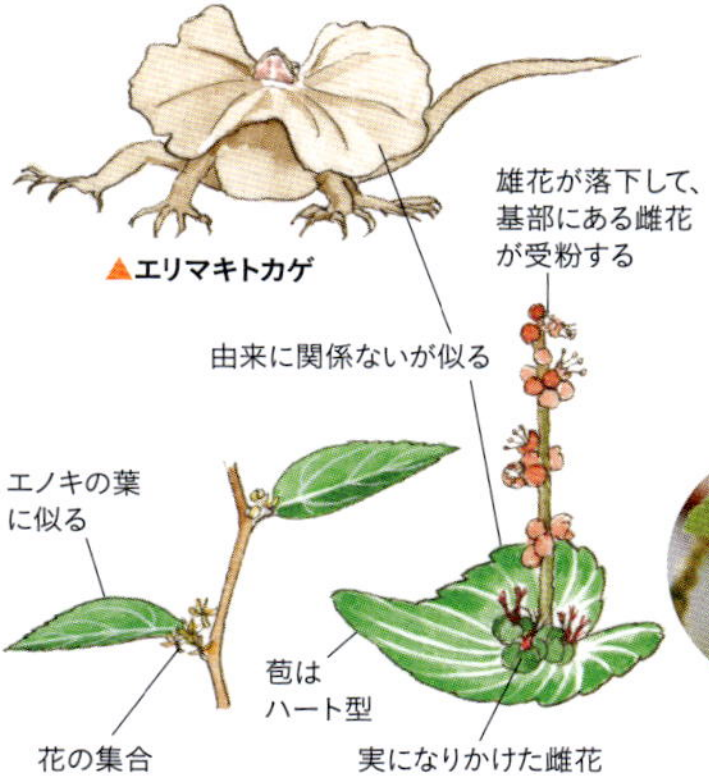

雄花は穂状。雌花は雄花の穂の基部につく。高さは20〜50cm

榎《えのき》は初夏に淡黄色の花を咲かす。夏の木だから〝榎〟。江戸時代、榎は街道筋の1里塚がある場所に植えられ、必ず見かけた木である。冬に落葉するが、葉の形は知られていた。ある時、本種を見た人が、葉が榎の葉と似ることに気付いた。冬にすべて枯れる草とも分かり、〝エノキグサ〟の名前をつけた。

なお、榎の〝エノキ〟とは、①甘い実を小鳥が好んで食べるので、〝餌の木〟がエノキに、②道具の柄《え》になるので、〝柄の木〟がエノキに、③燃えやすいので、〝モエノキ〟がエノキになったなどの諸説がある。

エノコログサ
【狗尾草】
別名／ネコジャラシ
Setaria viridis

子犬の尾（狗尾《えのころ》）に似た花穂《かすい》が咲くので、エノコログサ。別名ネコジャラシ。

花序には緑色の小穂がぎっしりと並んでいる。高さは30〜70cm

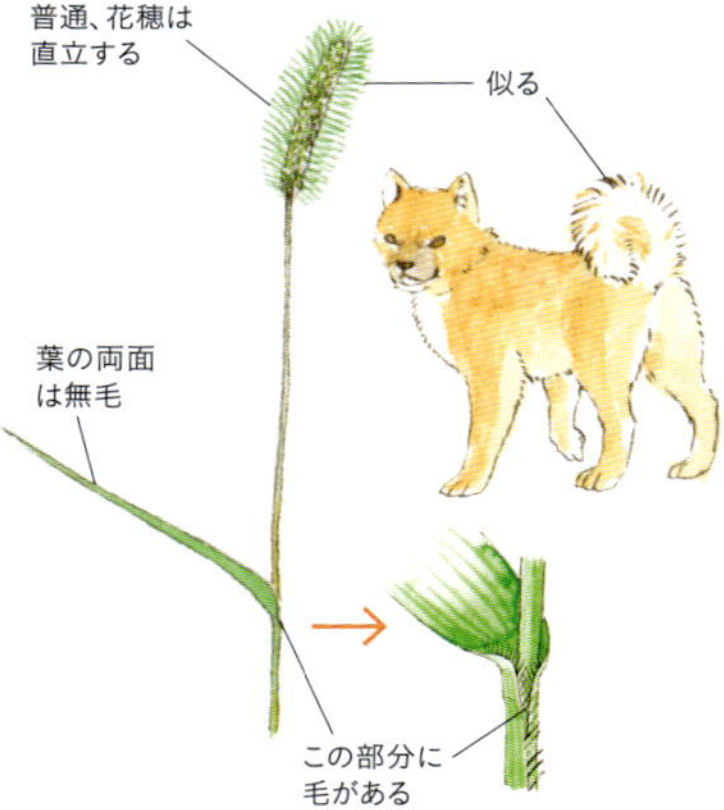

エノコログサの〝エノコロ〟とは、〝犬の子〟をいう。犬の子は、〝犬児〟〝狗児《いぬころ》〟とも書く。本来は〝犬《いぬ》ころ〟といい、それがなまって〝エノコロ〟になったと思う。エノコログサを〝狗尾草〟と書くのは、この草の穂が子犬の尾に似ているからである。〝狗尾草〟と書くからにはエノコログサでなく、エノコロオ・グサと発音すべきであるが、なまって〝オ〟が省略されてしまったのである。

次に〝ネコジャラシ〟の〝ジャラシ〟であるが、もともとは〝戯《ざ》れる〟という言葉に由来する。戯れごとであるといった時に使う。ふざけるとか、たわむれるといった意味の言葉で

分類 イネ科エノコログサ属
分布 日本各地
環境 道端や空き地などの日当たりのいい場所
花期 8～11月
仲間 アキノエノコログサ(秋の狗尾草)の〝アキノ〟は秋咲きを意味する。エノコログサより花期が遅く、花穂が長い。キンエノコロ(金狗尾)は、花の黄色い剛毛が日照を受け〝金色〟に輝くのでついた名前。
ほかに浜辺に自生するハマエノコロ(浜狗尾、P183参照)、花穂が〝紫色〟に見えるムラサキエノコロ(紫狗尾)などがある。

類似種との見分け方

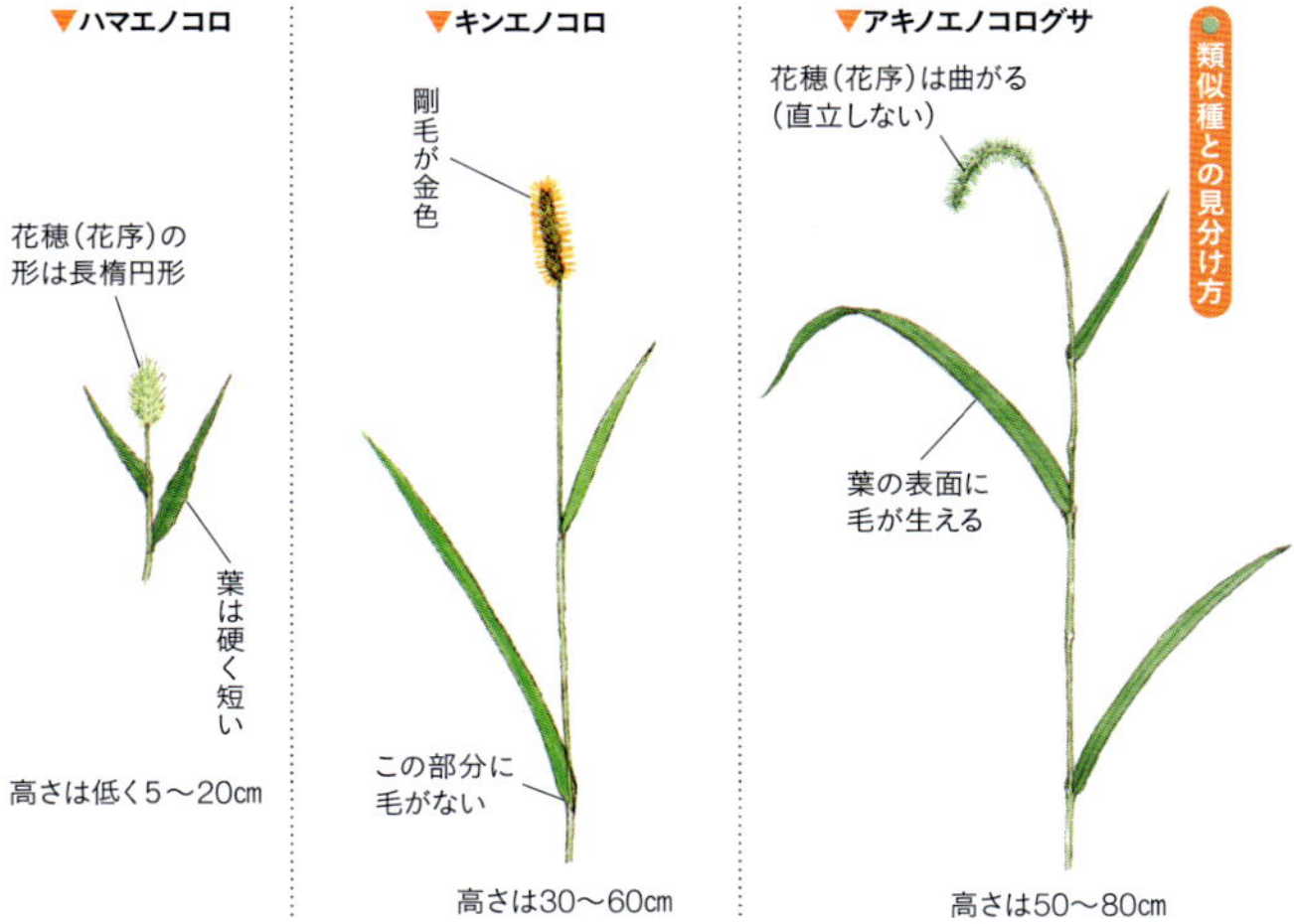

ある。この〝戯《ざ》れる〟が〝戯《じゃ》れる〟に変化して、名詞の〝じゃらし〟になった。〝猫じゃらし〟は、エノコログサの穂を猫の目の前で動かし、猫をからかう動作をいう。〝犬じゃらし〟にならなかったのは、犬がエノコログサにあまり反応しなかったからかもしれない。

なお、狗児とか狗《いぬ》と似たものに〝狛犬《こまいぬ》〟がある。狛犬は神社の社殿の前に一対ですえ置かれている獅子に似た獣である。朝鮮半島から渡来の魔除けの犬で、高麗《こま》犬が〝狛犬〟になった。エノコログサとは関係ない。

エンシュウハグマ → オクモミジハグマの仲間(P65)

オオアレチノギク【大荒地野菊】
Erigeron sumatrensis

差異点はあるが、アレチノギクによく似ていて大きいので、"オオ"がつく。

分類 キク科ムカシヨモギ属
分布 南米原産。関東以西に野生化
環境 市街地の道端、空き地、土手など
花期 7〜10月

頭花の基部側には細長い総苞片が多数瓦状についている。高さは1〜2m

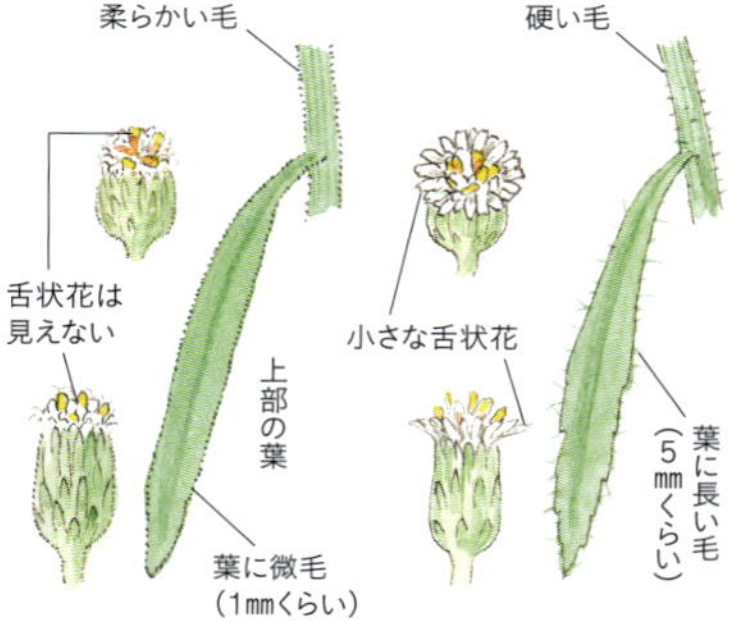

▲オオアレチノギク　▲ヒメムカシヨモギ

南アメリカ原産のアレチノギクが、明治25年頃に琉球にて発見された。荒地に生える野生のキク科植物なので、アレチノギクの名前がついたと思う。"アレチ"は適しているが、"ノギク"の名前は過大評価が過ぎた名前である。

野菊といえば、リュウノウギク、ノコンギク、ヨメナ、カントウヨメナ、ノジギクなどを指す。これらの野菊の花に比べて、著しく美しくない花である。ヒメムカシヨモギの花に似るので、"アレチヨモギ"とでも名付けた方が妥当であった。

ちなみに、ヒメムカシヨモギの名前は、明治17年に松村任三によって命名され、昭和27年にはオオアレチノギクが独立した種として認知された。

オオイヌタデ【大犬蓼】

Persicaria lapathifolia var. *lapathifolia*

“イヌタデ”に似るが、大形なので“オオイヌタデ”。

分類 タデ科イヌタデ属
分布 日本各地
環境 市街地の空き地、道路沿い、土手、河原など
花期 6～11月

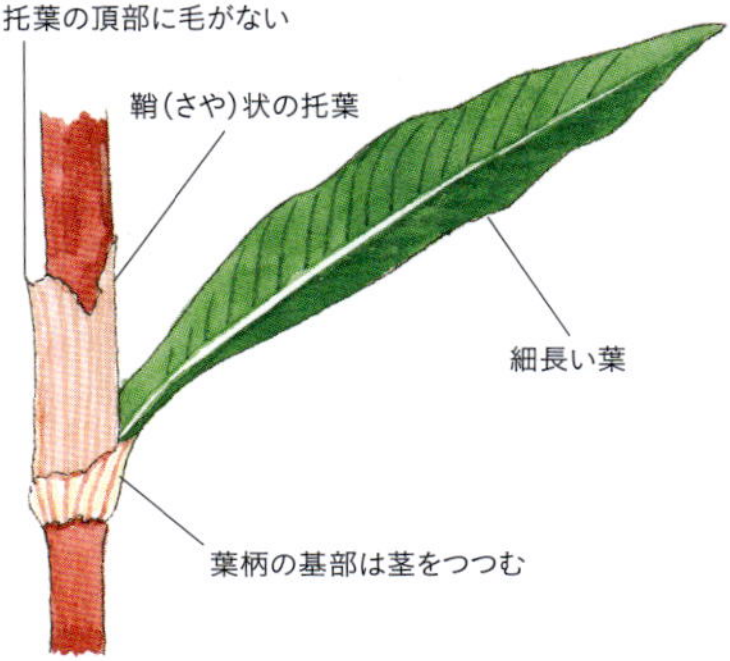

白色か淡紅色の花が多数、穂状につく。葉は互生する。高さは0.7～1.5m

刺し身のつまや、鮎の塩焼の蓼酢《たです》に加工できる〝タデ〟をマタデ（ホンタデ、ヤナギタデ）といい、単にタデということもある。イヌタデはタデに似るが、葉に辛みがない、花が赤いなどの差異があるので、イヌ（否《いな》の意味）の名前がついた。オオイヌタデは、イヌタデに似て、草姿が大形なので、この名前がついている。

なお、草姿がよく似た種にボントクタデがある。葉が細長く、タデ（マタデ）に似ている。しかし、葉に辛みがない。このボントクタデの〝ぼんとく〟は梵徳《ぼんとく》のことで、僧侶の妻（梵妻《ぼんさい》）の意味。僧侶の妻は常に厨《くりや》（寺の台所）にいて、表に出ない。〝控え〟のタデに相当する名前である。

オオオナモミ → オナモミ（P69）

オオケタデ【大毛蓼】

別名／オオベニタデ
Persicaria orientalis

草姿が大形のタデ。茎などに〝毛〟が目立つ。

分類 タデ科イヌタデ属
分布 東南アジア原産。北海道から沖縄まで広く帰化
環境 道路の脇、空き地、土手など
花期 8～10月

紅色の小さい花が穂状にぎっしりつく。高さは1.5m前後

▲マムシ

江戸時代に観賞用植物として導入され、タネでよく増える。その後、持て余して捨てられ、野生化したと思われる。ところが、薬用に役立つことが分かった。〝化膿したおでき〟〝毒虫刺され〟などに薬効があることが知られた。また、蝮《まむし》の毒を消す効能も確認された。その後、毒蛇の毒成分を消す効能のある薬が〝ハプテコプラ〟の名前でポルトガルから入り、同じく蛇毒成分を消すオオケタデを、〝ハプテコプラ〟と呼ぶこともあった。

さて、オオケタデであるが、タデの仲間では最も大形で、葉や、特に茎に多くの毛が生えているのが特徴。それで、〝オオケタデ〟の名前がつく。

オオタニワタリ【大谷渡】

Asplenium antiquum

大形シダで、常緑樹林の谷間に大群生。谷間の両側をつなぐ"渡し"のようだ。

分類 チャセンシダ科チャセンシダ属
分布 伊豆諸島、紀伊半島、四国南部、九州の南部、南西諸島など
環境 常緑樹林の岩や樹幹に着生

▲シマオオタニワタリ　▲オオタニワタリ

細長い葉の先は鈍く尖る。葉裏に胞子嚢群が線形に並ぶ

1m前後の長い葉が放射状に多数つき、直径が2m以上。高さは1mくらいになる大形のシダ。採集などが行なわれていなかった自生地では、うっそうとした谷間をこのシダが埋めつくすほど繁茂していた。両側の谷は、このオオタニワタリの株によって、1つにつながっている"渡し"のように見えるところから、"タニワタリ"の名前がつき、草姿が大形なので"オオ"が加わった。

なお、北海道から九州の日本海側の山地の谷間にはコタニワタリ(小谷渡)が、屋久島・種子島・沖縄にはシマオオタニワタリ(島大谷渡)が自生している。いずれもオオタニワタリに似るが、コタニワタリは、葉が小さいので"コ"がつき、シマオオタニワタリは、葉裏の胞子嚢群が短いので"シマ"をつけて区別した。

オオニシキソウ【大錦草、大二色草】

Chamaesyce nutans

葉と茎がニシキソウによく似ていて、大きい草姿であるから、〝大錦草〟。

分類 トウダイグサ科ニシキソウ属
分布 北米原産。本州～九州に野生化
環境 道端、空き地、畑など
花期 6～10月

長楕円形の葉は、茎に対生する。高さは30～50cm　（下）花

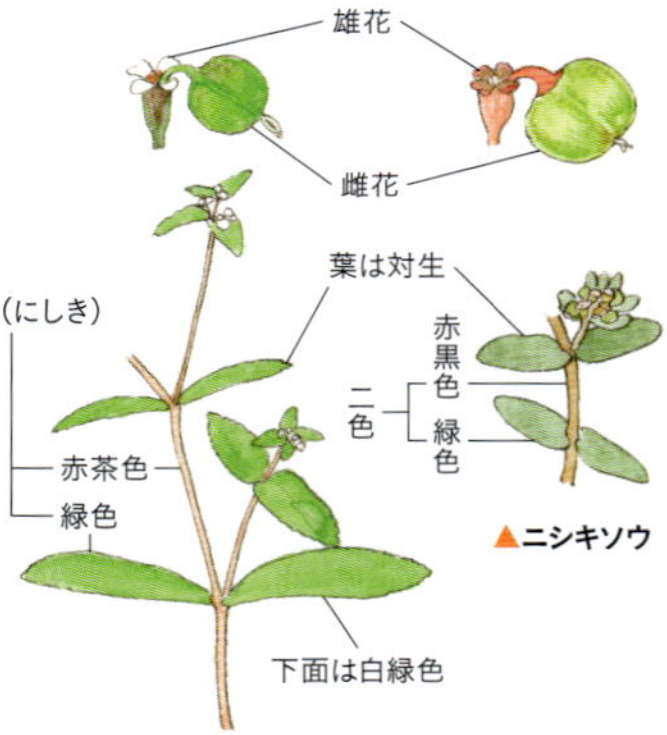

▲ニシキソウ

▲オオニシキソウ

ニシキソウは地べたに這うように生える日本在来種。葉は緑色で長楕円形。茎は赤黒く、少しジグザグに曲がる。ニシキソウの色彩は緑と赤黒の二色である。もともとは〝二色草〟の意味のニシキソウだったのではないかと思う。それが〝錦草〟と誤記されたまま、〝ニシキソウ〟に当てられたかも。なお、〝錦草〟の名前は『物品識名《ぶっぴんしきめい》』などいくつかの文献に登場し、江戸時代には公知の名前になっていた。そして、明治時代の中期に北米原産の仲間が渡来。葉や花が小さいので、〝小錦草〟の名前に。その後、北米から小錦草に比べて花や葉が大きい仲間が入って来た。錦草より大きいので、オオニシキソウと名付けた。

オオハナワラビ → ハナワラビの仲間（P180、181）

オオヒナノウスツボ

【大雛の臼壺】

Scrophularia kakudensis

花が"田臼《たうす》"形の壺状。花の中の雄しべを雛人形に見立てた。草姿が大きい。

分類 ゴマノハグサ科 ゴマノハグサ属

分布 北海道～九州

環境 山地の草原や林の中

花期 8～9月

米や草を餅状にする"つき臼"、穀類を粉にする"石臼"、玄米を精米にする"田臼《たうす》"がある。田臼は木や竹製で、壺形であった。それで、臼壺という言葉が生まれた。"雛"の名前は2つ並ぶ雄しべを雛人形にたとえた。"オオ"は花に関係なく、草姿がほかのウスツボより大きいという意味。

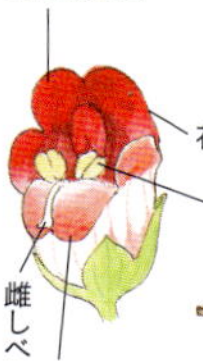

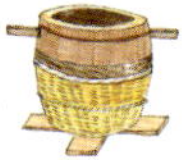

▲田臼（もみがら、米をとり出す）

壺形の花は暗赤色。葉は長卵形で茎に対生

オオベンケイソウ

【大弁慶草】

Hylotelephium spectabile

在来のベンケイソウに似て、"大形"のタイプが中国から渡来。これが、"オオベンケイソウ"。

分類 ベンケイソウ科 ムラサキベンケイソウ属

分布 中国東北部と朝鮮半島北部

環境 日本では庭園、植物園などに植栽

花期 8～9月

枝や葉を切って放置しても枯れない強さがあることで、豪傑"弁慶"の名前をつけた。このベンケイソウは古くから栽培されてきたが、明治時代に大形の似た草が導入されて、"オオベンケイソウ"と名付けられた。単に、ベンケイソウというと、オオベンケイソウをいうようになった。

▼オオベンケイソウ

▲武蔵坊弁慶

花は紅色。葉は肉厚で対生したり、輪生する

オオヨモギ → ヨモギの仲間（P247）

オガルカヤ【雄刈萱】

別名／スズメカルカヤ
Cymbopogon tortilis

屋根を葺《ふ》くイネ科の草を〝刈《かる》萱《かや》〟といった。江戸時代になって〝雄〟がついた。

分類 イネ科オガルカヤ属
分布 本州～沖縄
環境 野山の草原や河原の土手など
花期 8～11月

茎の上部にある舟形の苞の脇から短い枝を出し、対生状に小穂の集団がつく

6個の小穂が寄り添う。うち1つだけ結実
▲メガルカヤ

昔の農村の屋根は、主に萱《かや》（茅）葺《ふ》きであった。その材料は主にススキであったが、ほかに似た草も一緒に使われた。その似た草の1つがオガルカヤであり、またメガルカヤであった。屋根葺き用には大量の萱（茅）が必要で、農村には萱（茅）を刈る山が用意され、それが葉場《はば》山（草山《はば》）であり、御山《おやま》であった。そこで刈《か》るイネ科の大形の草を広く〝刈萱（茅）〟といった。刈萱のうち、ススキ以外の草で小穂が多数つき、小穂がスズメがとまっているように見えるのを、〝雄刈萱〟とした。一方、雄刈萱に比べるとやさしく見えるのを〝雌刈萱〟とした。〝雄刈萱〟は『大和本草《やまとほんぞう》』『物品識名《ぶっぴんしきめい》』に登場するので、江戸時代に雄刈萱の名前が区別されたと推定する。

オギ【荻】

Miscanthus sacchariflorus

花序が馬の“尾”に似る。大形の草だが、昔は“木《き》”に思えた。“尾木”が“荻”になった。

分類 イネ科ススキ属
分布 北海道～九州
環境 沼や川のほとり、湿った荒地など
花期 9～10月

▲ススキ

▲オギ

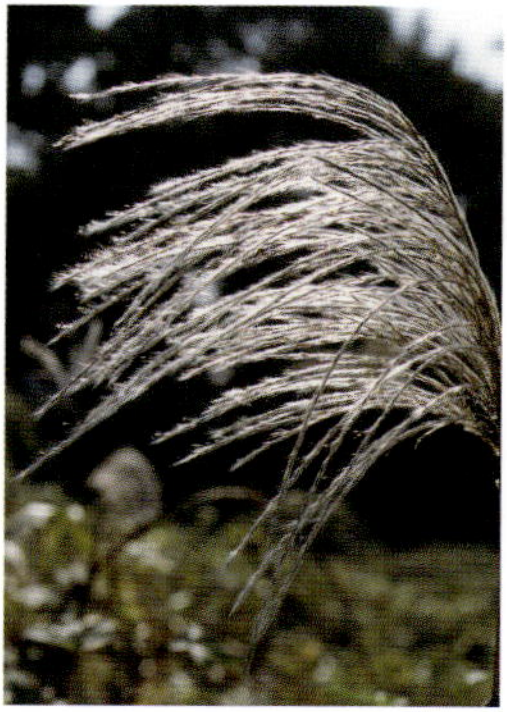

オギの小穂につく毛は小穂の3～4倍の長さ。根茎が横に伸び、高さ約2m

『万葉集』を始め、奈良時代のほかの文献にも登場する。古くから屋根葺き材として知られていた草で、ススキに似ているが、銀白色の花序は馬の“尾”のように見えた。草丈は大きく、約2mにも達する草であるが、長く、太い茎が“木《き》”に思えたのであろう。“尾の木”がオギになり、万葉仮名の“乎岐”、“乎疑”、“乎支”、“乎木”などを当てた。その後、中国名で“荻”と書くことが知られて、オギに“荻”の漢字を当てた。

このほかに、オギを“狼尾”と書く辞典もあり、尾は“狼の尾”とする説もあるかもしれない。また、オギは湿地に自生するが、湿地のことを方言で“おぎ”という地域（沼津市）がある。

オクモミジハグマ
【奥紅葉白熊】
Ainsliaea acerifolia var. *subapoda*

モミジハグマに似た草で、分布がモミジハグマより“奥（北部）”。

分類 キク科モミジハグマ属
分布 本州、九州北部
環境 山地の林の中
花期 8～10月

花茎の上部に頭花が10個くらいつく。
（下）花びらは細長く、白熊に似る

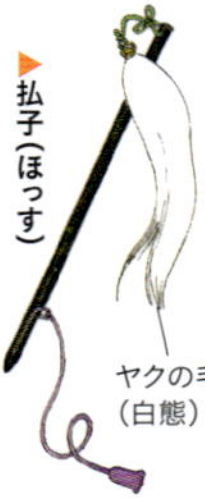

オクモミジハグマの〝オク〟は、モミジハグマより北に分布するので、軽く〝オク（奥）〟と表記した。〝モミジ〟は葉がモミジの葉に似るからである。オクモミジハグマの方がモミジハグマより葉の切れ込みは浅い。

次は〝ハグマ〟であるが、これは漢字で〝白熊〟と書く。白熊とは、ネパールやチベットの高地に棲息しているヤクという牛に似た動物の毛のことで、ヤクの尾の長い毛が、僧侶の払子《ほっす》、槍、兜の飾りに用いられた。

オクモミジハグマやモミジハグマなど、〝ハグマ〟の名前のある草は、花びらが細くて長い。花びらは風車状に回転したり、らせん状に曲がっている。このような、ヤクの毛の飾りを連想させる花びらなので、〝ハグマ〟の名前がある。

オクヤマコウモリ → コウモリソウ（P101）

モミジハグマ【紅葉白熊】

A. acerifolia var. acerifolia

本州の近畿地方以西、四国、九州の深山の樹林下に自生。花期は8〜10月。

葉の切れ込みが深くモミジ形なので"モミジハグマ"。

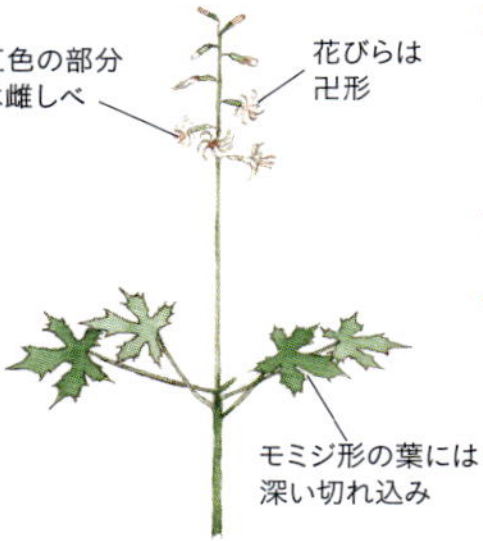
紅色の部分は雌しべ

オクモミジハグマより葉の切れ込みが深く、葉質も少し薄い

エンシュウハグマ【遠州白熊】

A. dissecta

静岡西部から愛知東部の林の中に自生。花期は9〜10月。

遠州(静岡県西部)特産の植物なので、"遠州"がつく。

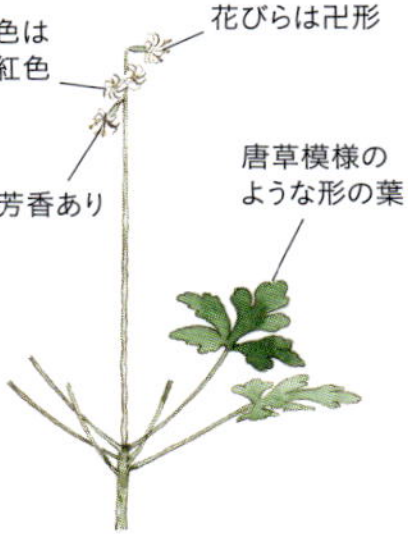
花色は淡紅色
花は芳香あり

葉に切れ込みがあり、裂片が細い。高さ20〜40cm

ホソバハグマ【細葉白熊】

A. linearis

屋久島の低山や丘陵の湿った岩壁などに自生。花期は8〜11月。

葉は線形で細いので、"ホソバ"がつく。

先は5裂
花は筒状

茎の下部に葉が放射状に10〜20枚つく。高さ10〜20cm

オケラ【朮】
Atractylodes ovata

万葉時代の"ウケラ"がオケラに。"ウケラ"は蓑《みの》（葉）か筌《うけ》（花）を意味？

分類 キク科オケラ属
分布 本州、四国、九州
環境 野山の日当たりのいい草原
花期 9〜10月

葉は柄があり、3〜5裂する。葉のふちには刺状の鋸歯がある　（下）雌花

▼オケラ（ウケラ）の花

葉は蓑に似る

▲蓑（みの）
蓑を朮（うけら）といった？

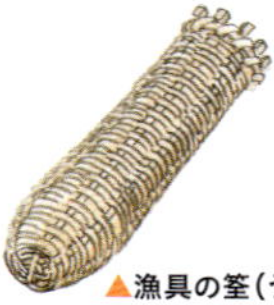
▲漁具の筌（うけ）

「恋しげな袖も振らむを武蔵野のうけらが花の色に出なゆめ」（『万葉集』巻14・3376）の歌があり、このウケラの"ウ"が転じて、オケラになったと思われる。ウケラの意味は難解だが、由来説を2つ。第1の説は、上代古語で蓑《みの》をウケラといったという。オケラの葉のうち、3裂しているものは、確かに蓑に似る。しかし、上代古語で蓑を"ウケラ"といったかは確認できなかった。第2は、川魚を捕る竹製の篭を古語で"筌《うけ》"という。筌は細い割竹を徳利形に編んだもの。オケラの花は、この筌に似る。花が複数あるから、筌に"ら"がつく。"筌ら"が"朮《うけら》"になり、"オケラ"になった説。

オトコエシ

【男郎花】

Patrinia villosa

別名／白花敗醤

黄花のオミナエシ（女郎花）に似て、白花で大きな草姿なので“男”をつけ、この名前に。

分類 スイカズラ科オミナエシ属

分布 北海道～九州

環境 山野の日当たりのいい草原

花期 8～10月

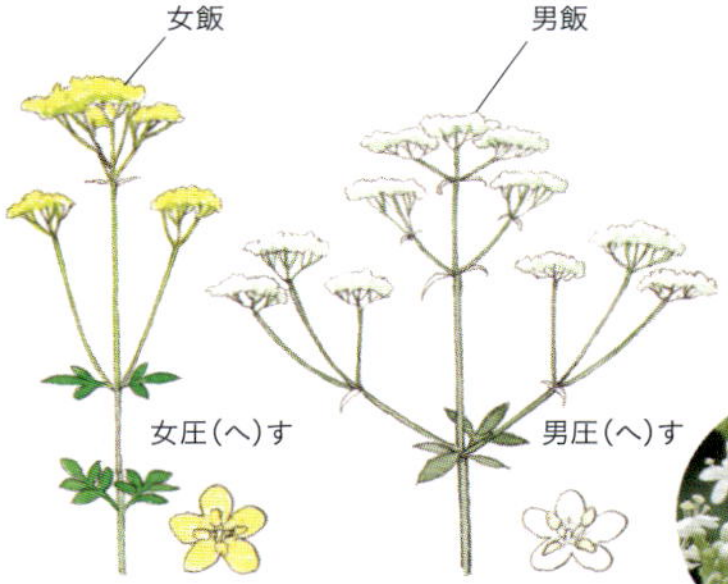

▲オミナエシ　▲オトコエシ

小さな白い花を多数つける。下部の葉は羽状に分裂する。高さ50～100cm

黄色い粟飯をオミナメシ（女飯）、白い飯をオトコメシ（男飯）といった。一般には、オミナエシとオトコエシの名前の由来はこれによると理解されている。しかし、この説は誤りであるという考えがある。

オミナメシの言葉は、室町時代以降に使われ、奈良時代には使われていなかった。ところが『万葉集』の中には、〝オミナヘシ〟がいくつかの歌に登場する。〝オミナエシ〟の名前はあるが、オミナメシの言葉はないので、女飯・男飯説は成り立たない。

私は〝へし〟は古語の〝圧し〟で、へこますとか圧倒する意味と思う。オミナエシは女に勝る美しさが、オトコエシには男に勝る美しさがある意味と思う。なお、〝へし〟は〝エシ〟に。

オトコヨモギ → ヨモギの仲間（P247）

オナモミ【雄菜揉み】

Xanthium strumarium ssp. sibiricum

強壮薬には、本種の菜や未熟実を揉《も》んだ汁を加えた。この“菜《な》揉《も》み”に“雄《お》”を加えた。

実の長さは0.8〜1.4cmで、先の曲がった刺が多数ある。高さ0.2〜1m

▲オナモミの葉

オナモミの名前は、〝雄《お》〟〝菜《な》揉《も》み〟の2語に分解して説明できる。まず、末尾の〝菜揉み〟であるが、古代の強壮薬〝神麹《しんきく》〟を作成する時、葉や青い実を揉んだ汁を米麹《こうじ》などに加えてつくった。この時の動作(菜揉み)が名前の基本になった。

本種は、万葉仮名では〝奈《な》毛《も》美《み》〟〝胡菜《なもみ》〟〝葈《なもみ》〟などと記載された。それから時代が過ぎ、オナモミに似ているが、花が小さく、葉が細めの種が見つかった。草姿全体の雰囲気からして、〝ナモミ〟に対し、女性的な感じがするので、〝雌《め》菜《な》揉《も》み〟にした。〝ナモミ〟は当然〝雄〟がつき、〝オナモミ〟となった。

分類 キク科ナオモミ属
分布 日本各地
環境 道端や空き地
花期 8〜10月
仲間 オオオナモミ(大雄菜揉み)は、オナモミに比べて、草姿や実が大形である。
イガオナモミ(毬雄菜揉み)は、実に刺が多い。
メナモミ(雌菜揉み)は別属で、女性的な雰囲気があるので、この名前がついた(P228参照)。

類似種との見分け方

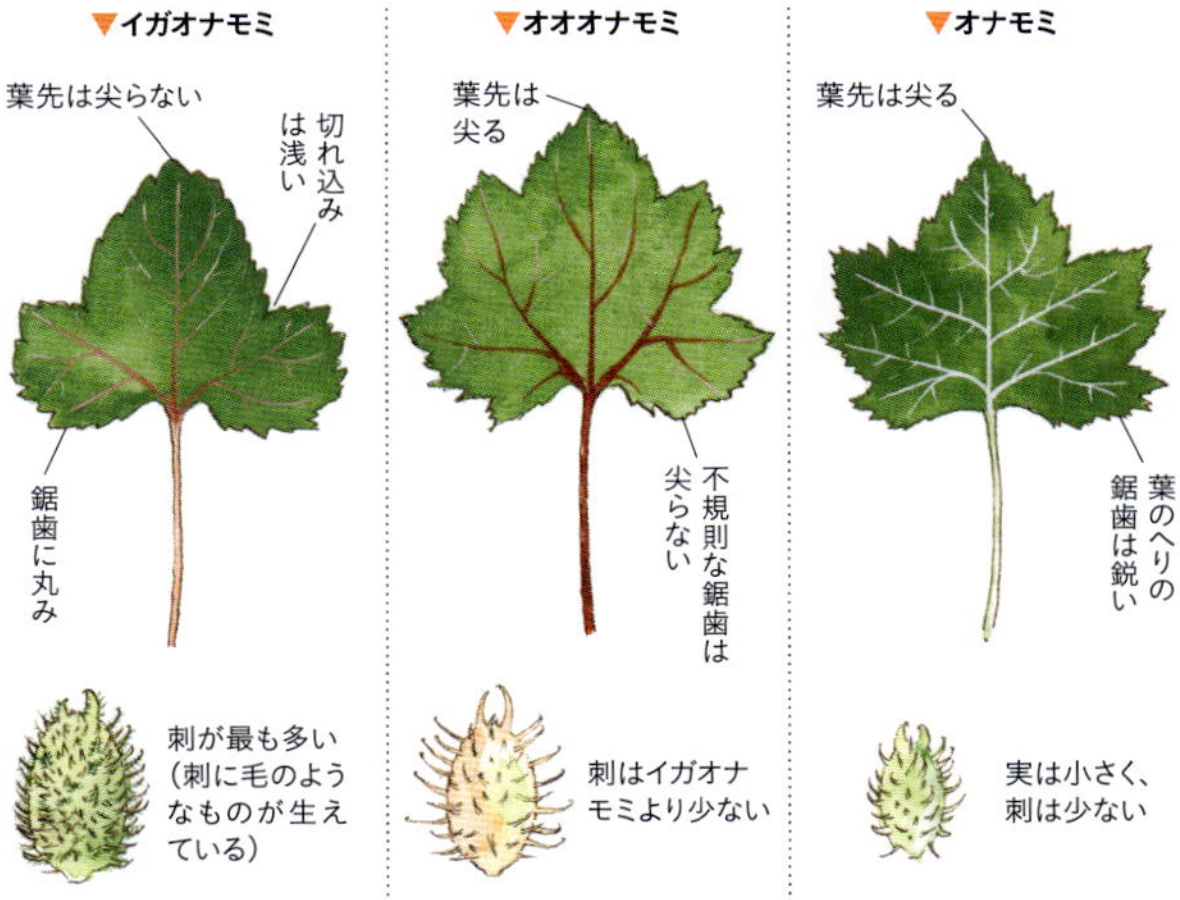

その後、メキシコ原産の大型の"オナモミ"の仲間が日本国内で知られ、この外国産に対し"大"が加えられ、オオオナモミが誕生した。

なお、"ナモミ"の名前については、別の説もある。"ナモミ"は"勿《な》揉《も》み"のことで、"揉むな"という意味。「主《あるじ》なしとて春な忘れそ」は菅原道真の有名な歌の後半部である。"な忘れそ"は忘れるなの意味。ナモミの仲間は人間の服や動物の毛につくが、1日たつとポロリと落ち、来春の発芽に備える。だから、揉むなである。この説も捨てがたいが、前説を支持する。

オニドコロ【鬼野老】

別名／トコロ
Dioscorea tokoro

ひげ根が多く、根が曲がるのを野の老人と見立てた。葉が大きいので"鬼"がつく。

分類 ヤマノイモ科 ヤマノイモ属
分布 北海道～九州
環境 野山の草やぶ、土手など
花期 7～8月

(上)雌雄別株。雄花序は上向き (中)葉はハート形で、先は長く尖る (下)実は3つの翼がつく

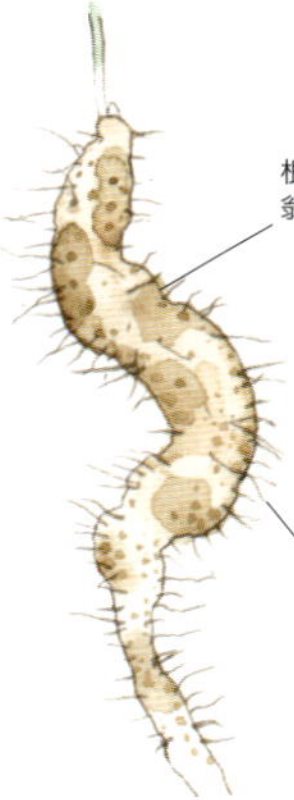
根が曲がる形を翁の姿に見立てた
根のひげを翁のひげに見立てた

"トコロ"の名前は『倭名抄《わみょうしょう》』(平安時代初期)を始め、いくつかの古文献に登場し、古くから知られていた。この根はヤマノイモに似て、太く曲がり、ひげ根が多い。海の老人(海老《えび》)に対し、野の老人と見立てて"野老《ところ》"といった。野老は、ダイダイ、ユズリハ、ウラジロなどとともに正月飾りには「なくてはならないもの」であった。野老は、古くは"土古呂"とか"都古侶"などと表記し、"所《ところ》領(領地)"の意味があった。野老を正月に飾ることで、所領安堵を願った。

オヒシバ【雄日芝】

Eleusine indica
別名／チカラグサ、スモトリグサ

日向に生え、芝に似るので、"日芝《ひしば》"。雌日芝より葉や茎が太くて丈夫なので、"雄"がつく。

分類 イネ科オヒシバ属
分布 本州〜沖縄
環境 道端、空き地、土手など
花期 8〜10月

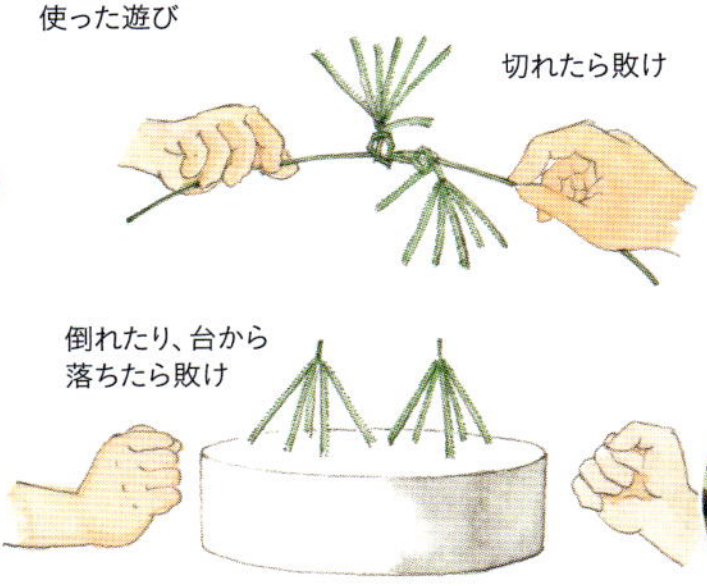

茎の頂部で3〜6本の枝を分ける。葉は細長い線形。高さ30〜60cm

〝オヒシバ〟は〝雄日芝〟ではなく、〝雄《お》稗芝《ひえしば》〟という説がある。オヒシバはシコクビエという作物によく似るので、シコクビエの〝ビエ〟をとり、〝オヒエシバ〟になったという。〝オヒエシバ〟が〝オヒエジバ〟に、さらに〝オヒジハ〟と。『物品識名《ぶっぴんしきめい》』(江戸時代)に〝オヒジハ〟が正しいという記載があるそうだ。しかし、私はこの〝雄稗芝〟説に反対したい。オヒシバとシコクビエとは似ているが、この説はあまりにも「持って回った」感が強い。そして、同じ江戸時代刊の『本草図譜《ほんぞうずふ》』には〝をひしば〟と〝めひしば〟と書かれている。しかし、〝をひえしば〟の文字はない。〝ヒシバ〟は牧野富太郎説の「夏の日なたに繁る芝」でよいと思う。

オミナエシ

【女郎花】

Patrinia scabiosifolia

“を(お)みなへし”の“をみな”は“女”。“へし”は古語の“圧し”で、“圧倒する”意。

分類 スイカズラ科オミナエシ属
分布 日本各地
環境 野山の草むらや土手
花期 8〜10月

茎の上部で枝分かれし、その先に小さい花が多数集まる。高さ50〜100cm

“へし”については、オトコエシP67を参照

名前の由来に「オミナエシの黄色い花を粟飯《あわ》に、オトコエシの白い花を白飯にたとえる」説がある。男尊女卑の時代では、男は〝白い飯〟、女は〝粟〟の入った〝黄色い飯〟を食べた。女の飯は〝オミナメシ〟で、転じて〝オミナエシ〟になったという。しかし、オミナメシは、室町時代以降に使われ始めた新しい言葉。『万葉集』にオミナエシの名前があり、オミナメシ説は当たらない。オミナメシからオミナエシへの変化も不明。なお、敗醤《はいしょう》説がある。オミナエシもオトコエシも醤油の腐った臭いがする。女敗醤が〝女へし〟、男敗醤が〝男へし〟になったとか。敗醤(中国名)の言葉が万葉時代以前に入ったとは思えないので、不支持。

オモダカ

【面高】

Sagittaria trifolia

鏃《やじり》形の葉の上の部分を、人の面《つら》に見立てて、"面高《おもだか》"と名付けたとも思える。

分類 オモダカ科オモダカ属
分布 日本各地
環境 沼や湿った草原など
花期 8〜10月

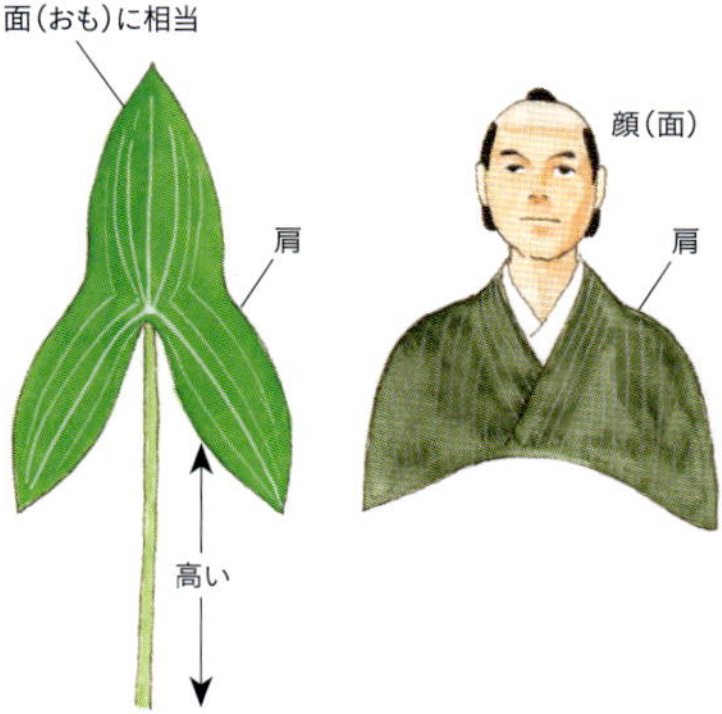

成熟した株の葉はやじり形で、水面より高い位置にある。葉の長さ7〜15cm

人面を思わせる葉の面が、水面から離れた高い位置にあることから、"面高"の名前がある。また、葉がやや反った形になることから、高慢な面《つら》にみえるので、"面高《おもだか》"だという見方もできる。

なお、古代ではこのオモダカを"ナマイ"と呼んでいた。"ナマ"は古語で"不完全な"を意味し、"イ"は"イグサ"の藺《い》のことである。イグサのように灯芯にならない意味であろうか。"ナマイ"は"奈末為""生藺""沢瀉"などの漢字を当てていた。

オヤマボクチ
【御山火口】

別名／ヤマゴボウ
Synurus pungens

火打石の火花を、この葉の綿毛でとり、燃える物に火をつける。"御山《おやま》"に生える"火口《ぼくち》(火つけ材)"になる草である。

茎の上部で枝分かれし、先端に頭花が1つずつつく　(下)花はアザミに似る

枯葉から綿毛をとる

花後に綿毛をとる

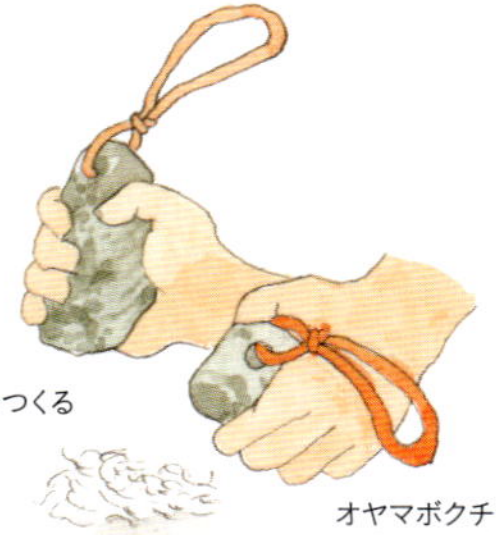

炎をつくる

オヤマボクチの別名は炎取草

マッチのない昔は、火を熾《おこ》すことに時間と労力と火熾し材を必要とした。まず、火打石などを使って火花を出し、その火花をオヤマボクチの葉の綿毛とかヒヨドリバナの花がらなどに移す。それを口で吹くと炎になる。炎が上がったら、枯葉や細い枯れ木を添えて、火が消えないようにする。やがて、太い薪《まき》をくべられるようになれば、火は消えることはない。調理などがすみ、火が必要でなくなった場合、隣近所に太い薪でできた〝熾《おき》〟を配っておき、自宅に火がない時に借用できるようにしておく。そして、自宅の〝いろり〟には、〝熾〟を灰で覆って、次の調

分類 キク科ヤマボクチ属
分布 北海道～中部地方、四国
環境 野山の日当たりのいい草原や明るい林の中
花期 9～10月
仲間 よく似た草にハバヤマボクチがある。茅葺き屋根の材料を確保するための、〝葉場山〟と呼ばれるススキの丘に自生することから名づけられた（P182参照）。西日本には葉が菊葉状のキクバヤマボクチ（菊葉山火口）が自生する。

類似種との見分け方

▼オヤマボクチ

▼ハバヤマボクチ

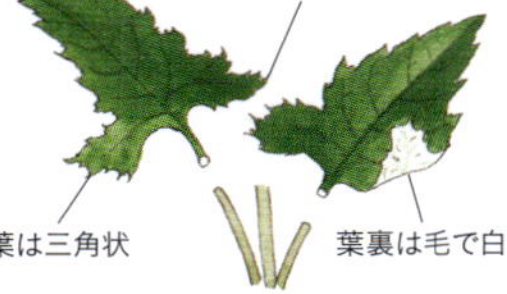

理のために〝火〟を保存した。
乾燥したオヤマボクチの葉を砧《きぬた》などでたたき、綿毛を集めたものは、炎をつくるのに役立った。それで、オヤマボクチのことを、方言で〝炎取草《えんどりそう》〟という。炎をとるための、準備材料なので、〝火口《ぼくち》〟ともいった。〝オヤマ〟とは〝御山《おやま》〟のことである。茅葺き屋根の材料を確保するため、各村は〝御山〟とか〝葉場山《はばやま》〟と呼ばれるススキの丘を大切にしていた。オヤマボクチは、その〝御山〟にたくさん生えていた。それで、この名前がある。

オヤマリンドウ → リンドウの仲間（P251）

カシワバハグマ【柏葉白熊】

Pertya robusta

花は、兜や槍につく“白《は》熊《ぐま》”に、葉はアカメガシワの葉に似る。

分類 キク科コウヤボウキ属
分布 本州、四国、九州
環境 山地の林の中
花期 9～11月

茎の上部に頭花が3～10個つく。高さ30～70cm

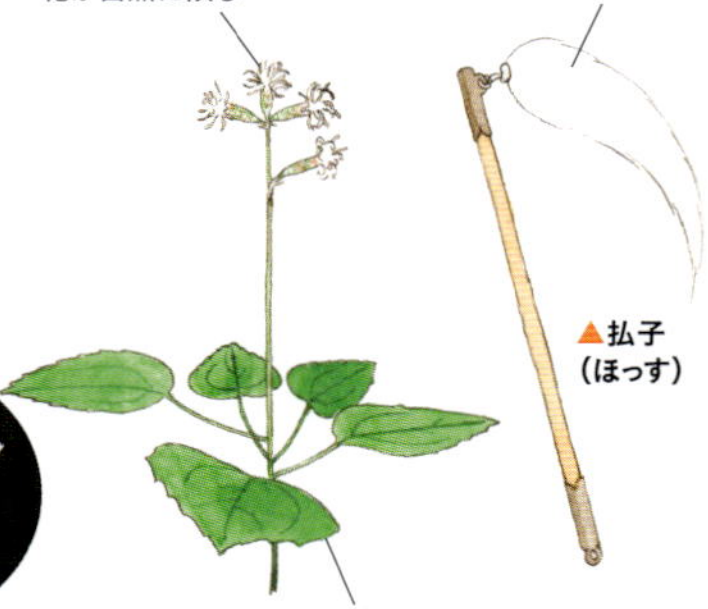
花が白熊に似る
ヤクの毛。白熊（はぐま）という
葉は互生だが、一定カ所に集まる

カシワバハグマの〝カシワバ〟は柏餅の柏の葉ではない。柏の葉は葉のへりに波形の切れ込みがあって、カシワバハグマの葉とは似ていない。〝カシワバ〟の〝柏〟とは、アカメガシワ(赤芽柏)の葉のこと。春編に掲載のタチガシワのカシワも柏ではなく、赤芽柏を指す。アカメガシワは〝五菜葉〟とか〝菜盛葉〟といわれ、大昔から食器として使われていた。

〝ハグマ〟は、中国奥地に棲息するヤクの尾の毛でつくった飾りをいう。兜、槍、旗の白い毛の飾りや高僧が持つ払《ほっ》子《す》を〝白《は》熊《ぐま》〟という。頭花の白い花びらが白熊に見えるので、この名前がついた。

【風草】カゼクサ

別名／道芝、力草
Eragrostis ferruginea

凪《な》いでる時も、この草が揺れると、風のあることが分かる。それで、"風草"。

分類 イネ科スズメガヤ属
分布 本州、四国、九州
環境 山野の道端、田畑のあぜ道、荒地など
花期 8～10月

赤紫色を帯びた小穂は、茎先に円錐状につく

大きな株をつくり、群生することが多い。高さは30～80cm

本名は〝風草〟であるが、別名が〝風知草〟〝知風草〟〝力草〟など。この草につけられた漢名は〝大知風草〟である。大知風草は同じイネ科の風知草（フウチソウ）などに比べて、大形の草であるから。〝風草〟〝風知草〟〝知風草〟は、漢名〝大知風草〟の影響でつけた名前である。風にそよぎやすいイネ科の植物はほかにあるが、〝大知風草〟の言葉につられて名付けられた。〝力草〟は引っ張っても、なかなかちぎれなくて強い。それで〝力草〟の名前になった。また、〝道芝〟の名前があり、カゼクサは道端に多く自生し、野芝に少し似るからである。なお、〝風草〟を〝萩〟（ミヤギノハギなど）の異名とする説もある。

カナムグラ【鉄葎、金葎】

Humulus scandens

つる性の茎が丈夫で〝鉄《かね》〟のようだ。〝ムグラ〟は、つるが這い回り、草やぶになる意味。

分類 アサ科カラハナソウ属
分布 日本各地
環境 農村の畑のあぜ道、野山の道端、荒地、土手など
花期 8～10月

実は紫褐色を帯びる。茎や葉柄に下向きの刺があり、ほかのものにからみつく

雄雌別株。雄株では、つるの先に枝分かれして円錐状に多数の雄花をつける　（下）雄花

カナムグラの〝カナ〟は金物《かなもの》の〝カナ〟をいう。金物は〝鉄製〟のことである。たとえば、金《かな》づちは、〝鉄〟であり、鬼に金棒の〝金《かな》〟も〝鉄〟である。カナムグラの刺《とげ》のついた緑色の茎は、引っ張ってもなかなか切れない。丈夫な茎で、〝鉄製〟の針金のようなので、〝カナ〟がついた。

〝ムグラ〟は漢字で〝葎〟と書く。草藪《くさやぶ》の意味である。なお〝ムグラ〟の語源だが、①つるが伸び、茂《も》く闇《くら》きからだという説と、②動物のモグラのように、つるがもぐり回るからとの説がある。どちらの説も支持したくない。

カメバヒキオコシ

【亀葉引起こし】

Isodon umbrosus var. *leucanthus*

葉が亀に似るので、"カメバ"。花がヒキオコシに似る。

分類 シソ科ヤマハッカ属
分布 東北南部〜中部地方
環境 山地の林の中
花期 9〜10月

亀に似た葉(薬草になる)

▲亀

茎の上部で、穂状に花がつく。高さ50〜100cm　(下)花は紫色で唇形

"カメバ"は"亀"の葉のことである。葉の形は、亀にそっくりである。葉の先は、亀の頭に見える。葉の基部の葉柄が亀の尾にそっくり。

"ヒキオコシ"の名前は、次のようにしてつけられた。昔、真言宗の開祖となる空海が山道を歩いていると、修験者が倒れていた。空海は近くに生えていた草を摘み、そのしぼり汁を修験者に飲ませた。すると、修験者は元気になり、再び修業の旅に出かけたそうだ。それ以来、この草に"ヒキオコシ"の名前が与えられた。時代が過ぎて太平洋戦争中の頃、小豆島のある寺では、ヒキオコシのエキスを胃腸薬として、お遍路さんに譲っていた。その薬効が知られ、"延命草"の名前がついた。

カヤツリグサ

【蚊帳吊草】

Cyperus microria

茎の両端から裂くと、裂き方によって四角形になるのを"蚊帳《かや》"に見立てた。

茎の頂部で2〜3枚の苞が出て、その間から放射状に5〜8本の枝を出す。

▲蚊帳

昭和20年代は、どこの家でも寝る時に蚊帳《かや》を吊っていた。蚊帳は麻、絽《ろ》(粗く織った絹糸)、木綿などでつくられていた。いずれも、細かな網状の布で、四隅を金具とひもで吊り、蚊帳で覆った中に寝床を敷いた。

本種の茎を裂くとこの蚊帳の四角い部分に似ることで、"カヤツリグサ"の名前がある。この草の茎を裂くと、両端が切れてしまって四角形ができないことがある。それで、うまく四角形になった時は蚊帳が吊れたといえた。この蚊帳吊り遊びを、結婚前の男女が試みてうまくいった場合、2人は相性がいいと祝福された。

分類 カヤツリグサ科 カヤツリグサ属
分布 本州、四国、九州
環境 道端、空き地、畑のあぜ道、土手など
花期 8～10月
仲間 アゼガヤツリ(畔蚊帳吊)は、本州～沖縄の湿った野原や田の"あぜ"道に自生。コゴメガヤツリ(小米蚊帳吊)は、本州～沖縄の休耕田に群生することが多い。小穂のつく枝が、細かく複雑に枝分かれしているのが特徴。タマガヤツリ(玉蚊帳吊)は、日本各地の水田や沼に自生する。緑褐色の小穂が集まってつき、玉状に見えるのが特徴である。このほか、カヤツリグサの仲間は何種もある。

類似種との見分け方

▼アゼガヤツリ

▼ココメガヤツリ

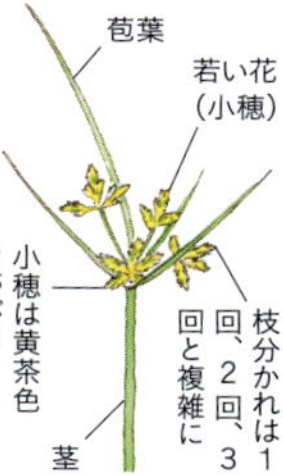

▼タマガヤツリ

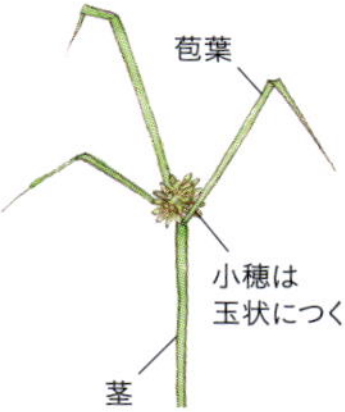

このカヤツリグサに、"枡《ます》草《くさ》"とか"枡割草《ますわりぐさ》"の名前があるのは、四角形の蚊帳吊りと関係ある名前であるといえる。また、"蜻蛉草《とんぼぐさ》"の別名は、茎の頂部で枝分かれした1つ1つの花穂のうち、小穂の少ないものがトンボに見えたためと思われる。このほかに、"三角《みつかど》"の別名もある。この名は、茎の形による。茎が三角形なので、"みつかど"である。

本種の名前は、室町時代の『下学集』に登場するほか、江戸時代にいくつかの文献にも記載されている。その理由は、痰の除去や脚気の治療に薬効があったためと思われる。

カラスウリ
【烏瓜】
別名／タマズサ（玉章）
Trichosanthes cucumeroides

直径1cmの球形の実の“雀瓜”。実が長さ6cm程の楕円球と大きいので、“烏瓜”。

つるは樹木などにからみながら、3〜6m伸びる　（下）雄花。花弁のへりは糸状に裂ける

昔の人は、植物の名前をつける時、よく知っている動物の名前を借りてつけた。特に、大きさの大小を表わすことが大切な時は、名前だけでも、大きさが想像できる動物を選んだ。それが、スズメウリに対するカラスウリである。スズメはスズメウリを食べるわけではない。また、カラスがカラスウリを好んで食べることはない。スズメとカラスは、実や草姿の大きさを示す名前であった。

ところで、カラスウリの実の中には、20〜30個のタネがある。タネについた果肉を洗ってみると、カマキリの頭に見える。秋から冬にかけて

分類 ウリ科カラスウリ属
分布 本州、四国、九州
環境 人里近くの草やぶ、農家の植え込みの中、丘陵の林の中など
花期 8～9月
仲間 キカラスウリ（黄烏瓜）は、実の色が黄色である。北海道～九州のやぶに自生する。別属のスズメウリ（雀瓜）は、実が1～2cmと小さい。本州～九州の湿った草原に自生する（P133参照）。

類似種との見分け方

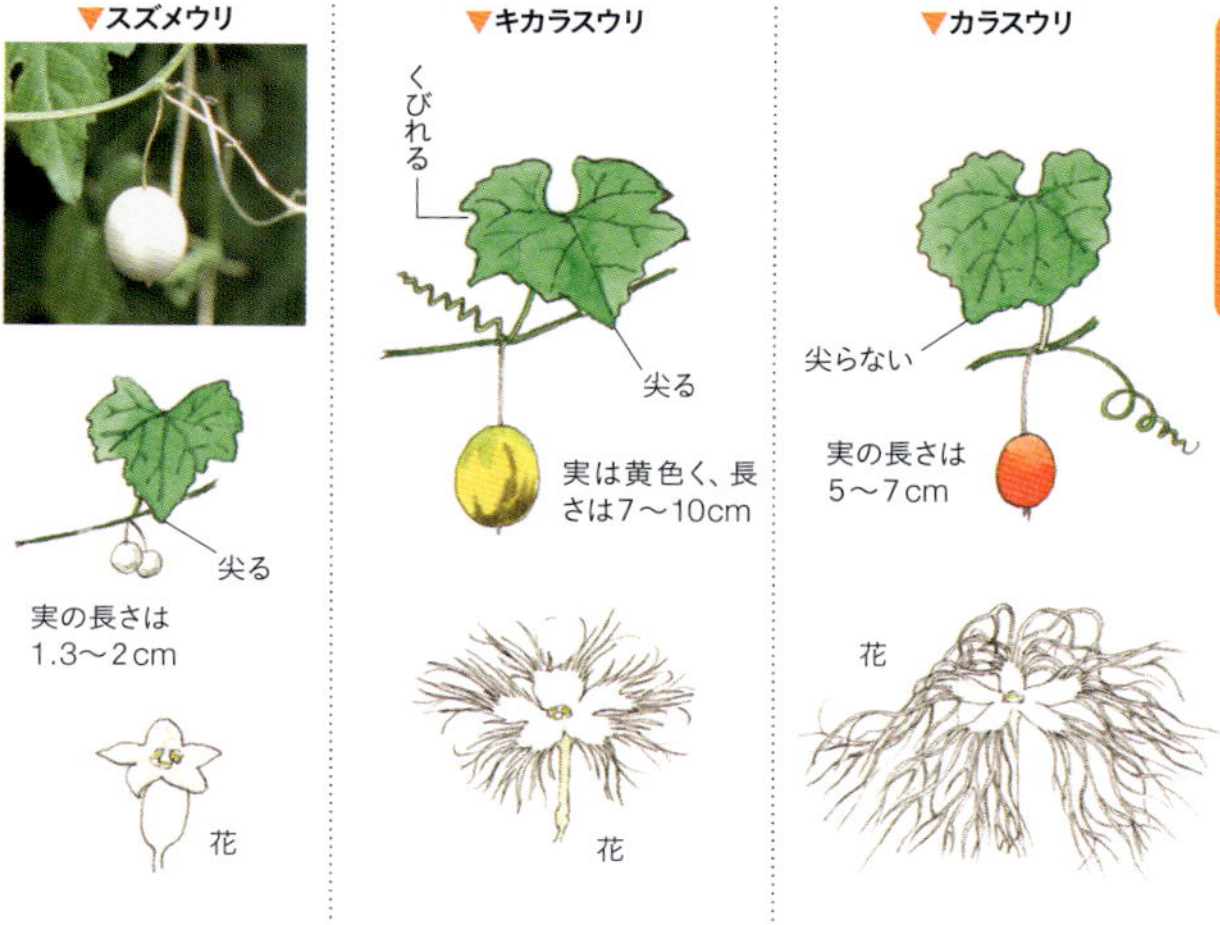

野鳥たちは、植物の実を食べていく。カラスウリは、なかなか食べられない。野鳥に食べられないまま、ひからびてしまう実もある。しかし、中のタネがカマキリの頭に見えたら、喜んで野鳥は果肉のついたタネを飲み込んでくれる。そして、果肉が吸収されたタネは排泄されて、発芽できる。

このタネを立てると、大黒様の打出の小槌の柄《え》の先に似る。それで、タネを〝大黒様〟と称し、財布の中に入れると金が貯まるとのいい伝えもある。タネは、〝結《むす》び文《ぶみ》〟にも見える。昔、文《ふみ》を玉章《たまずさ》といった。この〝玉章〟がカラスウリの別名になった。

カラスノゴマ【烏の胡麻】

Corchoropsis crenata

人が食べる"胡麻《ごま》の実"に形は似るが小さい。人に比べて烏《からす》程度の大きさ。

分類 アオイ科 カラスノゴマ属
分布 本州、四国、九州
環境 山地の道端、土手
花期 8～9月

カラスノゴマ▶

花弁は5枚で黄色。高さは40～90cm

昔、名前をつける際に大きさが分かるように身近な動物名を借用してつけた。カラスウリとスズメウリ、カラスノエンドウとスズメノエンドウなどが、その例である。カラスノゴマの細長い実は、食用の胡麻《ごま》に比べると小さく、その大きさは烏《からす》に相当し、この名前がついた。

カラタチバナ【唐橘】

Ardisia crispa

"カラ"は唐《から》。中国や外国からの植物のように風変わり。"タチバナ"に花が似る。

分類 サクラソウ科 ヤブコウジ属
分布 本州～沖縄
環境 暖地の林の中
果期 10～12月

花は白色で5裂。花期は7月頃で、下向きに咲く。高さ30～80cm

花後に6～7mmの球形の実がつき、秋に赤く熟す

ミカン科のタチバナの花は5弁の白色。カラタチバナの花も白色で先が5裂。花は少し似る。しかし、木振りや葉が大きく異なる。まるで、"唐《から》もの"のようだ。これと同じ例に、カラハナソウがある。この雌花が大きくて、風変わりである。"唐もの"の花のようだから、"カラ"がついた。

カラハナソウ【唐花草】

Humulus lupulus var. *cordifolius*

緑色の松毬《まつかさ》に似た実を奇妙な花と誤認し、“唐《から》の花”の草と命名。

分類 アサ科カラハナソウ属
分布 北海道〜中部地方
環境 山地の草やぶや林のへり
花期 8〜9月

雌雄別株。雄株の雄花は、枝分かれして円錐状の長い花序をつくる。カナムグラの雄花序と似る。雌株の雌花には淡緑色の花柱（雌しべ）が多数見える。雌花も雄花も変わった花に見えないが、雌花が変化して松毬《まつかさ》状になると、〝唐《から》〟から渡来の奇妙な花のように見える。

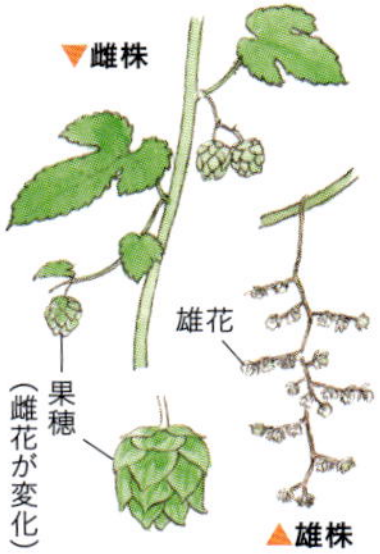

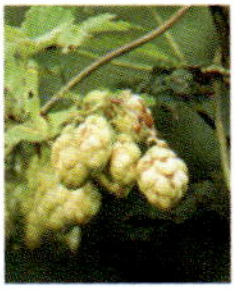
実は松かさに似る。ほかの木や草にからまって伸びる

カラムシ【茎蒸、幹蒸】

Boehmeria nivea var. *nipononivea*

昔は、茎を“カラ”といった。この茎を“蒸し”て、皮をむき、繊維をとった。それで、“茎蒸《からむし》”。

分類 イラクサ科カラムシ属
分布 本州〜沖縄
環境 山村、道端、林のへりなど
花期 7〜10月

〝カラ〟は韓《から》（古代の朝鮮）を意味し、〝ムシ〟は朝鮮語で、この草をいうという説がある。私はこの説を支持しない。その理由は、古名に苧《お》、苧麻《まお》、草真麻《くさまお》、山麻《やまそ》、牟《む》斬《し》、蒸《むし》など、この草を蒸して〝麻〟として利用した名前がついている。茎や幹を昔は〝カラ〟と発音していた、などで。

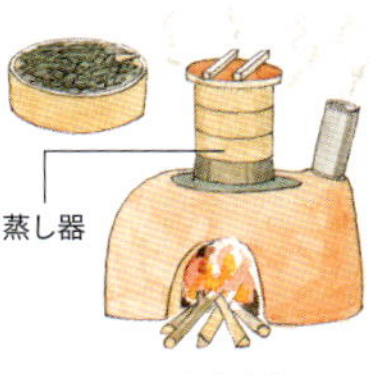

葉は広卵形で、長さ10〜15cm。高さは1〜1.5m

カリガネソウ
【雁金草】 *Tripora divaricata*

花は家紋の“結び雁金”紋に似ているので、カリガネソウ。

分類 シソ科カリガネソウ属
分布 北海道～九州
環境 山地の湿った林の中など
花期 8～9月

花は独特の形で、全体に強い臭気がある。高さは約1m

▶カリガネソウの花

▲結び雁金（一結雁）紋

カリガネソウの花は奇妙な形をしている。花は合弁花だが、花びらの先が5裂している。5裂した中の1つだけは、ラン科の唇弁《しんべん》のように舌状に長く伸びている。この部分には濃斑点が入る。雄しべ4本と花柱（雌しべ）は、弓形に伸びている。花びらの1つが下から出て弧状に上へ、雄しべと花柱は上から出て弧状に下へ曲がる。上下の反対方向から弧状の曲がりが出合う（交叉する）花は、カリガネソウだけ。

この形は、家紋〝結び雁金〟の〝一結雁〟に似る。それで、〝雁金草〟の名前がついた。なお、花が飛んでいる雁に見えるから、カリガネソウと書かれた本が多い。そのように見えないこともないが、本種の花は〝結び雁金〟によく似ていると思う。

カワミドリ

【藿香、川緑】

Agastache rugosa

名前の由来は不明。生薬として知られた草で、乾かした全草を煎じて感冒に使われていた。

分類　シソ科カワミドリ属
分布　北海道～九州
環境　山地の草原、林のへり、沢沿いの草むらなど
花期　8～10月

茎葉が繁茂し、自生する沢が緑色になるから、〝川緑〟とも考えられるが？　生薬として、昔から知られ、〝藿香《かっこう》〟〝排草香《はいそうこう》〟〝藿菜《かっさい》〟の名前がある。葉や茎葉を乾かして煎じ、風邪、頭痛に薬効があった。〝カワミ〟は皮(外側)と身(内側)で、全草の意味と思う。〝ドリ〟は煎じて飲む意味か。

茎の頂部に5～15cmの円柱形の花穂がつく

カワラケツメイ

【河原決明】

Chamaecrista nomame

薬効が中国産の"決明《けつめい》"という生薬に似て、"河原"に自生する。

分類　マメ科　カワラケツメイ属
分布　本州、四国、九州
環境　日当たりのいい河原や野山の草原
花期　8～9月

河原、草原に自生するので、〝カワラ(河原)〟がつく。〝決明《けつめい》〟は中国産のマメ科の生薬名。決明のタネが〝決明子〟で、眼病、利尿、強壮などの薬効がある。この〝決明〟に似た薬効(利尿)があり、マメ科の黄花を咲かすことで、〝決明〟の名前を借用した。〝決明〟はマメ科のエビスグサのこと。

直径7mmの蝶形の黄花が葉のつけ根につく

豆果の長さは3～4cm。タネは四角形

カンギク【寒菊】

Chrysanthemum indicum 'Hibernum'

シマカンギクの変種。冬咲きなので"寒菊"。

分類 キク科キク属

分布 近畿以西の本州、四国、九州

環境 山すそなどの日当たりのいい斜面など

花期 11～1月

カンギク。花は外周の舌状花が発達し、中央の筒状花が盛り上がる。1月になっても咲いている

シマカンギク。葉と茎はカンギクと同じで、茎は暗紫色

カ

寒菊の標準花は、シマカンギクである。シマカンギクは西日本の野山に多数自生している。その中に花変わりが見つかり、その1つが〝寒菊〟である。寒菊とは異なり、筒状花《とうじょうか》だけが多数盛り上がった花もある。この両変種とも花びらの数（舌状花《ぜつじょうか》と筒状花）が多いのが特徴である。そして、1月になっても咲いているので、〝寒菊〟とつけられている。なお、母種のシマカンギクの花期は、10～12月である。島に自生せず、山に生えているのに〝シマ〟がつく。

ガンクビソウ

【雁首草】

Carpesium divaricatum

横から見た花（頭花）が煙管《きせる》の"雁首"に似ているので、ガンクビソウに。

分類 キク科ガンクビソウ属
分布 本州、四国、九州
環境 山地の林の中
花期 6〜10月

カ

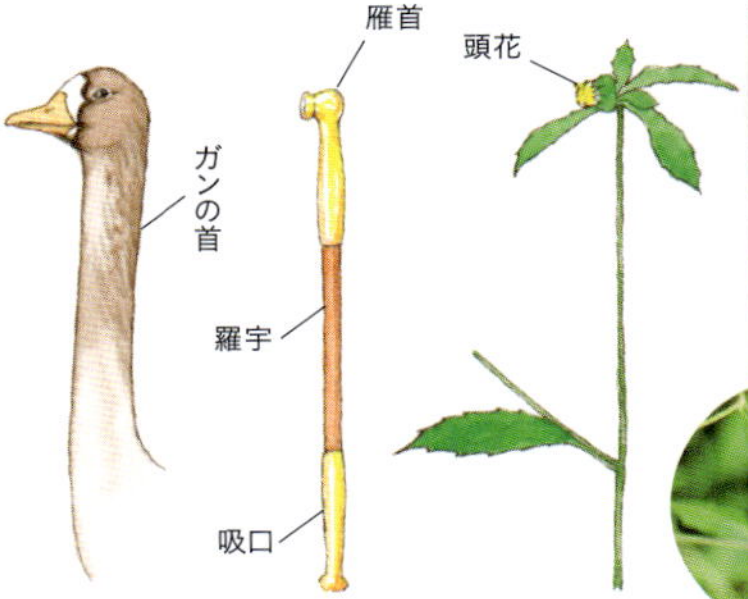

▲カモ科のマガン　▲煙管　▲ガンクビソウ

頭花には、苞葉が2〜3枚つく。高さ30〜150cm　（下）葉や茎には、軟毛が多い

安土桃山時代にポルトガル人によって、タバコが普及した。日本の場合、シガー（葉巻タバコ）よりもパイプ（煙管《きせる》）が流行した。輸入の陶製パイプのほかに国産のパイプ（煙管）がつくられるようになった。煙管は吸口、羅宇（らお、らう）、雁首の3点で構成されている。羅宇は、吸口と雁首とをつなぐ竹製の管。インドネシア半島の羅宇（ラオス）から輸入の黒い斑紋のある竹を使った名残りで、竹製の管を一般に羅宇という。雁首は刻みタバコをつめて火を点ける火皿の部分である。雁（マガンなど）の首に似ていることから、〝雁首〟の名前がある。ガンクビソウの花（頭花）も、煙管の雁首に似る。

カントウヨメナ【関東嫁菜】

Aster yomena var. *dentatus*

"ヨメ"は"嫁が摘む菜"説、夜目の"鼠菜《よめな》"説など。西日本産とは異なるので"関東"。

分類 キク科シオン属
分布 東北〜関東
環境 野や丘の草むらや畑のあぜ道
花期 7〜10月

舌状花は淡青紫色。筒状花は集合して黄色い半球形。高さは40〜80cm

鋸歯は少なく、小さい

▲カントウヨメナ

表面は少しざらつく
やや深い切れ込みが目立つ

▲ユウガギク

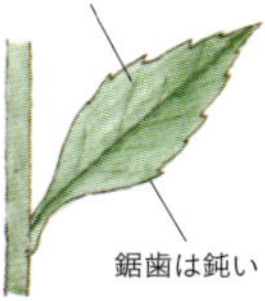
葉の表面にざらざら感

▲ノコンギク

ヨメナの古名は、〝うはぎ〟や〝おはぎ〟。『万葉集』には〝宇波疑《うはぎ》〟(巻2・221)、〝菟芽子《うはぎ》〟(巻10、1879)と、〝うはぎ〟の名前で登場している。〝うはぎ〟の〝う〟は古語で、採って利用する意味。〝はぎ〟は芽子で、若芽(若菜)の意味。つまり、採って食べる〝若菜〟の意味である。一方、秋の七草の芽子(はぎ)は、採って食べないから、〝う〟はつかない。大和の国の大王《おおぎみ》(天皇)は若菜を摘む女性(采女《うねめ》=容姿の美しい後宮の女官)の中から、妻を選んだ。だから、若菜は〝嫁菜《よめな》〟で、決して〝鼠菜《よめな》〟ではない。〝夜目〟の言葉はあるが、鼠《ねずみ》を意味しない。

カ

カンラン

【寒蘭】

Cymbidium kanran

冬の寒《かん》の頃に咲くラン。また、カンランなど東洋ランのことを単に“ラン”といい、“寒蘭”となった。

分類 ラン科シュンラン属
分布 東海～沖縄
環境 林の中の乾いた場所
花期 12～1月

蘭の芳香は欄間を通して隣室へただよう

緑褐色か紫褐色の花を数個～10個互生する。高さ40～70cm

寒蘭の〝寒〟は時期を表わす言葉。〝寒の入り〟から寒の明けは、1月6日頃の小寒から2月3日頃の節分までを指した。この頃が、1年間で最も寒い時期とされた。カンランは、暖地の自生地や蘭小屋では、寒の頃に咲いた。それで、名前に〝寒〟の字がつく。

〝蘭〟は、昔、フジバカマやアララギ（イチイ）を意味した。また、蘭の意味は〝ラン科植物の総称〟である。そのうち、カンラン、シュンラン、中国シュンランなどは東洋ランを意味する。ウチョウランやネジバナは野生ランで、カトレアやオンシジウムは洋ランという。カンランはシュンランとともに東洋ランとして園芸界で愛培されてきた。

キクイモ【菊芋】

Helianthus tuberosus

黄色い菊の花(頭花)が咲き、地下に生姜《しょうが》に似た芋《いも》(塊茎《かいけい》)ができる。

分類 キク科ヒマワリ属
分布 北米原産。日本中で野生化
環境 道端や空き地
花期 9〜10月

(上)キクイモの頭花は直径約7cm。舌状花が10〜20枚つく　(下)イヌキクイモ。キクイモによく似るが、塊茎は食べられず、葉は対生する

▲キクイモ　　▲イヌキクイモ

道端や空き地に群生し、黄色い菊の花(頭花)が多数並んでいても、誰も見向きもしない。秋の終わり頃、この草の根元を掘り上げると、生姜《しょうが》に似た“芋《いも》(塊茎《かいけい》)”がたくさんついている。終戦直後だけ、この芋を味噌漬けにしたり、煮て食べた。しかし、今はすっかり忘れられた草である。江戸時代末期(1859年)に渡来し、日本中で野生化している。

キ

キクタニギク

【菊渓菊、菊谷菊】

別名／泡黄金菊、油菊

Chrysanthemum lavandulifolium

京都の東山の"菊渓《きくたに》"で発見された"キク"なので、キクタニギク。

分類 キク科キク属

分布 東北南部～九州の太平洋側

環境 野山の急斜面の草むら、土手など

花期 10～11月

花は傘形につく
葉のへりの
鋸歯は鋭い

▲シマカンギク

花（頭花）は少ない
茎は紫色を帯びることもある
葉に深い
切れ込み
葉の裂片は尖らない

▲キクタニギク

舌状花（ぜつじょうか）は、10～13枚。高さ70～150cm

京都の地名が植物名になった例で、キクタニギクのほかに、キブネギク（貴船神社）、クラマゴケ（鞍馬寺）、オグラセンノウ（小倉山）、エイザンスミレ（比叡山）などがある。

別名の〝泡黄金菊〟は、黄色い花が密集して咲く様子を、〝黄金色の泡〟のようだと表現した名前。もう1つの別名〝油菊〟は、花を油に漬けたことによる。本種の花を漬けた油は、火傷や切り傷に薬効があった。シマカンギクが自生する地域では、シマカンギクの花を油漬けに利用している。シマカンギクの葉は緑黒色で油を浸み込ませたような色で、こちらの〝アブラギク〟の方が通用。

キチジョウソウ【吉祥草】

Reineckea carnea

この草を植えてある家に吉事があると、花が咲くとのいい伝えがある。

分類 クサスギカズラ科キチジョウソウ属
分布 関東〜九州
環境 野山の林の中や森のへり
花期 8〜10月

花は6枚の花弁があり、花茎に穂状につく。花茎の高さは10cm程　(下)実

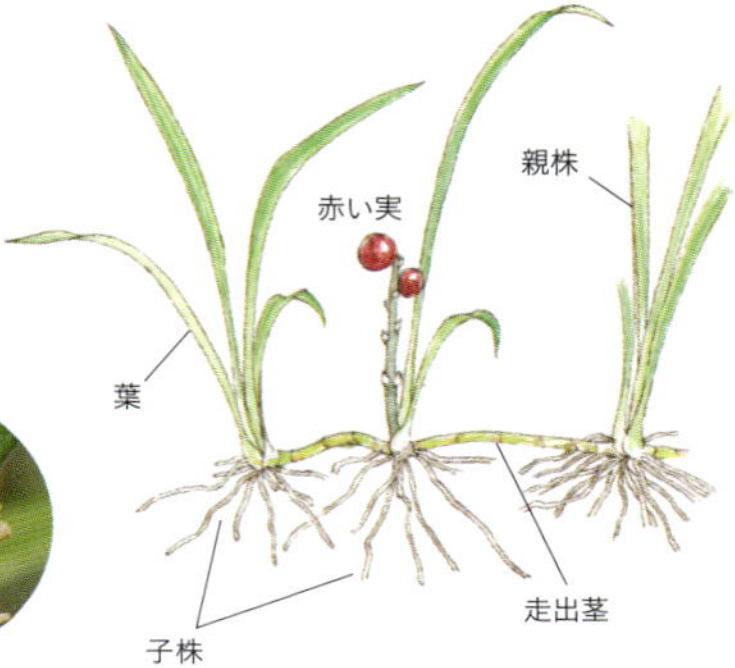

吉祥は〝キッショウ〟とも〝キチジョウ〟ともいう。吉祥は、〝めでたき兆し〟とか〝よい前兆〟とかの意味。吉祥のこの意味から、吉祥草が咲いてから、植えている家に吉事があるというのが筋。吉事があってから咲くのは、後先が逆。このような伝説ができたのは、本種の多くは、花をめったに咲かせないためであった。

ところで、吉祥草にも変わったタイプがある。知人からいただいた吉祥草は毎年よく咲く。よく増えた。希望者を募って差し上げた。先方でもよく咲くそうだ。でも、クレームが来た。「よく咲くのに、吉事がないのはどうしてか」と。

キッコウハグマ【亀甲白熊】
Ainsliaea apiculata

葉の形が"亀の甲羅《こうら》"に、花びらが"白熊《はぐま》"というヤクの尾の毛に似る。

分類 キク科モミジハグマ属
分布 北海道～九州
環境 山地の林内
花期 9～10月

亀甲形というと六角形。化学式に書かれる六角形を"亀《かめ》の甲《こう》"と呼び、亀の甲羅にある模様の1つに似る。亀の甲羅全体は、六角形ではない。キッコウハグマの葉は、この甲羅全体に似る。また、白い花びら(頭花の中にある小花の花びら)を、"白熊"の白い毛に見立てた。

根元から亀の甲羅形の葉が放射状に出る

キツネノマゴ【狐の孫】
Justica procumbens

枝先の花穂は"狐の尾"に似るが、ごく小さく、"孫"に相当するサイズ。

分類 キツネノマゴ科キツネノマゴ属
分布 本州、四国、九州
環境 道端、空き地、畑のあぜ道
花期 8～10月

茎の頂部や枝の頂部に、円筒形の花序ができ、花は一斉に咲かず、1つか2つずつ順番に咲く。花のがくと苞《ほう》に白色の毛がある。この花序を、"狐の尾"に見立てた。しかし、狐の尾に比べて、あまりにも小さい。たとえていえば、"孫"の大きさになる。

花は唇形。高さは15～40cm

キバナアキギリ → アキギリ(P13)／キバナノホトトギスなど → ホトトギスの仲間(P212、213)

キンミズヒキ【金水引】

Agrimonia pilosa

タデ科のミズヒキに花のつき方が似て、花が"黄色"なので、"金水引"。

分類 バラ科キンミズヒキ属
分布 北海道～九州
環境 森のへり、山道沿い、丘の草やぶなど
花期 7～10月

花弁5枚で、がく片も5つ。葉は形が様々な小葉で構成。高さ30～80cm

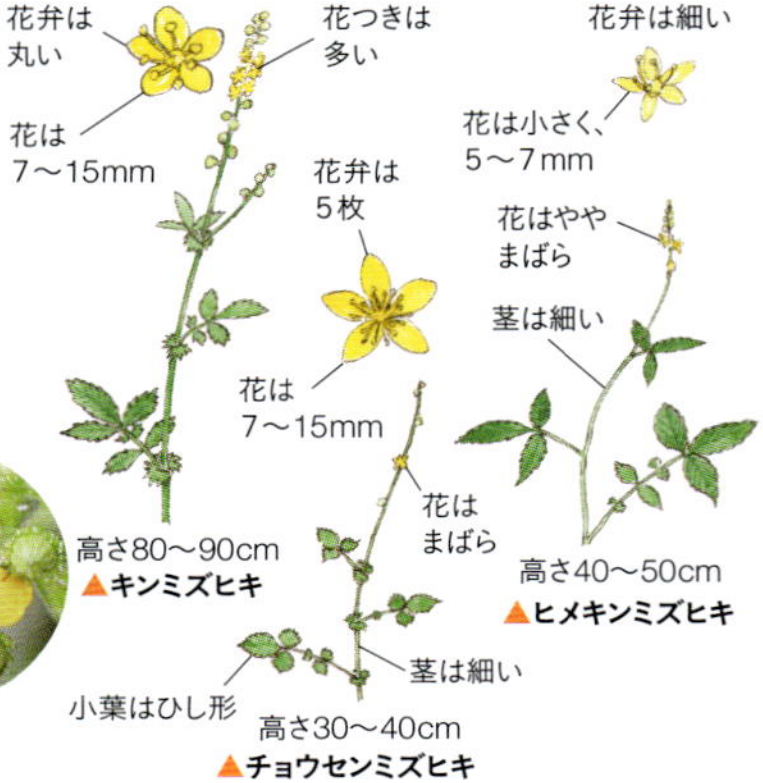

キ

祝儀袋に使う紅白の糸のひもを〝水《みず》引《ひき》〟という。赤色や銀色に染めた細い紙を、細い糸状に縒《よ》る。縒りを強めるために、糊を入れた水に浸す。これが〝水引〟。この水引のひものように、タデ科のミズヒキは赤い花がつくので、〝水引〟と呼ばれる。これが〝水引〟の由来の第1説。また、〝鎧の糸〟説がある。鎧の化粧板の下や大袖の表に紅白の糸の縫いつけがある。理由は、平凡社の『大辞典』に〝水引〟の本義は綿糸で、綿糸のよりが戻らないように、水を引いて(水に浸して)縒り合わせた。これが〝水引〟の原点であるという。

キンミズヒキは、花のつき方がミズヒキに似る。

キンエノコロ → エノコログサ(P55)

クサコアカソ
【草小赤麻】
Boehmeria gracilis

本種は“草”なので“クサ”。アカソに似て葉が小さいので“コ”がつく。

分類 イラクサ科カラムシ属
分布 関東南西部～九州
環境 山野の岩場、土手、石垣など
花期 7～9月

本種に似るのが、コアカソ。上部は本種と同じような草に見える。しかし、下部は木質化しており、木であることが分かる。本種は小低木のコアカソと区別するため、〝クサ〟をつけた。〝コ〟は仲間のアカソに比べて、葉がやや小さいから。葉柄や茎が赤く、麻として使ったので、〝アカソ〟。

葉は茎に対生し、鋸歯は片側9つ以上。高さ50～150cm

花序は赤いひも状

クラマゴケ
【鞍馬苔】
Selaginella remotifolia

山城国北部の鞍馬山で見つかった苔《こけ》のようなシダ。それで、“鞍馬苔”。

分類 イワヒバ科イワヒバ属
分布 北海道～九州
環境 林の中

鞍馬山は、牛若丸が修行した有名な場所。能楽『鞍馬天狗』の舞台となったのが鞍馬寺。このクラマゴケが初めて載った本が、小野蘭山の『本草綱目啓蒙《ほんそうこうもくけいもう》』（1803年）。もしかして、彼は名付ける際に、全国的に有名で、〝判官贔屓《はんがんびいき》〟の庶民が受け入れやすい〝鞍馬〟の名前を選んだかも。

草姿は苔のように見えるが、シダの一種

主茎から側枝が立ち上がって分岐する

クワクサ【桑草】

Fatoua villosa

葉は“クワ”の葉に似るが、上から下まで、木ではなく草である。それで“クワクサ”。

分類 クワ科クワクサ属
分布 本州～沖縄
環境 道端の空き地。畑の脇、河川の土手など
花期 9～10月

葉柄の基部や小枝に花が団子状に固まっている。高さ30～70cm

クワクサの葉は、クワやヤマグワの葉に似る

ヤマグワの葉

クワは一般に〝桑の木〟のことをいう。日本在来の桑の木は〝ヤマグワ〟といわれた。一方、中国渡来の桑の木を〝マグワ〟といい、昔は蚕の飼料として、広く栽培されていた。〝クワ〟といえば、このマグワを指した。〝お蚕さま〟へ与えるため、一家総出で桑の葉採りが行なわれていた時代があり、初夏に赤色から黒紫色に変わった実は甘くて、桑苺として親しまれていた。

クワクサに初めて気づいた人は、すぐに〝クワ〟や〝ヤマグワ〟の葉に似ていると思ったはずである。マグワ、ヤマグワ、ハチジョウグワなどは、樹木である。しかし、本種は草で、木ではない。そこで、〝クワソウ〟とするより、〝草〟を強調して、〝クワクサ〟の名前にしたと思う。

ゲンノショウコ

【現の証拠】

別名／ミコシグサ

Geranium thunbergii

下痢などに対する薬効（証拠）が必ず現われる薬草。それで、“現の証拠”。

分類 フウロソウ科フウロソウ属
分布 北海道～九州
環境 野山の草原や土手
花期 7～10月

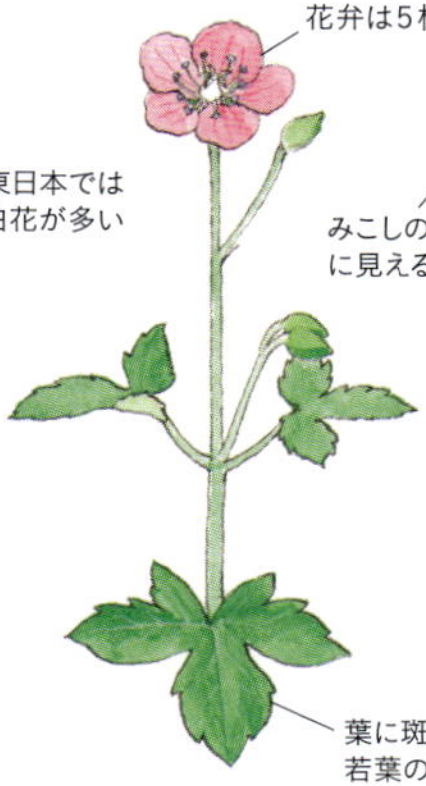
花弁は5枚
葉に斑紋があるのは若葉の時

みこしの屋根に見える

▲タネ

直径1.5cmの5弁花が咲く。高さ20～50cm　(下)白花

江戸時代の『大和本草《やまとほんぞう》』『本草綱目啓蒙《ほんぞうこうもくけいもう》』などに〝ゲンノショウコ〟の名前が記載された。その薬効に下痢止めなどがある。乾かしたゲンノショウコを煎じて飲むと、下痢がぴたりと止まった人もいた。この事例をもとに、〝現の証拠〟という言葉を思いついたかもしれない。

ところで、ゲンノショウコは古代では、〝太知末知久佐《たちまちぐさ》〟の名前で呼ばれていた。薬効がすぐに現われたという意味の名前である。その病は牛の病気である。〝牛扁〟の名前は、中国から渡来の名前であり、〝たちまちぐさ〟と読ませた。古名の〝たちまちぐさ（牛扁）〟の〝たちまち〟は〝現の証拠〟の名前とつながるが、〝牛の病気〟とはつながらない。

コアカソ → アカソ（P11）

コウモリソウ
【蝙蝠草】
Parasenecio maximowiczianus

葉の形が、夕暮れに飛び交う“コウモリ”の翼を広げた形に似るので、この名前がある。

1つの頭花には6〜10個の筒状花が入っている。高さ60〜100cm

▲コウモリ

▲コウモリソウの葉

日没の頃になると、どこからともなくやって来るのが〝コウモリ〟。小石を空に投げると、食用になる虫と思ってか、小石に接近する習性があるのを目撃した人も多いと思う。

コウモリの顔は鼠に似て空を飛べるので、〝天鼠〟の別名がある。空を飛べるのは、前肢の指が長く伸びていて、指と指との間に薄い毛皮のような飛膜があるから。両方の前肢は、鳥の翼のように広げることができる。また、趾《あしゆび》に爪がついている。木や岩のでっぱりをこの爪で、しっかりつかみ、頭を下側にしてぶら下がる。さらに、人間の耳に聞こえ

分類 キク科コウモリソウ属
分布 関東～近畿
環境 山地や深山の林の中
花期 8～10月
仲間 オオバコウモリ(大葉蝙蝠)は、葉がコウモリソウより大きい。オクヤマコウモリ(奥山蝙蝠)は、コウモリソウと区別するために〝奥山〟をつけた。カニコウモリ(蟹蝙蝠)は、下部の葉が〝カニ〟の甲羅に似る(夏編P64参照)。ヨブスマソウ(夜衾草)の由来は本文参照。ほかにイヌドウナがある。〝イヌ〟は〝否〟、〝ドウナ〟は〝唐菜〟(外国からの野菜)のことで、葉の形は変だが、外国の野菜ではないという意味の名前である。

類似種との見分け方

花はいずれもコウモリソウに似る。葉と葉柄が識別のポイント

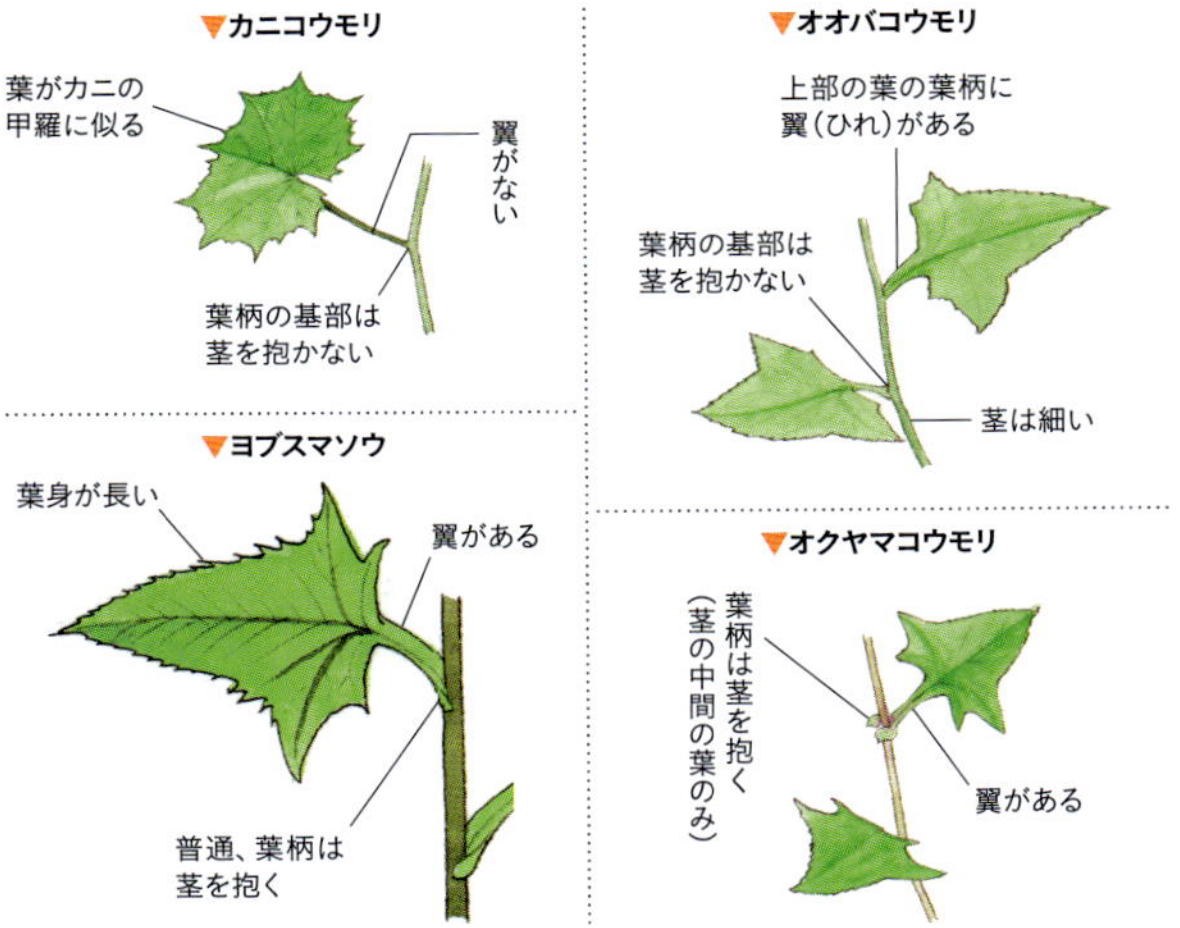

ない音波を出して、その反射によって暗がりでも、虫や物を感知できる。

コウモリの翼を広げた姿は、五角形に見える。この形は、キク科のコウモリソウ属のいくつかの種の葉と似ている。それで、似ている種には〝コウモリ〟の名前がついている。

なお、ヨブスマソウの名前のついた種の葉もコウモリに似ている。〝ヨブスマ〟とは夜衾という布製の夜具か、ムササビ(平凡社・大辞典)の方言のいずれかである。この場合は、もちろん後者である。ムササビの飛膜を広げた姿に似た葉だから、ヨブスマソウとついた。

コシオガマ【小塩竈】
Phtheirospermum japonicum

別属の"シオガマギク"に似た草姿であるが、草姿や花がシオガマギクより"小形"である。

花は紅色の唇形で上唇のへりは上にめくれている。高さは30〜70cm

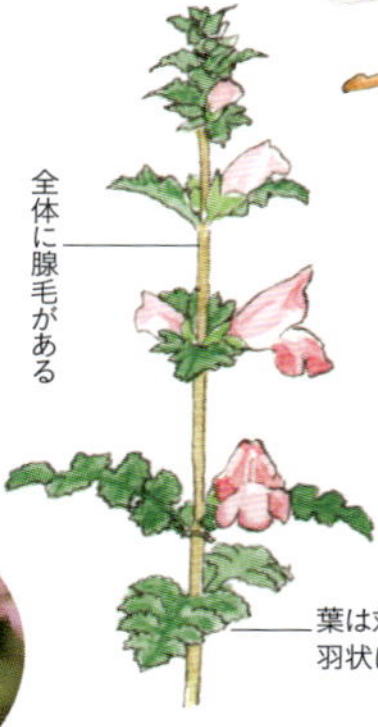

▲コシオガマ

▲塩竈

〝シオガマ〟は漢字では〝塩竈〟。なぜ、塩竈という言葉がついたかというと、駄じゃれ的な説明になる。本種の仲間は、葉のへりに規則正しい鋸歯や切れ込みがある。花ばかりでなく、〝葉まで美しい〟と表現した。同じ発音で〝浜で美しい〟塩竈という言葉もある。海水を煮て塩をつくる塩竈がなぜ美しいか、理由があった。

世阿弥の謡曲『松風』の舞台は、塩焼き小屋である。

「旅の僧が須磨の浦にたどり着く。塩焼き小屋に泊めてもらおうと思った。その時、2人の女が月明かりのもとで海水を汲んで、潮桶をかついできた。女たちは僧の願いを

分類 ハマウツボ科 コシオガマ属
分布 北海道～九州
環境 山地の山道や草原
花期 9～10月
仲間 属は異なるが、似た種類にヨツバシオガマ(四葉塩竈、夏編P250参照)、トモエシオガマ(巴塩竈、夏編P171参照)、エゾシオガマ(蝦夷塩竈)などがある。いずれも亜高山帯～高山帯に自生するので、コシオガマとは生育環境が異なる。

類似種との見分け方

▼ヨツバシオガマ

▼トモエシオガマ

▼エゾシオガマ

一度は断った。みすぼらしい小屋を恥じてのことであった。僧の重ねての乞いを受け入れ、中に招いた。僧は浜辺にいわくありげな松があったので、経をあげてきたと口にした。すると2人の女は泣き出した。僧がわけを聞くと、2人は昔、この地に3年間流罪となっていた行平中納言に愛された松風と村雨の霊であると名乗る」。

この『松風』を題材にした歌舞伎舞踊には『汐汲《しおくみ》』があり、京都の河原に塩竈をつくった『塩竈《しおがま》の大臣《おとど》』もある。海塩つくりはきつい仕事だが、知識人には〝美しい〟と映ったのである。

コセンダングサ【小栴檀草】

Bidens pilosa var. *pilosa*

センダングサより小さく、葉数が少ないので、コセンダングサと名付けた。

分類 キク科センダングサ属
分布 本州～沖縄
環境 河川敷、土手、市街地の空き地、道端など
花期 9～11月

花には花弁状の舌状花はなく、頭状花が多数集まっている。高さ50～100cm

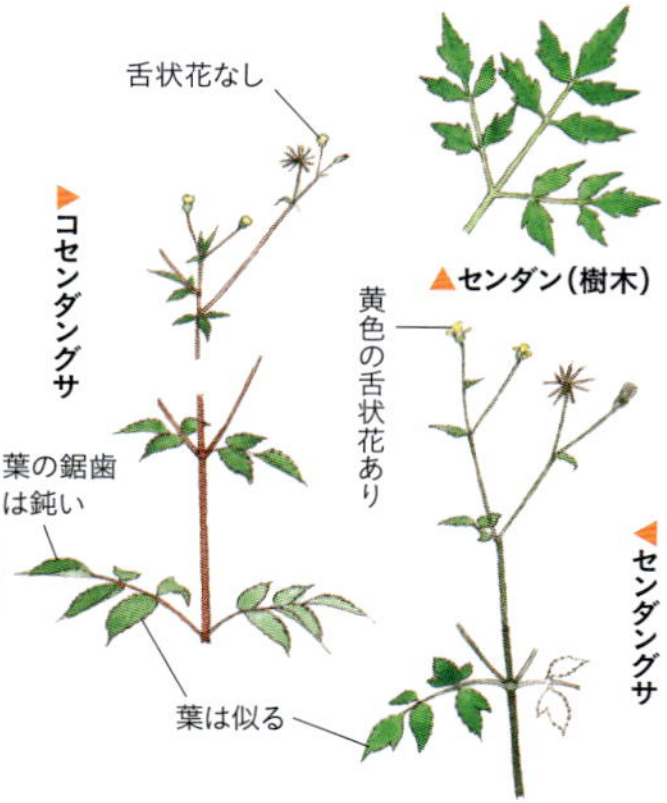

コ

センダン科の樹木にセンダンという木がある。暖地に野生化したものもあるが、在来の木であるか疑わしい。このセンダンは諺の「栴檀《せんだん》は双葉より芳し」の栴檀とは異なる。芳しい香りのする樹木はビャクダン科のビャクダンである。

コセンダングサの名前は、センダングサの葉に似ているからつけられた。〝名前のモデル〟になったセンダングサより小形で、葉数が少なく、花も小さいので〝コ〟をつけ、コセンダングサの名前がついた。

コセンダングサの〝名前のモデル〟になったセンダングサにも、さらに別の〝名前のモデル〟があった。それは、樹木のセンダン科のセンダンであった。

コタニワタリ → オオタニワタリ（P59）

コブナグサ

【小鮒草】

Arthraxon hispidus

黄八丈の染料として利用された草で、葉の形が"小鮒"の形に似る。

分類 イネ科コブナグサ属
分布 北海道〜九州
環境 道端、田のあぜ道、草原など
花期 9〜11月

(上)葉は長さ2〜6cmで、先が尖る。高さ20〜30cm　(下)道端などに生える

昭和20年代でも、小さな川にはメダカとともにフナをよく見かけた。江戸時代だったら、もっとよく目にする川魚であったと思う。"小鮒《こぶな》"という表現も『宇津保物語』(平安時代中期)などで使われている。コブナグサの名前は、江戸時代の『物品識名《ぶっぴんしきめい》』や『本草綱目啓《ほんぞうこうもくけい》蒙《もう》』に登場する。似たような草が多い中で、コブナグサの名前をつけて、識別させたのは、黄八丈の染料として利用されることが、江戸時代の本草学者たちによく知られていたからであろう。

コハマギク → ハマギク(P184)

ゴマナ【胡麻菜】

Aster glehni var. *hondoensis*

〝胡麻《ごま》〟の葉と似ていると誤認して〝胡麻〟とつけ、食用になるので〝菜〟。

分類 キク科シオン属
分布 本州
環境 山地や深山の草原
花期 9〜10月

茎の上部に白い花を多数つける。高さ1〜1.5m　(下)舌状花は10〜20枚

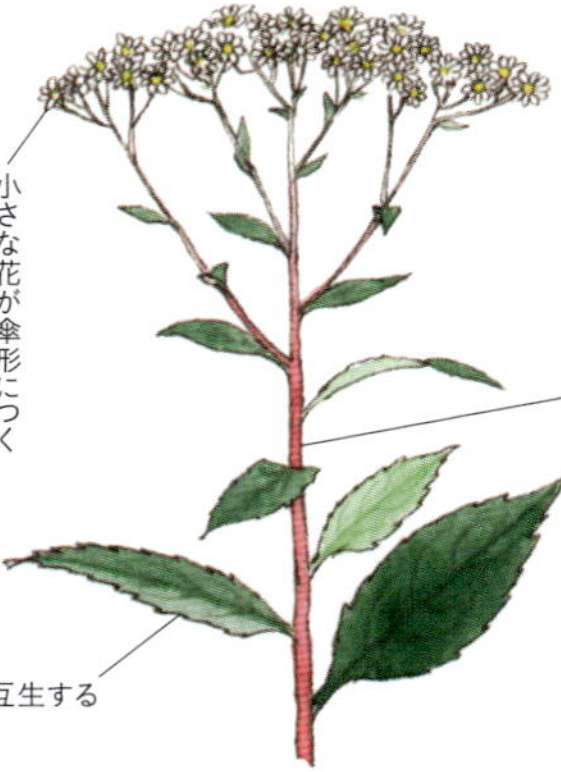
普通、茎は暗赤色
葉は互生する

江戸時代後期の『草木図説《そうもくずせつ》』に葉の形が胡麻《ごま》に似ると書かれていたため、「葉が胡麻の葉に似るのでゴマナ」説が広まってしまった。胡麻の葉とゴマナの葉を見比べると、異なっている。しかし、両種の葉はともに長楕円形で、先は尖り、基部はくさび形。上部の葉はともに細い笹の葉形である。ゴマナを初めて見た命名者は、自分の記憶している草の中から〝胡麻〟の葉が浮かび、〝ゴマ〟の名前を借用した。そして、食用になるので、〝ナ(菜)〟を加えた。なお、古い別名の〝ゴマメ〟〝ゴマメギク〟は、若芽が食べられるので〝ナ〟の代わりに〝メ(芽)〟をつけた。

ゴマの葉は細長い

コミカンソウ 【小蜜柑草】

Phyllanthus lepidocarpus

葉の下側につく実《み》(蒴《さっ》果《か》)が、小さなミカンに見える。

分類 ミカンソウ科コミカンソウ属
分布 本州～沖縄
環境 畑の脇、荒地など
花期 7～10月

ミカン1つを手にとる。外側の橙黄色の皮(外果皮)をむく。次いで、白色の薄皮(中果皮)をむく。すると、袋(内果皮)に入った食用部が見える。食用部は橙赤色で、上下を短くした球形である。これを直径2・5㎜程の大きさに縮小すると、コミカンソウの実にそっくりになる。

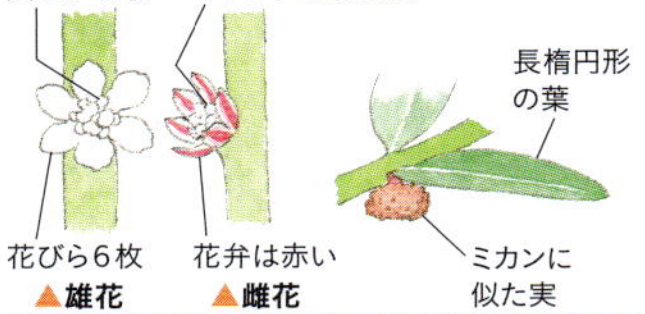

長楕円形の小さい葉が、枝の両側に並ぶ。高さ5～10cm

コモチシダ 【子持羊歯】

Woodwardia orientalis

葉の表面に小さな子株(無性芽)が多数現われるので、"コモチシダ"。

分類 シシガシラ科コモチシダ属
分布 東北南部～九州
環境 暖地の海岸の林のへり

長さ1～2mの大きな葉の先やへりの部分に子株が多く発生する。子株は楕円形か長楕円形の小さな葉で、根の生える部分は茶色の固まりになっている。葉から落ちると根が伸びて、苗になる。胞子による有性生殖と異なる繁殖方法なので、この子株を"無性芽"という。

葉は長い三角状で常緑。葉脈の網目のくぼんだ部分に胞子嚢がつく

葉表面に小さな無性芽ができ、容易に落ちる

サラシナショウマ

【晒菜升麻】

Cimicifuga simplex var. *simplex*

若菜を流水に1〜2日晒《さら》して茹《ゆ》でて食べる。根を乾かしたのは“升麻”という生薬。

長さ10〜30cmの花序がつく　(下)1つの花はブラシ状で、花柄がある

水に晒して茹でたサラシナショウマの葉

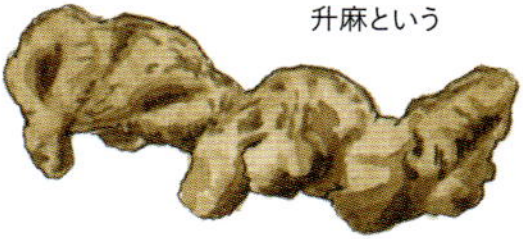

升麻という

▲サラシナショウマの乾かした根茎

サ

〝サラシナ〟は、採集後、水に〝晒《さら》し〟て、茹《ゆ》でて食べたことからついた。もともとは食用に利用されていたが、薬用としても利用されることが多くなり、食べられることはほとんどなくなった。しかし、名前に〝晒し菜〟だけが生き残ってしまった。

〝ショウマ〟は、漢字で〝升麻〟。中国からやって来た生薬名である。サラシナショウマに似た中国産の別種を〝升麻〟と呼んでいたのを、日本の本草学者がサラシナショウマと同一と誤認したようだ。それで、サラシナショウマに〝升麻〟という生薬名がついた。サラシナショウマの乾かした根は、生

分類 キンポウゲ科 サラシナショウマ属
分布 北海道〜九州
環境 山野の林の中や森の周辺
花期 8〜10月
類似種 イヌショウマ(犬升麻)は、サラシナショウマに似るが、花柄がなく、花序が細く見える点で異なる(P36参照)。アカショウマ(赤升麻)は葉柄などが赤みを帯びる(夏編P8参照)。トリアシショウマ(鳥足升麻)は、分枝する複葉を鳥の足に見立てた(夏編P174参照)。

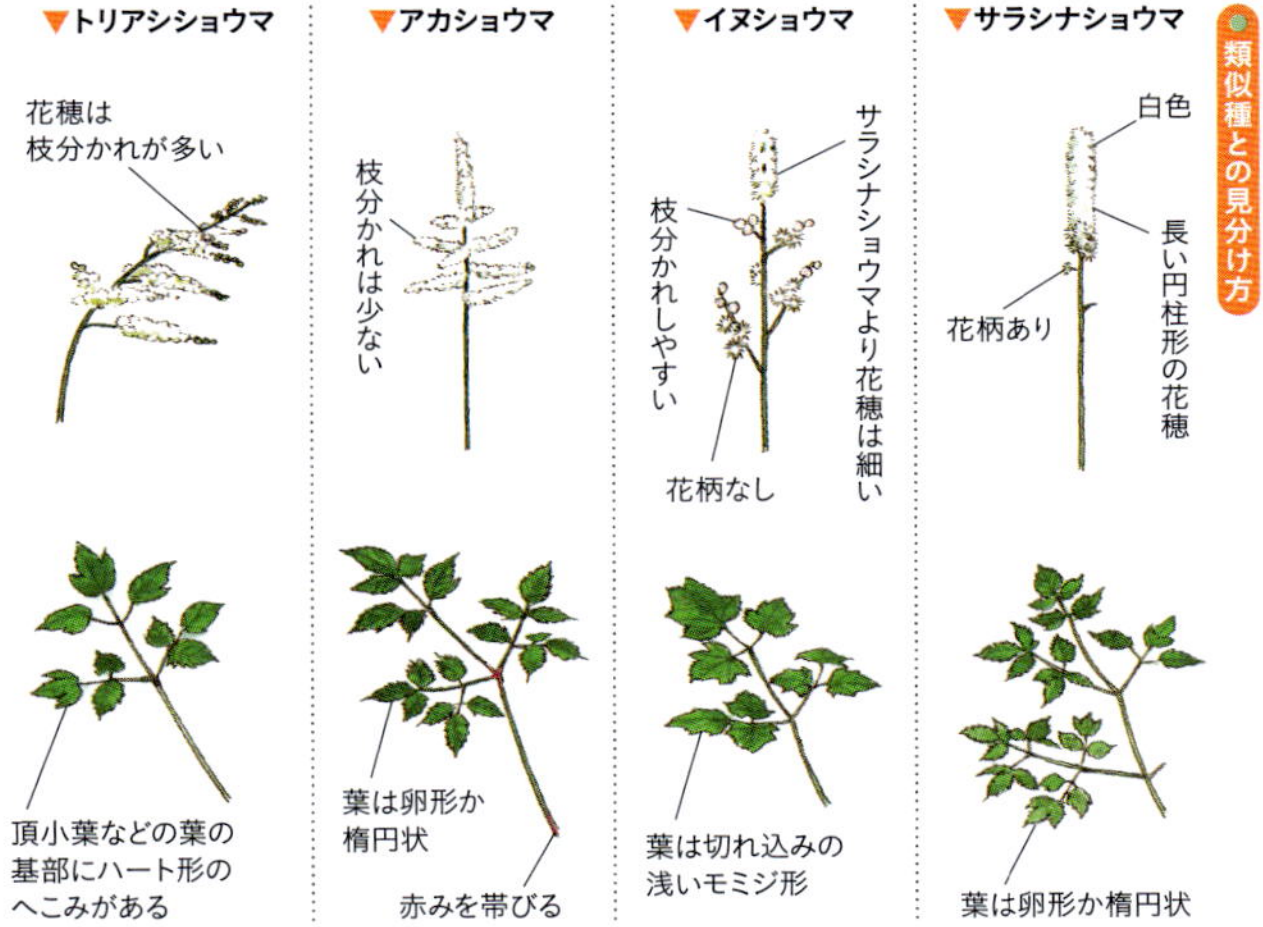

薬を扱う薬局で、現在も〝升麻〟の名前で市販されている。

近年は〝升麻〟の需要が増えて、中国産や朝鮮半島産が輸入されている。生薬市場に出回る〝升麻〟のほとんどは、輸入ものだそうである。お陰で日本の山野にあるサラシナショウマは激減することはなくなった。

なお、〝ショウマ〟の名前は、キンポウゲ科のオオバショウマ、イヌショウマ、ユキノシタ科のアカショウマ、トリアシショウマ、バラ科のヤマブキショウマなどに使われている。葉の編成や小葉がサラシナショウマに似ていることによる。

サワヒヨドリ【沢火取、沢鵯】

Eupatorium lindleyanum

湿った草原に自生するから"サワ"。花がらはよく燃えるので火熾《ひおこ》しの"火取草"？

分類 キク科ヒヨドリバナ属
分布 日本各地
環境 山地の湿った草原、沢沿いの斜面
花期 8〜10月

枝先に白または淡紫色の頭花を多数つける

多数の頭花が傘状に
1つの花(頭花)に5つの小花がある
中間から下は枝分かれしない

「鵯《ひよどり》が鳴く頃に咲くので、ヒヨドリの名前がついた」という説が一般的。しかし、鵯が鳴く頃はほかに多数の花が咲く。鵯と沢鵯のつながりがない。この仲間の花がらの乾燥品に熾《おき》(炭・薪)を近づけると、ぼっと炎が上がる。火を熾《おこ》す時の炎を取るのに利用したと思う。だから、〝火を取り〟。

サンカクイ【三角藺】

別名／鷺の尻刺
Schoenoplectus triqueter

茎を横に切った断面は"三角形"。草姿はイグサ科の"イ(藺)"に似る。

分類 カヤツリグサ科フトイ属
分布 日本各地
環境 川や沼の岸辺、海に近い湿地など
花期 7〜10月

茎の上部で枝を分け、その先に2〜5個の小穂がつく

▲サギ(コサギ)

本種は、池や沼の岸辺の草むらに自生する。高さは50〜80㎝で、上部(苞葉《ほうよう》)は尖っている。尖った苞葉がコサギ、チュウサギ、ダイサギの尻を刺すかもしれないと思った命名者は、〝鷺の尻刺〟という別名を与えた。もちろん、サンカクイに尻を刺されるほどそそっかしい鷺はいない。

シオン

【紫菀、紫苑】

Aster tataricus

分類 キク科シオン属
分布 中国などが原産地。本州西部と九州に野生化
環境 山地の湿った草地
花期 8～10月

中国から薬草として渡来した。生薬名"紫菀"の音読みが"シオン"。

庭に植えられていることも多い。高さ3mほど　(下)頭花は直径約3cm

日本在来の植物ではない。平安時代初期の『本草和名《ほんぞうわみょう》』などに名前が登場するので、奈良時代かそれ以前に中国から渡来したと思われる。古い時代には〝乃之《のし》〟〝能之《のし》〟とか〝鹿舌《かのした》〟〝加乃舌《かのした》〟と呼ばれていた。これらの古名は、平安時代の間で〝シオン〟の名前に変わっていったと推定する。シオンは〝紫菀〟という中国からの生薬名を音読みした名前である。シオンの根が紫色を帯びていることから、〝紫菀〟の名前がある。生薬の〝紫菀〟は鎮咳と去痰の薬効があり、今日も生薬として利用されている。シオンの導入は薬用が主であったが、花が美しかったので、観賞用に栽培され、普及するにつれて野生化していった。

シシウド【猪独活】

Angelica pubescens

ウドに葉姿が似るが、食用にならず、大形なので、"猪なら食うウド"。

分類 セリ科シシウド属
分布 本州、四国、九州
環境 山地の草原
花期 8〜11月

茎の頂部で、花柄を放射状に伸ばす。高さ1〜2m （下）1つの花は直径約4mm

白く小さな花が傘形につく
根をイノシシが食う
▲イノシシ

猪がシシウドの根を掘って食べたという話をどこかで聞いたことがある。しかし、猪が生息し、シシウドが多数生えている場所を何度も通ったことがあるが、シシウドが猪に食われた被害現場を見たことがない。

古い別名に"馬独活""犬独活"の名前がある。"猪独活"の命名と同じ発想で、人間の食用にはならないが、"馬に食わせる独活"とか"犬に食わせる独活"という意味である。

なお、漢字の"独活"は、中国ではウコギ科のウドとは別の植物を指した。しかし、平安時代の『延喜式《えんぎしき》貢進』にウドを"独活"と誤認して使った。その後、江戸時代の『草木《そうもく》図説《ずせつ》』でも、セリ科のシシウドの名前に"独活"を誤用した。

シマカンギク

【島寒菊】

別名／油菊

Chrysanthemum indicum

島とは関係ないのに"シマ"がつく。冬にも咲いているので"寒菊"。

分類 キク科キク属

分布 近畿～九州

環境 山すその日当たりのいい斜面など

花期 10～12月

▲シマカンギク（別名は油菊）

花を油に漬けて、やけどの薬に

黄色い舌状花は15～20枚。葉は5中裂する。高さ30～60cm

"シマ"は"島"である。これは、初めて見つかった場所が島であったからかもしれない。あるいは、島の住人が別の場所(本来の自生地)に自生していたシマカンギクを入手し、自分の敷地に植えていたのを見た命名者が、島に自生の草と誤認して、"島"をつけたかもしれない。"寒菊"という言葉は、12月になっても咲いているからである。

なお、別名"油菊"は、花を油に漬けておくことが行なわれたからで、油は火傷、切り傷に効く。一般にはキクタニギクの花を使うが、シマカンギクの花も薬効が同じ。この結果、キクタニギクとシマカンギクの別名は、ともに"油菊"になった。

シマオオタニワタリ → オオタニワタリ(P59)

シマスズメノヒエ【島雀稗】

Paspalum dilatatum

在来のスズメノヒエにそっくり。北米原産だが、小笠原の"島"で発見された。

分類 イネ科スズメノヒエ属
分布 北米原産。本州から沖縄に野生化
環境 道路脇、荒地、土手など
花期 8〜10月

茎の上部で左右に分かれる枝に多数の小穂がつく　(下)小穂の先は尖る

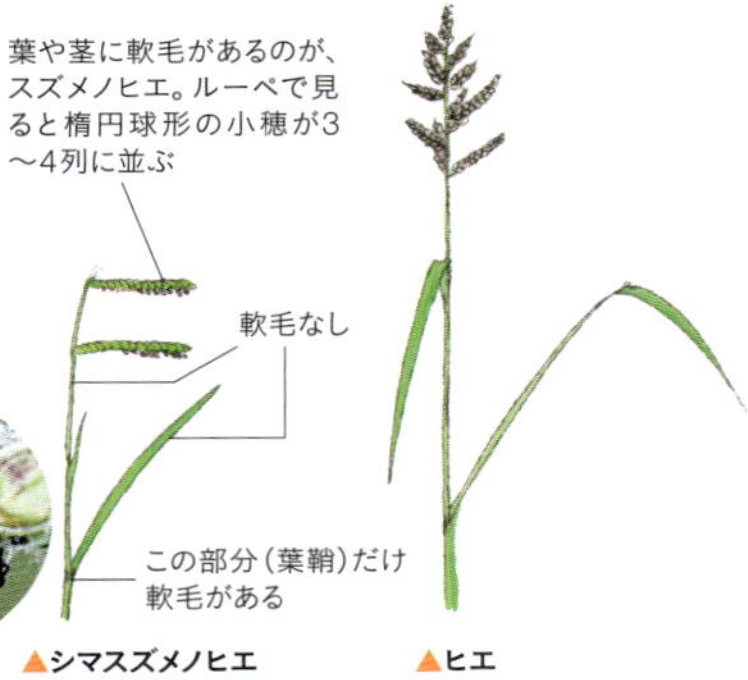

葉や茎に軟毛があるのが、スズメノヒエ。ルーペで見ると楕円球形の小穂が3〜4列に並ぶ
軟毛なし
この部分(葉鞘)だけ軟毛がある
▲シマスズメノヒエ
▲ヒエ

本種の〝シマ〟は、島のことである。1915年に、小笠原の島で初めて発見されたために〝シマ〟をつけた。

本種は、人間が食用にしている〝稗《ひえ》〟に比べて、ずっと小さいので〝雀〟がつけられた。スズメウリ、スズメノカタビラなどの名前も、スズメが好むわけではなく、とても小さいという意味で使われている。

〝ヒエ〟は、奈良時代かそれ以前に中国から渡来している。このヒエに似た在来の草にスズメノヒエの名前がつき、さらに北米産にシマスズメノヒエの名前がついた。

シモバシラ

【霜柱】

Keiskea japonica

初冬の強く冷え込んだ朝、茎の根元に氷の帯ができるのを“霜柱《しもばしら》”に見立てた。

分類 シソ科シモバシラ属
分布 関東～九州
環境 山地の林の中や森陰
花期 9～10月

初冬になると、枯れた茎の基部に霜柱のような氷の結晶ができる

長さ6～9cmの花穂に、唇形花を多数つける。高さ40～80cm

冬になって落葉しても、根から水を吸い上げ続ける。冬越しに慣れていない草は、12月中ではまだ根から水を吸い上げていることが多い。12月中旬を過ぎ、強い西高東低の気圧配置の早朝は、著しく冷え込む。初霜や初氷の日と発表されることがある。このように冷え込んだ日に、水を含んだ茎は凍結する。水が凍結すると、体積が増えて、茎の一部が裂ける。根から吸い上げられた水はその裂け目から外へ流れ出る。すると、水は寒さで凍結し、帯状になる。

なお、このようにして氷の結晶をつくる草には、シモバシラのほかに、セキヤノアキチョウジやカメバヒキオコシなどがある。

ジャコウソウ【麝香草】

Chelonopsis moschata

茎を左右に揺すると、香料の“麝香《じゃこう》”に似た匂いがする。

分類 シソ科ジャコウソウ属
分布 北海道～九州
環境 山地の沢沿いや湿った林の中
花期 8～9月

（上）山の谷間で見かける。葉は茎に対生する　（中）（下）花は長さ4～4.5cmで、胴長の唇形

花柄は短い（タニジャコウソウは花柄が3～4㎝と長い）
葉柄の基部から1～3個の花をつける

▲ジャコウソウ

中央アジアや中国東北部の山地に生息している小形の鹿がいる。この鹿には牡牝ともに角がない。体内に芳香の発生源である麝香嚢《じゃこうのう》（袋）がある。これを加工した黒褐色の粉末が香料の〝麝香〟である。ジャコウソウの茎を左右に振ると、わずかに芳しい香りがすることは確か。それで〝麝香〟という言葉を借用し、〝草〟をつけた。『大和本《やまとほん》草《ぞう》』『花彙《かい》』（ともに江戸時代中期）などに掲載されていることから、遅くとも江戸時代にこの名前が確立したといえる。

シ

シュウカイドウ

【秋海棠】

Begonia grandis

中国名"秋海棠"をそのまま音読み。バラ科の"海棠"の花色に似て"秋咲き"。

分類 シュウカイドウ科シュウカイドウ属

分布 中国などが原産地。関東以西に野生化

環境 庭などに植えられるが野生化も

花期 8〜9月

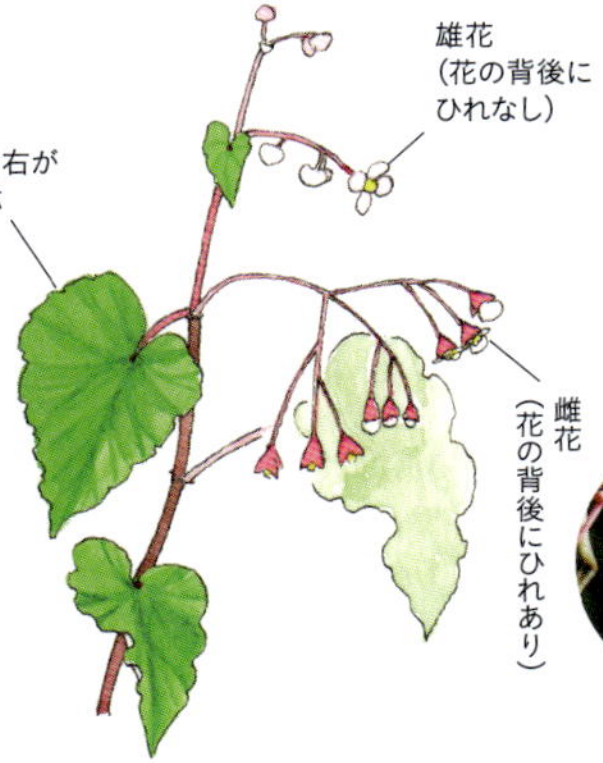
葉は左右が非対称

直径3cmの雄花がまず咲く。赤花が一般的（下）雌花の柄にはひれがある

シ

唐の歴史書の『太眞外伝《たいじんがいでん》』（楊貴妃《ようきひ》伝）によると、唐の皇帝玄宗（685〜762年）は、楊貴妃の酔いが醒めてなく、髪が乱れているのを評し、「海棠は春の眠りがまだ足りてないナ」と笑っていった。楊貴妃を中国原産のバラ科の〝海棠〟にたとえた。これは淡紅色の美しい花が咲く〝花海棠〟であったと思える。

その後、この〝海棠〟の花色と似ていて、秋に咲く花が見つかった。それに〝秋海棠〟とつけた。日本では江戸時代の寛永年間（1624〜1644）に〝秋海棠〟が渡来した。秋海棠という中国名を音読みして〝シュウカイドウ〟の名前がついた。

シュウメイギク【秋明菊、秋冥菊】

別名／貴船菊
Anemone hupehensis

黄泉《よみ》の国の菊を意味する“秋冥菊”。その後、“冥《めい》”が、“明《めい》”に。

分類 キンポウゲ科イチリンソウ属
分布 中国原産。北海道南部～九州に野生化
環境 庭、人里近くの林縁など
花期 9～10月

花弁のようながくは25～30枚で、半八重咲き　(下)白一重のタイプ

シュウメイギクは室町時代中期の『下学集《かがくしゅう》』に初めて登場する。中国原産のシュウメイギクは、鎌倉時代から室町時代初期の間に日本へ渡来したと推定される。中国へ渡航した修行僧が、出身寺院へのみやげとして持参した。寺院に届けられたシュウメイギクは美しく、日本にはないので〝黄泉《よみ》の国〟の秋咲きキクの意味の〝秋冥菊《しゅうめいぎく》〟とつけた。

しかし、〝冥《めい》〟は暗いイメージがあるので、同音反意の〝明《めい》〟に変更されたと思う。境内に植栽しておくと、よく増殖して、広く普及した。京都北部の貴船神社の周辺に多数野生化したので〝貴船菊〟の別名がついた。

分類 イネ科ジュズダマ属
分布 熱帯アジア原産
環境 川の土手、湿った草地
花期 9〜11月

壺型の実をくるむ硬い苞《ほう》葉《よう》を糸でつなぎ"数《じゅ》珠《ず》"に。

ジュズダマ
【数珠球】
Coix lacryma-jobi

トウモロコシを小形にしたような草姿。
高さ1〜2m　（下）苞葉はつぼ形

先史時代(古代の日本人が文化を創っていたが、文書史料がない時代)に、熱帯アジアから日本列島へ移住した人たちが食料として持参した中にジュズダマがあった。この丸い実《み》(外側は苞葉《ほうよう》)は焼くと食べられる。著者も焼いて食べてみたが、まずくはない。その後、イネというスーパースターが渡来して、ジュズダマは食料の対象からはずれた。

なお、奈良時代から平安時代にかけて、〝都之太末《つしだま》〟などの名前でようやく文献に登場する。一方、中国からは生薬名〝薏苡《よくい》〟という名前も渡来した。これに古名〝つしだま〟を当てた。その後、江戸時代中期の『成形図説《せいけいずせつ》』などで〝つしだま〟から〝数珠球《じゅずだま》〟に変更になったことが分かった。

シュスラン【繻子蘭】

Goodyera velutina

葉に"繻子地"のような光沢がある。ランの仲間なので、"シュスラン"の名前が。

花は淡紅色で、花軸の上部に花が3〜10個くらいつく。高さ10〜15cm

葉は楕円形または長楕円形で、先は尖る。暗緑色で、中脈は白い

繻子はサテンともいう。絹を用いた本繻子や綿繻子、毛繻子がある

〝繻子《しゅす》〟とは、布面がすべすべして、光沢のある織物のことをいう。中国で開発された製法で、京都の職人が帯地などに用いた。繻子織りは、経糸《たていと》と緯糸《よこいと》とが組み合わさる個所をできるだけ少なくし、織物の面には経緯《たてよこ》いずれか一方の糸だけを長く浮かせた。その結果、光沢がよくなり、滑らかになった。繻子という織物が広まっていくにつれて、繻子という語を借用した言葉も生まれた。江戸時代中期には〝繻《しゅ》子鬢《すびん》〟という髪形が流行した。伽羅油《きゃらあぶら》という鬢付油を多くつけ、光沢のある鬢を見せた。伽羅油というのは、臘《ろう》を溶かし松脂《まつやに》を混ぜたものである。濃

シ

分類 ラン科シュスラン属
分布 関東南部～沖縄
環境 常緑樹林の中
花期 8～9月
仲間 アケボノシュスラン(曙繻子蘭)は、夏から秋に淡紅色を帯びた白花が咲く。日本各地の林の中などに自生(夏編P12参照)。ベニシュスラン(紅繻子蘭)は、夏にサーモンピンク色の花が咲く。本州～九州の森のへりなどに自生。ミヤマウズラ(深山鶉)は、葉の格子模様が鶉の羽の模様に似る(夏編P227参照)。

類似種との見分け方

▼シュスラン

葉に白色の縦筋がある
葉の表面はビロード状

▼アケボノシュスラン

葉に模様がない
茎はつる状で、這うように伸びる

▼ベニシュスラン

葉に格子模様と白筋。表面はビロード状。日本産シュスランの中で最も美しい

▼ミヤマウズラ

葉に淡白色の格子模様がある
葉の白い斑紋を鶉の羽の模様に見立てた

い茶色に見えたので〝伽羅〟の名前がついた。

　そして、もう1つの繻子鬢があった。江戸時代に、繻子の頭巾を被った尼姿の女を比丘《びく》尼《に》といった。比丘尼は下級の私娼で、〝繻子鬢〟ともいった。独身男の多かった江戸では「あの大橋のたもとに髪結《かみゆ》い床《どこ》に見ゆる小店の繻子鬢を招こうか」といった具合に身近な存在であった。

　さて、ラン科のシュスランの葉であるが、深い緑色で、縦に白筋が入る。この葉を斜め上から見ると、ビロード状の光沢がある。この光沢を〝繻子地〟と見て〝シュスラン〟の名前がついた。

ショウキズイセン【商輝水仙、鐘馗水仙】

Lycoris traubii

夏の星と冬の星のように、花と葉は出合うことはない。商輝は、夏の"巨星輝く"の意味。

分類 ヒガンバナ科 ヒガンバナ属
分布 四国、九州、沖縄
環境 野山の草原や林のへり
花期 10〜11月

ヒガンバナに似た花だが、鮮黄色。高さ約60cm

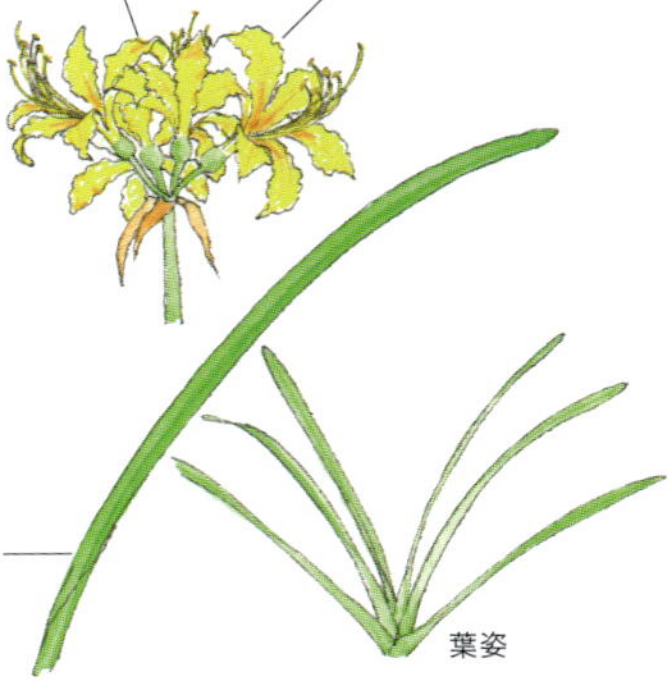
花は黄色だが、赤いぼかしがある
花びら6枚はやや反転する
花後に現われる葉で、シロバナマンジュシャゲより葉幅は広くて大きい

"ショウキ"は、一般に"鐘馗《しょうき》"。鐘馗は、中国では疫病神を追い払う神で、日本では端午《たんご》の節句に鐘馗の人形や幟《のぼり》を立てて魔除けとした。この鐘馗とショウキズイセンとの関連は不明。それで、こじつけ的だが、中国の"参商《しんしょう》"という言葉を引用する。"参《しん》"は参星。冬のオリオン座の恒星をいう。"商《しょう》"は商星。夏のさそり座のアンタレスをいう。参星と商星とは出合わない。同様に、本種の花と葉は出合わない。花が咲くとは、商星が輝くことで、"商輝《しょうき》"。

なお、本種によく似たシロバナマンジュシャゲ(白花曼珠沙華)は四国・九州・沖縄に自生し、ショウキズイセンとヒガンバナの自然交雑種とされる。3種の葉幅を比較すると、広い順にショウキズイセン、シロバナマンジュシャゲ、ヒガンバナとなる。

シラタマホシクサ

【白玉星草】

Eriocaulon nudicuspe

花序は星に見え、"星草"。花序は白い玉のようなので"白玉星草"。

分類 ホシクサ科ホシクサ属
分布 静岡～三重までの限られた地域
環境 日当たりのいい湿地
花期 8～10月

根元から細長い葉が20～30枚伸びる。頭花は直径6～8mmで球形

本種の〝シラタマ〟は白玉である。白玉というと、白玉粉を水で練り、上下を押して偏球形にしてゆでたものを連想する。しかし、本種のシラタマは単に白色の球形に近く、偏球形の白玉粉の白玉とは似ていない。本種の球は、雄花や雌花が多数集合したもの。キク科の花と同じく小さな花が集まって1つの花のように見えるので、シラタマホシクサの花も同様に頭花という。

この仲間は、頭花を星に見立てられるところから、〝星草〟である。干し草ではない。頭花が白色なのは本種だけで、頭花が灰褐色のホシクサ、頭花が黒いクロホシクサがある。このほかの仲間に、イヌノヒゲとつく草がいくつかある。これらの頭花の背後に総苞片《そうほうへん》という小さな葉が放射状につく。こちらの方は〝きらきら星〟に見える。

シラネセンキュウ【白根川芎】

Angelica polymorpha

〝白根山〟の山麓で発見された草で、中国から渡来の川芎《せんきゅう》に似ている。

分類 セリ科シシウド属
分布 本州、四国、九州
環境 山地の沢沿いの林の中
花期 9～11月

小さな白い花が傘形につく。花序は直径7cm。高さ70～150cm

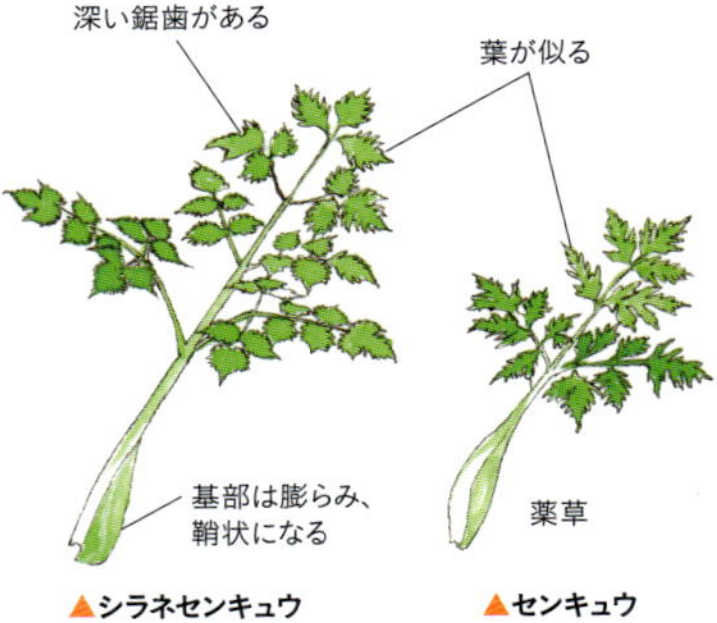

中国産の生薬〝芎藭《きゅうきゅう》〟は、平安時代には渡来し〝於无奈加都良《おむなかずら》〟と呼ばれていた。似た植物で大形なオオバセンキュウなどに比べ有用だから〝おむな(おんな)〟がついた。役立たないヨモギにオトコヨモギの名前をつけたのと同じ発想である。茎は葛のように伸びると誤認して〝かずら〟がついた。

江戸時代になると、質のよい芎藭を産する四川省の名前が有名になり、〝四川芎藭〟と呼ばれるようになった。この四文字から〝川芎〟を抜き、〝せんきゅう〟と音読みした。生薬名〝川芎〟が普及した後、日光の白根山麓に咲く本種が発見された。川芎に似て、白根山で見つけたので、〝白根川芎〟の名前がついた。

シラヒゲソウ

【白鬚草】

Parnassia foliosa

5枚の花弁のへりが、細かく裂けて白い鬚《ひげ》に見える。

分類 ニシキギ科 ウメバチソウ属
分布 本州、四国、九州
環境 山地の沢沿いの斜面
花期 8〜9月

3分岐しているのは仮雄しべ（花粉なし）
花弁は糸状に裂ける
雌しべは中心の2つの突起（見えない）
仮雄しべの中側に雄しべ（伸びない）

◀白ひげの男

花茎につく葉の基部は茎を抱く。高さ15〜30cm　（下）花は直径約2cm

ウメバチソウに似た花である。この花と同じ5弁花だが、白色の花弁のへりが糸状に細裂している。これを〝ひげ〟にたとえた名前がついている。

ところで、ひげはどこの部分であろうか。口ひげは〝髭〟、頰ひげは〝髯〟、あごひげは〝鬚〟と書く。花弁が細裂しているのは花弁のへり。顔の外周に相当する。〝髭〟は口と鼻の間であるから、顔の真ん中である。したがって〝髭〟は適さない。〝白髭草〟とは書けない。頰のひげは顔の外周にないので、〝白髯草〟とも書けない。そして〝鬚〟である。このひげは顎にある。顔の外周にあるので、この〝鬚〟の字が使える。〝白鬚草〟が正しいと思う。なお、夏編「ジャノヒゲ」の項にて、ジャノヒゲとリュウノヒゲの〝ヒゲ〟について述べている。

シラヤマギク【白山菊】

Aster scaber

花は白色で山に生える菊の意味。

分類 キク科シオン属
分布 北海道～九州
環境 山地の草原
花期 8～10月

白色の舌状花は
6～8枚と少ない
茎は普通、
暗赤色
下の葉は三角状
葉柄に翼(ひれ)
がつく

(上)茎の上部で細かく枝分かれし、先端に頭花をつける。高さ80～150cm　(下)茎の下部につく葉は三角形

シラヤマギクの名前は江戸時代後期の『草木図説《そうもくずせつ》』に掲載され、江戸時代には知られた草であった。また、〝東風菜〟という中国から渡来の名前に〝シラヤマギク〟の和名を当ててもいた。菜がついているように中国では食用としていたようである。昔から食用の嫁菜《よめな》に対して、〝聟菜《むこな》〟の別名もついた。春の若菜を摘んで、和え物、汁の実、つくだ煮などでも食べていた。食用として役立っていたのに、〝東風菜〟の名前が忘れられ、〝白山菊〟の名前が残った。

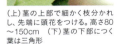

シロイヌノヒゲ
【白犬の髯】
Eriocaulon miquelianum

花は白色で、葉姿は犬の頬にある"髯《ひげ》"に似る。"白花犬の髯"が"白犬の髯"に。

分類 ホシクサ科ホシクサ属
分布 本州、四国、九州
環境 山地の湿った草むらなど
花期 8～10月

葉姿が犬のひげに似る

▲シロイヌノヒゲ

▼白犬

(上)葉は細長い線形で、根元から生える。草の高さ20～30cm　(下)頭花は半球形で、総苞を含み直径8～10mm

漢字名"白犬の髯《ひげ》"は、白色の犬(しろいぬ)の髯と誤解される。正しくは、"犬の髯"というグループの白花の種類なのである。"ひげ"については、シラヒゲソウとジャノヒゲ(夏編に収録)で述べた。犬のひげは頬の辺りにあるので、漢字では髯である。

ところで、この草のどこが犬のひげに似るのだろうか。第1は葉姿だけが犬の髯に似る。第2は花茎と葉が犬の髯に似る。第3は頭花とすぐ背後の総《そう》苞《ほう》が似る。私は第1の説を支持するが、どうであろうか。

シ

シロザ【白藜、灰藋】

Chenopodium album var. *album*

白い粉をまぶしたような若葉に囲まれた頂部を、仏か神の座る場所と見た名前か？

分類 ヒユ科アカザ属
分布 ユーラシア大陸原産。日本各地に野生化
環境 道端、荒地、畑の脇など
花期 9～10月

若葉が白色に染まる。高さ0.5～1.5m

アカザより早く日本に渡来したと考えられているが、文献記載は著しく少なかった。アカザの和名は、漢名の〝藜《れい》〟を当てている。シロザもこれにならって〝白藜〟とした。〝藜〟の前の万葉仮名は不明だが、アカザ、シロザの大和言葉は〝赤座〟、〝白座〟の意味と思う。

シロバナサクラタデ【白花桜蓼】

Persicaria japonica

花は白色だが、サクラタデの花姿に少し似る。それで、シロバナサクラタデ。

分類 タデ科イヌタデ属
分布 日本各地
環境 湿った草原
花期 8～10月

花びらは深く5裂。高さ50～80cm

タデ科の花は、どれも美しいとはいえない。しかし、サクラタデは可愛い花として好かれている。淡い桃色の5つの花びらが、小さな桜の花を思わせるので、この名前がある。このサクラタデに草姿がよく似ているのが本種。花びらはやや含み咲きだが、白色の花姿が少し似る。

シロヨメナ
【白嫁菜】
Aster ageratoides

草姿が"嫁菜《よめな》"に似て、頭花は"白色"。それで、"白(花)嫁菜"。

分類 キク科シオン属
分布 本州、四国、九州
環境 林の中や森のへり
花期 8～11月

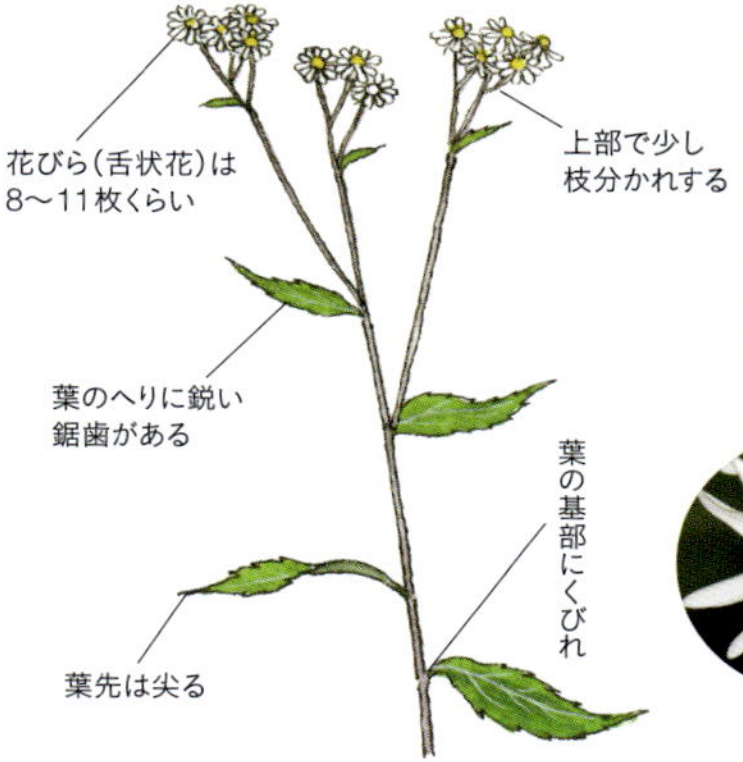

花数は多くない。花びらの間隔は不ぞろい。高さ70～100cm

ヨメナとつくキク科の草は9種程ある。主な種はシロヨメナ、カントウヨメナ、ミヤマヨメナである。いずれも、葉が長楕円形で、先は尖り、葉のへりに鋸歯という共通の特徴がある。

シロヨメナの"ヨメナ"は、カントウヨメナやミヤマヨメナと同様に、葉が似ているというだけで、手軽に借用された言葉である。"ヨメナ"の名前の由来は、カントウヨメナ(P90)の項で述べた。なお、本種はシロバナヨメナとすべきところ、シロヨメナとした。"バナ"をはしょって、シロヨメナとしたのである。関東地方の山の中で、秋の終わりに咲く最後の白菊に、手抜きの名前がつけられたようだ。

ジンジソウ
【人字草】
Saxifraga cortusifolia

白色の5花弁のうち、下部の2枚は長く、"人"の字に見える。

分類 ユキノシタ科
ユキノシタ属
分布 関東～九州の限られた地域
環境 山地の沢沿いの岩場や湿った斜面
花期 9～11月

(上)(中)ジンジソウ。花茎に多数の花をつける　(下)ダイモンジソウの花。上の3弁がジンジソウより長い

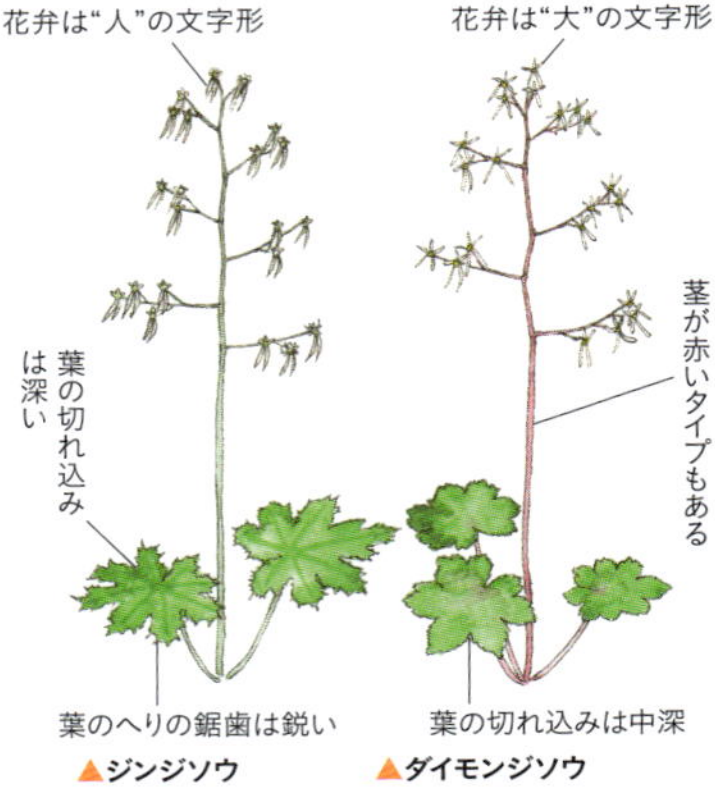

よく似たダイモンジソウは、同じ5弁花で、上の3枚の花びらはジンジソウのものより長く、下の花びら2枚は同様に長い。それで花弁全体が、〝大〟の字に見えるので、〝大文字草〟という。ジンジソウの場合は、上の3枚の花弁が極端に小さい。一方、下の2弁は、長く左右へ開く。以上の2種は、花弁が文字に似ている。このほか、カヤツリグサ科のヒンジガヤツリは、花(小穂《しょうすい》)が〝品〟の字に似る。〝田字草《でんじそう》〟と〝十文字《じゅうもんじ》羊歯《しだ》〟はシダの仲間で、葉がそれぞれ〝田〟の字と〝十〟の文字に似る。

スイセン
【水仙】

別名／雪中花、金盞銀台

Narcissus tazetta

中国の古い時代に、水辺に咲く気品のある花を、水辺の"仙人"にたとえた。

分類 ヒガンバナ科スイセン属

分布 地中海沿岸原産。暖地の海岸に広く野生化

環境 庭、海岸など

花期 12～4月

白色の花びらは6枚。中央の黄色い筒は副花冠。高さは約40cm

大昔、スイセンは原産地からシルクロードを通って中国へ渡来した。古代の中国では、水辺で育つ清楚なこの草を〝水の仙人〟とした。この草が広まっていくにつれて、〝水の仙人〟から〝水仙〟になった。この水仙は、南宋の頃に、日本の修行僧が持ち帰ったと思う。日本では鎌倉時代であった。そして中国名の〝水仙〟を音読みにした〝スイセン〟の名前が広まった。

〝水仙〟の名前を、初めて登場させたのは『下学集《かがくしゅう》』（室町時代）だが、越前海岸にある〝水仙伝説〟では、木曽義仲の軍に従った兄と、海で溺れていた娘を助けた弟が、この美しい娘をめぐって争う。平安時代末期が舞台だが、ずっと後世に誕生した物語。

ススキ【薄、芒】

別名／尾花、茅
Miscanthus sinensis

ススキの“スス”はすくすく伸び、“キ”は茎とか草の意味か？

分類 イネ科ススキ属
分布 日本各地
環境 草原、荒地、道端など
花期 8～10月

茎の上部で枝別れし、穂には小穂がびっしりつく （下）小穂には芒がある

『万葉集』には〝すすき〟の名前で歌われているのが18首で、〝尾花《おばな》〟の名前で18首、〝かや〟は10首ある。奈良時代には、現在の〝ススキ〟が〝すすき〟〝尾花〟〝かや〟などの名前で呼ばれていたことが推定できる。〝すすき〟の語源については多説あり、容易なようで難解。〝スス〟はすくすくで、〝キ〟は茎とする説は少しこじつけ的である。〝スス〟は姿が似た笹の音につながるとか、秋に咲く〝スズシキ〟からとか、〝さやさや〟と風になびくからとかの説には裏付けがない。一方、〝尾花〟は花穂《かすい》が馬の尾に似るからで、〝カヤ〟は刈って茅葺きにするからと明解。

分類 ウリ科スズメウリ属
分布 本州、四国、九州
環境 野山の湿った草むら
花期 8～9月

カラスウリに比べて、著しく小さいので、"雀《すずめ》瓜《うり》"。雀の卵に似るからという説は支持しない。

Zehneria japonica

【雀瓜】

スズメウリ

小さいから"女《め》"、実《み》が"鈴"のようだから"鈴女瓜"とする説には反対。その理由は、スズメウリとカラスウリ、スズメノエンドウとカラスノエンドウのように、小さいものに"雀《すずめ》"、大きいものに"烏《からす》"の名前を当てる方が自然だから。カラスウリも唐朱瓜《からしゅうり》（中国の朱《しゅ》墨《ずみ》）でなく、"烏瓜"。

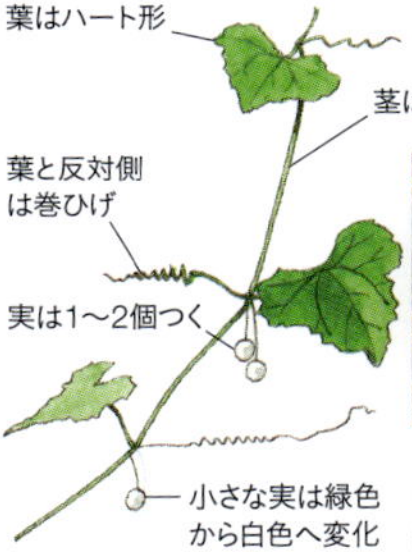

白色の小さな花が咲いた後に、直径約1cmの実がつく

ス

分類 ヒガンバナ科ネギ属
分布 関東～近畿
環境 林のふちや草原
花期 9～10月

ノビルやニラを"蒜《ひる》"という。その仲間で、食べられない本種は、"捨てられる小さな蒜"。

Allium inutile

【捨小蒜】

ステゴビル

"ステゴ"は"捨て子"とは関係ない。"捨てられた""小"の意味。蒜《ひる》の仲間に食べられるノビル、ニラ、ニンニク、アサツキ、ネギなどがある。ステゴビルは、これらの仲間より小形で、食べられない"小蒜"。それで"捨てられた小蒜"。江戸時代末期の『草木《そうもく》図説《ずせつ》』に名前がある。

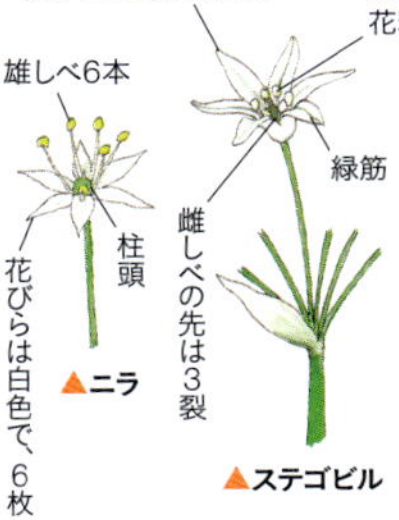

花茎の先に4～6個の花がつく。高さ15～20cm

セイタカアワダチソウ【背高泡立草】

別名／背高秋の黄輪草
Solidago altissima

草丈が高く、黄色い小さな花が"泡立つ"ように見える。

分類 キク科 アキノキリンソウ属
分布 北米原産。明治時代に観賞用として導入
環境 空き地や道路脇、土手など
花期 10～11月

長楕円形の葉は茎に互生し、多数が密生。高さ2.5mになる

茎先には多数の花が円錐状に集まり、その長さは10～50cm

セ

〝セイタカ〟は、草丈の高いことを示す。茎の高さが50～250cmで、仲間のオオアワダチソウは茎の高さ50～150cmである。アキノキリンソウ属の中で、最も草丈が高いのが、セイタカアワダチソウである。

〝アワダチ〟の意味は、〝泡立ち〟のことである。茎の上部では、多数の枝が脇に伸びる。その枝に小さな黄色い花(頭花)が無数につく。その枝は黄色いひも状に見える。

日本在来の草に〝泡盛升麻〟という草があるが、セイタカアワダチソウのように花が泡立っては見えない。この〝泡盛〟は名前負けしてしまっている。なお、〝ヘイザンソウ〟の別名もあるが、閉山した炭坑のぼた山にこの草が繁茂していたからだろうか？

セイバンモロコシ【西蕃蜀黍】

Sorghum halepense

蕃族《ばんぞく》が住む西の国から渡来した草で、モロコシの草姿と少し似ている。

分類 イネ科モロコシ属
分布 地中海沿岸原産。本州〜九州で野生化
環境 荒地、土手、鉄道沿い
花期 8〜10月

▲モロコシ

▲セイバンモロコシ

花序は円錐形。花序の枝は輪生する。高さ1〜2m

〝セイバン〟は〝西蕃《せいばん》〟のこと。西の方の、蕃族《ばんぞく》(野蕃な民族)の住む国のことである。原産地は地中海沿岸であるが、産地の地名をつけず、〝西蕃〟にしたのは、モロコシ(アフリカ原産)やトウモロコシ(南米原産)と区別する名前だったかもしれない。セイバンモロコシは、モロコシ(コーリャン)の花(小穂《しょうすい》)の部分とまったく似ない。葉が多少似る。また、トウモロコシの花や葉ともまったく似ない。ところで、〝モロコシ〟の別意は唐土(唐)で、中国のことをいう。トウモロコシの〝トウ〟は〝唐〟を指す。モロコシもトウモロコシも中国とは関係ないが、昔は外国のものを〝唐土《もろこし》〟や〝唐《とう》〟とつけた。

セキヤノアキチョウジ → アキチョウジ(P14)

センブリ【千振】

別名／当薬
Swertia japonica

“当薬”とか“苦草”の別名があるように、この煎じ液は苦い。“千回振り出し”ても苦味は消えない。

分類 リンドウ科センブリ属
分布 北海道～九州
環境 日当たりのいい草原
花期 9～11月

花びらには淡紅色の筋が何本か入る。高さは15～30cm

乾かしたセンブリを煎じる

▲どびん

乾燥させて束ねたセンブリ

薬草を目の粗い布袋に入れて、湯に浸す。そして布袋を湯の中で振ると薬の成分が出る。この動作を〝薬の振り出し〟という。センブリの乾かした茎葉（これを〝当薬〟ともいう）を布袋に入れて、湯に浸し、振る。布袋を千回振っても、あるいは、布袋を振るごとに湯を千回替えても、苦み成分が出る。それで、〝千振り〟である。センブリの煎じ液を飲んだら苦い。あまりにも苦いので、顔を千回振ったから〝千振り〟というのは、笑い話。センブリの名前は、江戸時代の『大和本草《やまとまんぞう》』『草木図説《そうもくずせつ》』などに初めて登場する。江戸時代中期以降に、胃腸薬として使われるようになった。リンドウ（龍胆《りゅうたん》）の根に代わる薬草としても認められた。それまでは、センブリは蚤《のみ》や虱《しらみ》を退治する殺虫剤として役立っていたようだ。

センボンヤリ
【千本槍】
Leibnitzia anandria
別名／ムラサキタンポポ

秋に花茎が数本伸び、花が咲かずに、"槍"の穂先みたいな実《み》がつく。

分類　キク科センボンヤリ属
分布　日本各地
環境　野山の草原、土手、山道沿い
果期　9～11月

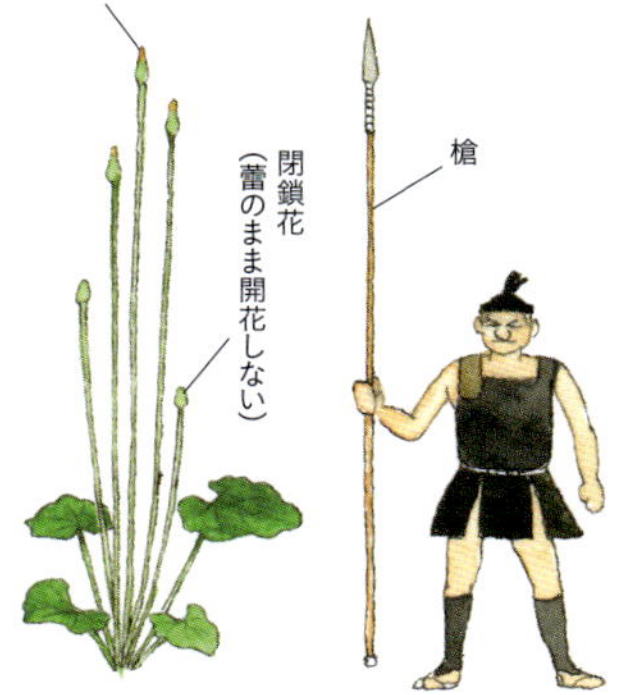

春の花は直径1.5cmの舌状花　（下）秋は蕾だけの閉鎖花で実をつける

センボンヤリの〝センボン〟の由来には2説がある。第1説は大袈裟な表現としての〝千本〟である。必ずしも、千に足らなくても千とすることが、色々ある。一般に40手といわれるのに千手観音。何百本であっても千本松原。このほか、一騎当千、一日千秋、千日講、千枚漬けなどなど、数の多いものに〝千〟をつけてきた。センボンヤリの閉鎖花（花が咲かずに実《み》がつく）の花茎の姿を千本としたのが、第1の説。第2の説は〝千本〟という地名に由来する。京都市北区の船岡山公園の西を昔、千本といった。千本で初めて見つかった〝槍〟だから、〝千本槍〟。

タイアザミ【痛薊】

別名／トネアザミ
Cirsium incomptum

"タイ"は難解。"痛痛木《いたいたのき》"など薊《あざみ》の方言から"いたい薊"が"たい薊"に？

分類 キク科アザミ属
分布 関東、中部地方南部
環境 野山の土手、山道、草原
花期 9〜11月

茎の先端部や上部の葉の脇に、頭花をつける。高さ1〜2m　(下)葉は鋭く尖る

総苞片(がくのところにある刺のような葉)が水平に開くか反転する

別名の〝トネアザミ〟の名前は、利根川の流域に自生が多かったので、川の名前がついた。しかし、タイアザミの〝タイ〟の由来が分からない。この〝タイ〟について苦しまぎれに考えたのが、次の見解である。この薊《あざみ》は山地だけでなく、野や丘にも多い。関東地方で最も身近な薊である。薊の一般的な方言名に、葉についた刺《とげ》にまつわる〝いたいたぼぼ〟〝痛痛木《いたいたのき》〟〝刺草《しそう》〟などがあり、刺の〝痛い薊〟と思われてきたはずである。〝いたいあざみ〟の〝い〟が省略されて〝タイアザミ〟になったと考える。なお、タイアザミの名前は、江戸時代以前の文献にはない。明治時代以降についた〝古くない名〟であるが、由来は不明。

ダイモンジソウ

【大文字草】

Saxifraga fortunei

花弁が5つ。その花弁の姿が漢字の〝大〟の字に似ている。

分類 ユキノシタ科 ユキノシタ属

分布 北海道〜九州

環境 山地の沢沿いの湿った岩場など

花期 7〜10月

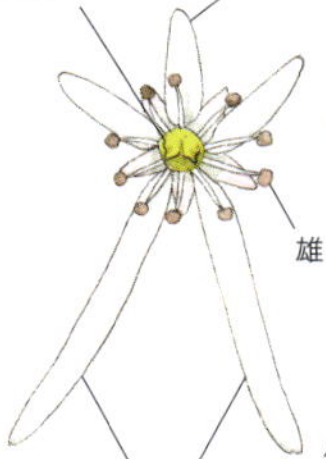

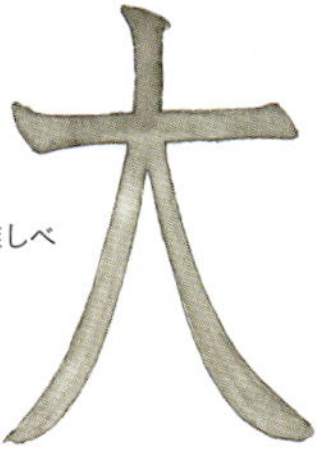

▲大の字

花茎の上部で、幅広く枝分かれし、多数の花をつける。高さ10〜25cm

陰暦7月16日、新暦では8月16日に京都で行なわれる盆行事の1つが〝大文字焼き〟。左京区の東山にある如意《にょい》ガ岳(標高466m)の中腹にて、大の字形に松の割木を組む。大の字の〝一〟が73m、〝ノ〟が146m、〝㇏〟が124mある。午後8時頃に、いっせいに点火する。大文字焼きの起源については、明確な記録が残っていない。近くにあった浄土寺が火災にあった時、阿弥陀如来が如意ガ岳の山頂から光を放ったので、お盆に火祭をすることになったとか。後に、空海《くうかい》が大の字形に火を燃やすことに改めたという言い伝えもある。現在は、お盆の送り火であり、〝大文字送り火〟という。如意ガ岳は〝大文字山〟という。この花は、上側3弁が短く、下側2弁が長い。大文字山の〝大〟の字形に似ている。

タ

タイワンホトトギス・タカクマホトトギス → ホトトギスの仲間（P211、212）

タコノアシ【蛸の脚】

Penthorum chinense

茎の上部で数本の枝が放射状に出て、花をつける姿を"蛸《たこ》の脚《あし》"に見立てた。

分類 タコノアシ科 タコノアシ属
分布 本州、四国、九州
環境 湿った草原や河川敷
花期 8〜9月

▲タコ

▲タコノアシ

黄白色の小さい花が枝につく。高さは50〜70cm

蛸《たこ》は、頭、胴、腕からなる。一般の人々が足《あし》というのは、正しくは腕を指す。足と思われている器官は、餌をとり、子づくりのパートナーを抱くなど、足より"できる"ので、"腕"なのだ。そして、あしと呼ばれる腕は、くるぶしから下の"足"ではなく、腿から下の"脚《あし》"を示す。

タチコゴメグサ【立小米草】

Euphrasia maximowiczii

茎は真っ直ぐ立ち上がる。花の下唇《かしん》の裂片が、砕《くだ》けた米（コゴメ）に似る。

分類 ハマウツボ科 コゴメグサ属
分布 本州、四国、九州
環境 山の高原の日当たりのいい草むら
花期 8〜9月

花の下唇は3裂

花は白色。下唇の中央に黄斑がある

葉先が刺状に尖る

本種の茎は直立しているので、"タチ（立）"と表現した。"コゴメ"とは"割米"とか"粉米"のことである。稲刈り後の脱穀や製米の過程で、砕《くだ》けた米をいう。タチコゴメグサの花の下唇《かしん》は3裂している。3裂した各裂片は浅く2裂。これら裂片を"小米"にたとえた。

タ

タマシダ

【玉羊歯】

Nephrolepis cordifolia

根に球形の器官ができるので、"タマシダ"。この器官は栄養分の貯蔵庫。

分類 タマシダ科タマシダ属
分布 伊豆半島～九州
環境 海岸沿いのやや乾いた林や道端など

海辺の乾いた場所に自生する植物は、雨が降らないと、葉をまるめたり、下の葉を枯らして、乾燥に耐える。タマシダの場合、根についた球が貯水槽の役を担って、乾きに耐えるといわれていた。しかし、その中身は水でなく蜜である。この球には水分と栄養分とが貯えられている。

葉の主茎には、50～80対の羽片がついている

タマスダレ

【玉簾】

Zephyranthes candida

秋につく、3つの球が合着したような実《み》を"玉"に、葉を"簾《すだれ》"に見立てた。

分類 ヒガンバナ科サフランモドキ属
分布 南米原産。暖地に野生化
環境 道端や空き地
花期 8～10月

細かく割った竹や葦を糸で編んだものを"簀《す》"という。部屋の内外を隔てるためや日照を弱めるために、この"簀"を鴨居や天井から垂《た》らした。簀を垂らすので、簾(すだれ)。細くて丸い葉が多数並ぶのを、この"簾"にたとえた。実は、3つの球がくっつき、丸い球の集合に見える。

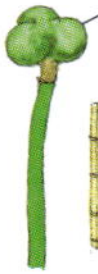

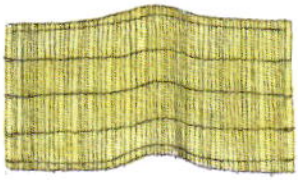
▲すだれ

群生するタマスダレ

花弁は内側に3枚、外側に3枚。高さ30～40cm

ダルマギク【達磨菊】

Aster spathulifolius

海辺の岩場に自生するキク。草丈が低く、ずんぐりしていて、"達磨《だるま》"を連想する草姿なので。

分類 キク科シオン属

分布 中国地方の日本海側、九州

環境 海岸の岩場

花期 10〜11月

舌状花は青紫色。葉はへら形で表裏に毛がある。高さ20〜40cm

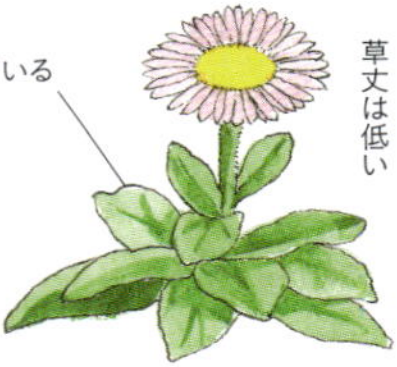

▲ダルマギク

▲達磨(だるま)

達磨《だるま》という人物は、禅宗の始祖。達磨大師とも達磨尊者とも呼ばれる。インドに生まれ、仏教を学び中国に渡る。梁《りょう》の国の武帝の尊崇を受ける。その後、河南省嵩山《こうざん》の少林寺《しょうりんじ》にて修業。この地で、壁に向かって9年間座禅したことが、広く知られている。後世、達磨大師の座禅姿を模した張子の玩具がつくられた。これが子供用から開運の縁起物として広まって、いつしか〝達磨(だるま)〟として庶民に親しまれるようになった。〝達磨〟には顔以外を赤くし、底を重くして、倒しても起き上がる玩具もある。本州の西部の海辺に群生するこのキクの姿を見た命名者は、〝達磨〟を思い浮かべたに違いない。

ダンギク
【段菊】
Caryopteris incana

花が集まって咲く姿を、菊の花と見た。花序は下から上へ“段”になって咲く。

分類 シソ科ダンギク属
分布 対馬、九州北部
環境 日当たりのいい草地
花期 9〜10月

葉の付け根に長さ7mmほどの花がびっしりつく。高さ30〜60cm

ダンギクの花序は、半球状に固まる。雄しべ4本と花柱(雌しべ)が、花筒(花冠《かかん》)から飛び出ている。この咲き方は、ヒゴタイやアザミの花に少し似る。しかし、リュウノウギクのようなキクには似ない。すなわち、筒状花だけのキク科の花に似るので、〝キク〟とつけたというべきであろう。キク科の花では、がくに相当する部分が〝総包片《そうほうへん》〟という小さな葉の集まりになっている。総苞片の有無が、キク科か否かの見分けのポイント。本種の花の基部は、深く5裂したがくがあるだけで、総苞片がなく、キク科ではない。なお、花が団子状に固まるので、〝団菊〟ともいわれるが、段々に咲く〝段〟を支持する。

タンキリマメ【痰切豆】

Rhynchosia volubilis

痰《たん》をとり除くために、全草と莢《さや》を乾かし煎じて飲んだ昔の民間療法による名前。

分類 マメ科タンキリマメ属
分布 東北南部〜沖縄
環境 野山の日当たりのよい草やぶ
花期 7〜9月

花は黄色の蝶形花　(下)秋には、莢が赤くなり、黒くて丸い実が2つ現れる

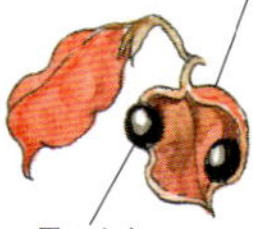

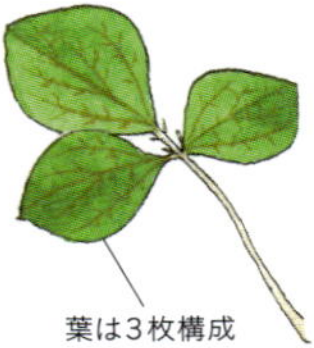

飲むと痰が切れる

タンキリマメの名前は、平安時代の『本草和名《ほんぞうわみょう》』を始め、江戸時代の『多識《たしき》編《へん》』など7文献に登場している。痰切り用の薬草として重用されてきたためと思われる。

ところで、南北朝時代に元の国の陳宗敬が渡来し、外郎《ういろう》(別名透頂香《とうちんこう》)という薬品を小田原で売り出した。これは痰《たん》切りの妙薬であるばかりでなく、口臭除去にも効があり、よく売れた。この外郎売りの所作や口上を雄弁に演じる『外郎売り』が二代目市川団十郎によって江戸時代中期に初演されたほどである。そこで、この痰切りの妙薬にあやかるため、タンキリマメは〝外《うい》郎豆《ろうまめ》〟に改名して売られた。

タ

チカラシバ

【力芝】

別名／道芝

Pennisetum alopecuroides

芝を大形にしたような草で、抜こうとしても、ビクともしない。それで、"力芝"。

分類 イネ科チカラシバ属

分布 日本各地

環境 道端、荒地、土手

花期 8〜11月

チカラシバを縛ったいたずら

花序は試験管を洗うブラシのように見える。高さ30〜90cm

昭和20年代、都市でも大通り以外は、ほとんどの道が舗装されていなかった。郊外に近い道には、農耕用の馬車が走り、道の両側は轍《わだち》の跡で低くなっていた。中央は盛り上がっていて、そこにはチカラシバが必ず生えていた。

このチカラシバの両端の先を縛って、後から来る者の足を捉えて転ばせる遊びがあった。結び目に足をひっかけて転ぶのを、悪童たちは繁みの中から見つめていたというわけだ。誰かがその罠に近づくと、期待で胸をどきどきさせた。しかし、やって来た者が気付き、結び目をまたいで行ったり、罠にかからないと、がっかりした。そんなのどかな遊びだった。

チヂミザサ
【縮み笹】
Oplismenus undulatifolius

葉に横に波打つ"しわ"があるのを織物の"縮《ちぢみ》"に見立てて"縮み笹"。

分類 イネ科チヂミザサ属
分布 北海道〜九州
環境 野山の道端、森のへり、林の中
花期 8〜10月

笹に似た葉は横に波打つ。茎には水平に伸びる毛が多数

果期になると長い刺(芒)から粘液を出して、小穂が人や動物にくっつく。高さ10〜30cm

"縮《ちぢみ》"という織物がある。産地の名前がついた"小千谷《おじや》縮《ちぢみ》"とか"明石縮"とか"岩国縮"などが知られている。縮は、緯《よこ》糸に強い撚糸《ねんし》(より糸)を、経《たて》糸に普通の撚糸を使い、織ってから特殊工程を施して、布面に細かな"しわ"をつくった織物。細かな波状の"しわ"が葉に横並びにあるのを見た命名者は、この縮の布面を連想したと思う。それで、この"しわ"のある葉からチヂミザサと命名した。チヂミザサの名前は、葉の表面の状態を名前にしたもので、命名の仕方としては極めて稀なことである。葉から名前をつける場合、葉の輪郭に似た動物名、植物名、物品名などをつけるのが、一般的といえる。

チャボホトトギス → ホトトギスの仲間(P212)

ツチアケビ
【土木通、土通草】
別名／狐錫杖
Cyrtosia septentrionalis

アケビに似た実が“土”から生える緑葉のない木のようなものにつくのを見て、“土のアケビ”に。

分類 ラン科ツチアケビ属
分布 北海道〜九州
環境 山地の落葉樹林や笹の中など
果期 9〜11月

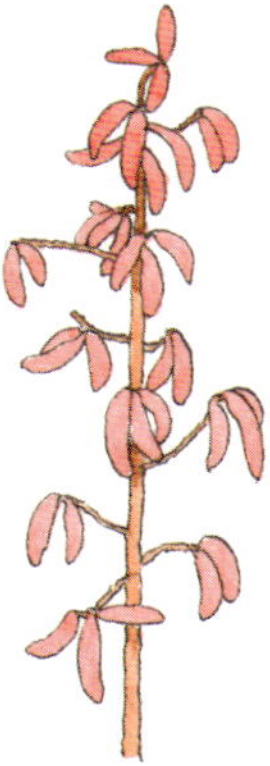
▶実のついたツチアケビ

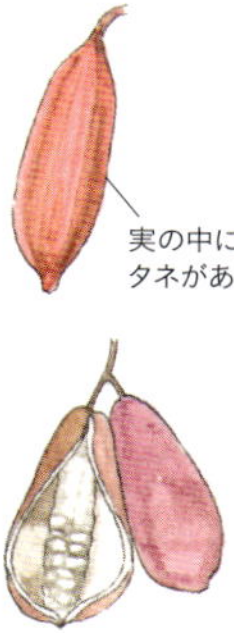

▲アケビの実

秋にウインナーソーセージに似た長さ10cm程の実がつく　(下)花は淡茶色

江戸時代中期の『薬品手引草』や『物《ぶっ》品識名《ぴんしきめい》』に名前が登場するので、遅くとも江戸時代前期以前につけられた名前と考えられる。昔の人は、小さなバナナ形の実を何かにたとえるとしたら、アケビしか思いつかなかったと思える。アケビの名前は漢名(中国名)が〝木通〟という生薬名になっていた。アケビはつる性の木である。しかし、本種は土から生える木のようなものに、アケビに似た形の実がなるので、〝木通〟に〝土〟を加えて〝土木通〟にした。

ところで、アケビは、実が熟すと縦に割れる。この開け実が〝アケビ〟の名前の由来である。〝開け実〟の字にしておけばよかったのだが、中国名の〝木通〟に〝あけみ〟の名前を当てたため〝開け実〟の意味が薄れた。また、〝あけみ〟が語呂のいい〝アケビ〟に転じたと思う。

ツメレンゲ

【爪蓮華】

Orostachys japonicas

葉の形が猛禽《もうきん》類の“爪《つめ》”に似る。葉が多数集合した形は、“蓮《はす》の花（蓮《れん》華《げ》）”を連想させる。

分類 ベンケイソウ科イワレンゲ属
分布 関東～九州
環境 岩山や屋根
花期 9～11月

▲ツメレンゲ

▲蓮華座

（上）花は長い円錐形にぎっしりとつく（中）葉は白っぽいものや赤みのあるものなど、変化が多い　（下）花後の実になった姿

〝ツメ〟は人間の爪《つめ》ではなく、鷲《わし》や鷹《たか》など猛禽《もうきん》類の爪のように細くて尖った爪のこと。庭の雑草にツメクサというのがあるが、この〝ツメ〟も同じく猛禽類の爪を指す。このほか、〝鷹《たか》の爪（唐辛子）〟とか〝鷲掴み〟などの言葉があり、昔の人は鷲や鷹を間近に見ていたと思われる。〝レンゲ〟は蓮《はす》の花のことである。〝レンゲ〟とつく草は、レンゲソウ、レンゲショウウマ、イワレンゲなどと少なくない。

ツ

ツリガネニンジン

【釣鐘人参】

Adenophora triphylla var. *japonica*

花はお寺の"釣鐘"に、根は高麗人参の根に似る。それで、ツリガネニンジン。

分類 キキョウ科 ツリガネニンジン属
分布 北海道～九州
環境 野山の草原や土手
花期 8～10月

ツ

花柱は花から長く突き出る。高さ50～100cm (下)葉は輪生する

昔はお寺の鐘が時を告げた。境内の鐘楼《しょうろう》に吊るされた鐘を梵鐘《ぼんしょう》という。寺院では毎日定まった時間になると、撞《しゅ》木《もく》(突き棒)でこの梵鐘を打ち鳴らした。昔は梵鐘をよく見ていたと思われるので、この花を見たら、梵鐘を思い浮かべたであろう。

なお、江戸時代までは〝人参〟といえば、薬用の高麗人参(朝鮮人参)のことを指し、当時、高麗人参を独占販売する権利を与えられたのが〝人参座〟という組合だった。野菜のニンジンは室町時代に中国から渡来していたが、畑人参、菜人参、セリ人参と呼んだ。

本種の根は細めで小さいが、高麗人参の根に似ているので、〝ニンジン〟がついた。

ツリフネソウ【釣舟草】

Impatiens textorii

花がぶら下がっている姿が花器の〝釣舟〟に似るので、この名前が。

分類 ツリフネソウ科 ツリフネソウ属
分布 北海道～九州
環境 野山の沢沿いや森陰の湿った草むら
花期 7～9月

花の長さは3～4cm。円錐形の部分はがくで、末端が渦巻き状になる

▲ツリフネソウの花

▲釣舟という花器

花器の〝釣舟〟は、〝釣花入れ〟ともいわれ、舟の形をした花入れである。床の間の天井に蛭《ひる》釘をつけ、そこから鎖を垂らしてこの釣舟を吊る。釣舟は金属製、焼き物、竹製などがある。金属製の場合、銅に錫、銀、鉛などを加えた合金の砂張《さはり》の舟花入れが多い。焼き物の場合、楽焼の舟花生《はないけ》などが目につく。竹製の場合は、竹を舟形に切ったもの。節と節との間に花を入れる穴をあけ、片側端を斜めに、反対側端を垂直に切る。短い竹舟花入れを〝沓舟《くつふね》〟といい、朝顔などのつる物が主に生けられた。

本種の花は、細い枝と柄で吊られていて、釣舟の花入れ各種と似る。

ツルアリドオシ

【蔓蟻通し】

Mitchella undulata

"蟻通《ありどお》し"に似た赤い実をつけ、つる性なので"つる蟻通し"とつけた。

分類 アカネ科 ツルアリドオシ属
分布 北海道〜九州
環境 山地の林の中
果期 9〜12月

▲アリドオシ

▲ツルアリドオシ

ツ

茎は地上を這い、赤い実がつく　(下)花の先は4裂しているが、基部は1つ

和紙の本や和紙の契約書などを綴じる時に使ったのが〝千枚通し〟。千枚通しであけた穴にこよりを通して綴じた。アカネ科の常緑小低木のアリドオシには、鋭く長い刺があり、千枚通しのように蟻を突き刺せる。それで、〝蟻通《ありどお》し〟の名前がある。関西では〝蟻通し〟が〝有通し〟に転じ、新年の床の間に万両《まんりょう》の鉢物と本種を飾ると〝万両が有通し〟となる。お目出たい語呂合わせである。このアリドオシに似た赤い実がつくだけで〝蟻通し〟の名前を借用したのが、刺がないつる性の本種。

ツルソバ
【蔓蕎麦】
Persicaria chinensis

暖地の海辺で、つる状の茎を伸ばして広がる。花は〝蕎麦《そば》〟の花に似る。

分類 タデ科イヌタデ属
分布 房総半島以西の本州太平洋側、四国、九州
環境 暖地の海岸に近い林の中など
花期 5～11月

(上)茎はつる状に伸び、枝分かれした先に白い花をつける
(下)葉は楕円形で、長さ5～10cm

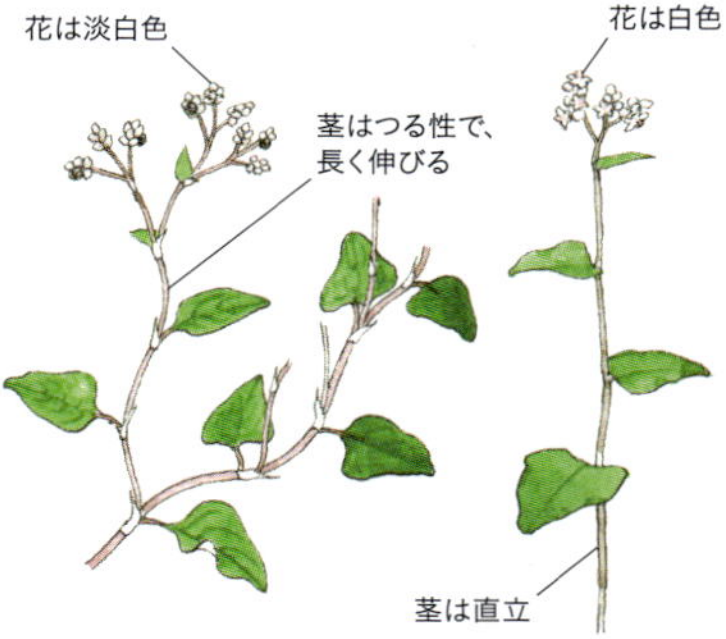

▲ツルソバ　▲ソバ

ソバは、奈良時代以前に中国から朝鮮半島経由で渡来したと考えられている。その当時は、〝曽波牟岐《そばむぎ》〟と表記されていた。〝曽波〟は古語で〝稜《そば》〟のことで、木材の角《かど》などを指す。〝ソバ〟の実に稜があるので、〝曽波〟がついた。〝牟岐〟は、中国名〝蕎麦《きょうばく》〟から影響され、〝麦〟の一種と思われて〝むぎ〟に。その後、曽波牟岐の〝曽波〟の音を中国名〝蕎《きょう》麦《ばく》〟に当てた。それで〝蕎麦〟を〝そば〟というようになった。本種の草姿はソバとは似ないが、白い花(花びら状のがく)だけが似る。

ツルナ

【蔓菜】

Tetragonia tetragonoides

浜辺で"つる"のように分岐して広がる草。葉は食べられるので、"菜"がつく。

分類 ツルナ科ツルナ属
分布 日本各地
環境 海岸の砂地や礫地、草むら
花期 4～11月

葉のつけ根に黄色い小さな花が咲く。花弁状のがくは4～5裂

トランプのスペード形の葉は、厚くて柔らかい。茎に互生し、触るとざらざらしている

〝ツルナ〟の名前は、江戸時代の『大和《やまと》本草《ほんぞう》』ほか2文献に掲載されていて、食用になる菜として知られていた。この〝ツルナ〟は古い時代に〝浜《はま》萵苣《ちさ》（浜ぢしゃ）〟とか〝浜菜〟といわれていて、江戸時代になってから〝蔓菜〟の名前になった。特に、飢饉の時の救荒植物として広められていた草だと思われる。現代の日本では、飢饉は発生しなくなり、救荒植物としての〝ツルナ〟は忘れられている。

なお、キク科の野菜にチサ（チシャ）がある。明治の初年に渡来と書かれている本もあるが、ツルナの名前から考えて、もっと昔に日本に入っていたと思える。

ツルニンジン

【蔓人参】

別名／ジイソブ
Codonopsis lanceolata

茎はつる性。根は太くて、高麗人参(昔は人参といった)の根に似る。

分類 キキョウ科ツルニンジン属
分布 北海道～九州
環境 野山の草やぶや林の中
花期 8～10月

花は白色で、先に紫褐色の斑紋が入る。葉やつるを切ると白い乳液が出る

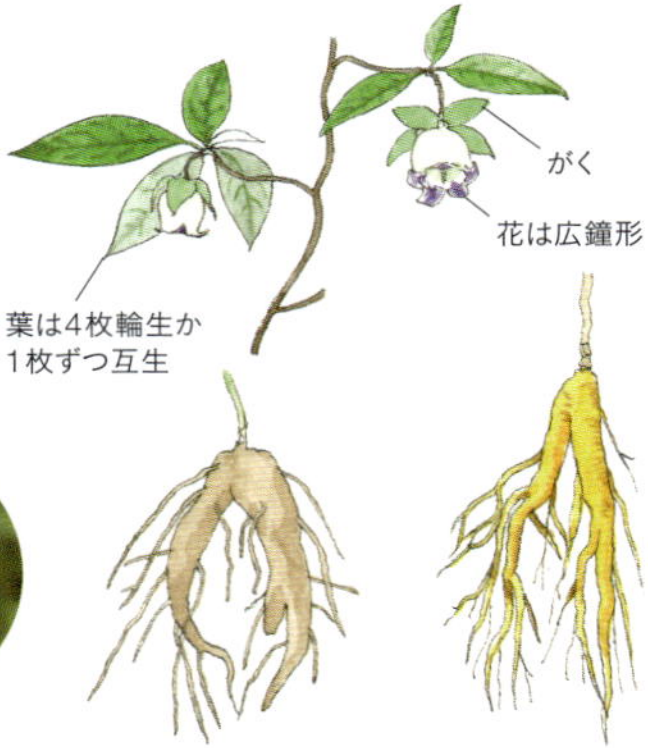

▲ツルニンジンの根　▲ツリガネニンジンの根

江戸時代までは、人参といえば高麗人参を指した。この人参は、奈良時代には朝鮮半島などから薬用として入ってきていた。日本でも栽培を試みたが成功しなかった。後世の江戸時代になると、人参ブームになり、輸入品だけでは不足するようになった。そこで、徳川幕府は国産化をもう一度試みた。朝鮮半島北部の産地の状況や栽培法を調べたかいもあり、栽培は成功した。幕府は栽培者にタネを貸与して、人参を育てさせた。お上からタネを預かるので、御種《おんたね》人参ともいった。なお、根が似ているツルニンジンには、強壮、健胃などの成分はない。

ツ

ツルリンドウ

【蔓竜胆、蔓龍胆】

Tripterospermum japonicum

茎はつる性で、地面を這ったり、ほかの植物にからまる。花はリンドウに似る。

分類 リンドウ科 ツルリンドウ属
分布 北海道〜九州
環境 山地の森の中や林のへり
果期 10〜1月

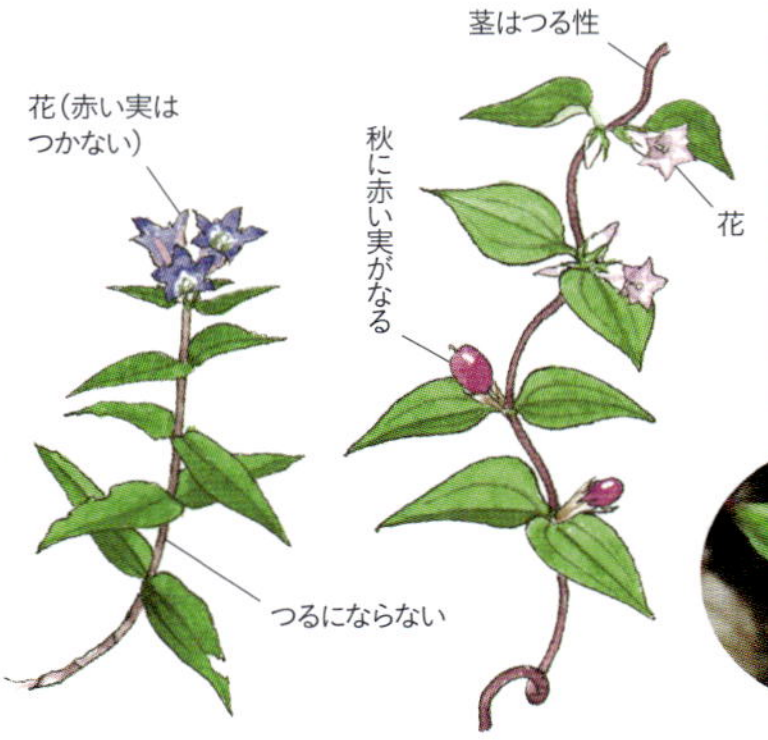

▲リンドウ　▲ツルリンドウ

秋に楕円球形の赤い実がなる (下)トランペット形の花は淡紫色で、先は5裂

ツ

リンドウは、平安時代の『本草和名《ほんぞうわみょう》』や『延喜式《えんぎしき》』を始め、文学作品などにも登場する。リンドウの名前ではなく、〝爾加奈《にがな》〟〝山比古奈《やまひこな》〟〝衣也美久佐《いやみぐさ》〟などの名前で登場した。その後、リンドウの漢名(中国名)が〝龍胆《りゅうたん》〟と分かると、これを音読みし、〝りゅうたん〟と呼ぶようになった。〝りゅうたん〟は〝りんたん〟か〝りゅうどう〟になり、ついに〝りんどう〟になった。本種の名前は、このリンドウの花に似ていてつる性なので、ツルリンドウになった。江戸時代の『物品識名《ぶっぴんしきめい》』『本草綱目啓蒙《ほんぞうこうもくけいもう》』に名前が登場するので、遅くとも江戸時代にはこの名前がついていたといえる。

ツワブキ【石蕗、槖吾】

Farfugium japonicum

葉に艶があるので、"艶《つや》葉《は》"。津（海辺）に生えるので"津《つ》葉《は》"。これらがなまり、"フキ"が加わった。

分類 キク科ツワブキ属
分布 福島および石川以西の本州、四国、九州
環境 海岸の岩上や崖など
花期 10〜12月

頭花は直径約5cm。庭に植えられていることも多い　（下）葉はフキに似る

▲ツワブキの葉　　▲フキの葉

ツワブキの古名に〝艶葉《つやは》〟や〝津葉《つは》〟と関連のある〝都波《つは》〟がある。この〝都波〟にフキの古名の〝布布岐《ふふき》〟が加わって、〝都波布布岐〟。これが簡略化されて〝ツワブキ〟になっていったと考える。

また、ツワブキの古名に〝也末布々岐《やまふふき》〟の名前もある。〝也末〟は〝山〟のことで、〝布々岐〟はフキである。何故〝山〟なのか。フキは里の土手や畑のあぜ道に生え、ツワブキは海辺の高い崖や小高い丘の草むらに生える。フキより険しい場所であるから〝山〟がついたと思う。

なお、〝フキ〟という言葉は、拭き葉（紙の代用）か〝ふふき〟（白髪混じりの意味。フキノトウのタネの白い毛のこと）に由来するかもしれない。

テンニンソウ

【天人草】

Comanthosphace japonica

穂状の蕾は、この世の者でない顔のように見える。それを"天人"に見立てた。

分類 シソ科テンニンソウ属
分布 北海道～九州
環境 山地の林の中や森のへり
花期 9～10月

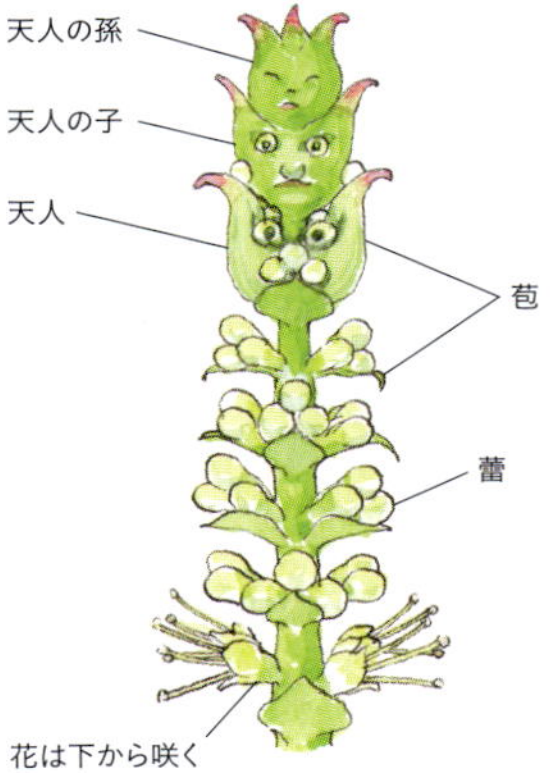

（上）（下）花穂の長さは5～10cmで、下の方から花が咲く。丸囲みの写真は、穂状の蕾

名前の由来が難解な草である。ある本によると、天人とは「天界に住み、羽衣をまとい、華鬘《けまん》をつけ、天花《てんげ》を撒《ま》きちらしながら天空を飛ぶ美女」という。その天人が撒く天花のようなのが蕾についた苞《ほう》とか。この苞は咲くと落ちる。この説については、次のような疑問がある。①美女なら天女草とすべきだ。②苞だけでなく花がらや雄しべも落ち、天花に思えない。それで、私は写真とイラストに示した宇宙人のような顔を〝天人〟と見る。

トウテイラン
【洞庭藍】
Veronica ornata

長い円錐状の穂の下側から咲く。花色は中国の洞庭湖の水色のような"藍《あい》色"。

分類 オオバコ科 クワガタソウ属
分布 近畿から中国地方の日本海側
環境 海辺
花期 8～9月

茎の頂部に多数の花をつける （下）葉は対生し、白い綿毛に覆われる

4弁花に見えるが、基部は1つの合弁花

中国の湖南省にある大きな湖が洞庭湖。日本人には、深い藍《あい》色の水をたたえた湖として知られていた。洞庭湖を実際に見た日本人は、留学僧や貿易商人など、わずかな人々。帰国後、洞庭湖の水は深い藍色で、神秘的だったとか、美しい青紫色だったとか、誇張して述べたかも。それを聞いた本草学者は、この草の花色は洞庭湖の水色と似ているのに違いないと思って、〝トウテイラン〟の名前をつけたと思う。洞庭湖なので、ドウテイランと発音すべきだが、関西の地域によっては、ドウテイランをトウテイランと濁らずに発音する。それで、〝トウテイラン〟に。なお、本種の〝ラン〟は、〝出藍《しゅつらん》の誉《ほまれ》〟の〝藍《らん》〟である。

トキンソウ【頭巾草、吐金草】

別名／ハナヒリグサ
Centipeda minima

頭花を押しつぶすと黄緑色のタネを吐《は》くから"吐金草《ときんそう》"が通説だが、"頭巾《ときん》説"を提唱。

分類 キク科トキンソウ属
分布 日本各地
環境 市街地の道端、庭、畑のあぜ道、荒地など
花期 7～10月

〝吐金草《ときんそう》〟の名前は、吐金草の文字をまず考えて、球形の花（頭花）を押しつぶすと、黄緑色のタネが出てくるのを、〝金を吐《は》く〟にこじつけてつけたように思える。私は球形の頭花が、修験者（山伏）の前頭部につける黒い頭巾《ずきん》（頭巾《ときん》）に似ていると思う。名前はこの〝頭巾《ときん》〟からと考える。

▲山伏

葉のつけ根に直径約4mmの頭花がつく

ト

トクサ【木賊、砥草】

Equisetum hyemale

木材や金属を磨《みが》くための"砥ぎ草"が縮まり"トクサ"の名前になった。

分類 トクサ科トクサ属
分布 北海道～中部地方
環境 日当たりのいい湿地

金属を光らせるためとか、木材の角《かど》に丸みをつけるために、トクサが使われた。磨《みが》くとか擦《こす》るなど砥ぐために使われたので、〝砥《と》ぎ草《ぐさ》〟であった。それが短縮して〝砥草《とくさ》〟になった。その後、中国名が〝木賊《もくぞく》〟であることが分かり、以降はトクサのことを〝木賊〟と書くようになった。

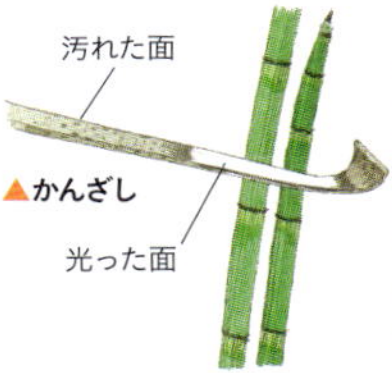

▲かんざし
▲トクサ

シダの仲間。茎に浅い縦溝が多数、節に鞘（さや）あり

トサジョウロウホトトギス → ホトトギスの仲間（P213）

コラム

トリカブトの名前がつく植物

トリカブトとレイジンソウ。どちらの名前も雅楽（舞楽）の奏者が名の由来に関係ある。

レイジンソウ（P252）

ヤマトリカブト（P240）

トリカブトの名前の由来　雅楽の奏者は錦製の鳳凰をかたどった冠《かんむり》をつける。これを〝鳥兜《とりかぶと》〟という。花の形が、この鳥兜に似るので、トリカブトの名前がついた。この名前は江戸時代に確立し、平安時代では、〝於宇《おう》〟といっていた。毒草であるが、地下の塊根は強心剤や鎮痛薬の原料になっていた。この塊根は1年ごとに母根から子根へ入れ替わった。母根を漢名の〝烏頭《うず》〟といい、子根は〝附子《ぶす》〟という。

レイジンソウの名前の由来　雅楽の奏者を〝伶人《れいじん》〟という。伶人は鳥兜をつけていた。花の形が、細身の鳥兜に似ていたので、〝伶人草〟といった。

トリカブトとレイジンソウの花の構造　鳥兜形の花は、5枚のがく片で構成されている。上のがく片は僧帽形である。その下に、円形の側がく片が2枚向い合わせにつき、一番下に2枚の細長い下がく片がある。がく片の内側に〝くぎ抜きトンカチ〟が2つある。これが花弁である。花弁の内、渦巻形になっているのが距《きょ》で、距の中に蜜がある。

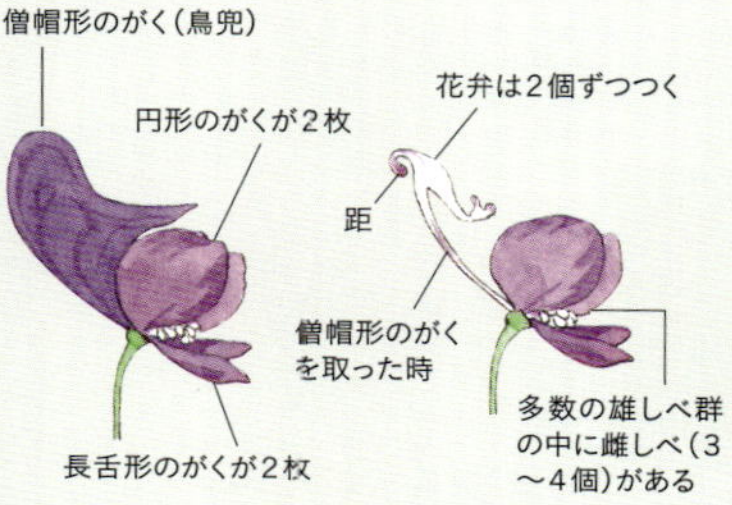

ヤマトリカブト

ナカガワノギク【那賀川野菊】

Chrysanthemum yoshinaganthum

徳島の“那賀川《なかがわ》”流域だけに自生。花はノジギクなど“野菊”に似る。

分類　キク科キク属
分布　徳島の那賀川
環境　中流の岸辺
花期　10〜12月

徳島県の南側を西から東へ流れる大きな川が〝那賀川《なかがわ》〟。ここで吉永虎馬が発見し、牧野富太郎が学名をつけた。主な自生地は、那賀川中流の岸辺である。分布域は狭い。近接地にワジキギクというナカガワノギクとシマカンギクの自然交雑種が自生する。しかし、本種は交雑種でない。

くさび形
花びら(舌状花)は白色
枝分かれが多い
斜め上に立ち上がる

白色の舌状花は20枚前後

ナ

ナガボノシロワレモコウ【長穂の白吾木香、長穂の白割木瓜】

Sanguisorba tenuifolia

ワレモコウに似るが、花穂はより長く、花は白色。それで、この名前に。

分類　バラ科ワレモコウ属
分布　北海道〜九州
環境　山地の湿った草原
花期　8〜10月

〝ワレモコウ〟の漢字は、多くの本で吾木香(我木香)。インド産の香木(芳香性生薬)の〝木香《もっこう》〟の名前を使っている。ところが、ワレモコウに芳香がないので、〝木香〟は不適切。明治以降の文学作品に出ていた〝吾亦紅〟もいいが、ワレモコウ(P254)で紹介した〝割木瓜〟と思う。

花穂の先端から咲き始める
花穂は下へ垂れる

小さな花が多数集合して穂になっている

ナギナタコウジュ【薙刀香薷】

Elsholtzia ciliata

花のつき方や花穂の形が、"薙刀《なぎなた》"の刃先を思わせる。また、中国の生薬"香薷《こうじゅ》"に似る。

分類 シソ科 ナギナタコウジュ属
分布 北海道～九州
環境 野山の草むら、道端、土手など
花期 9～10月

花は一定方向に向く

弓なりの花穂の片側だけに花がつく

槍《やり》や鉾《ほこ》は人を刺し突くのが目的の武器である。薙刀《なぎなた》は両手で持ち、人を薙《な》ぎ斬るのが目的の武器。薙ぎ斬る刀が縮まって、〝薙刀〟になった。薙刀は平安時代末期から普及し、身分の低い徒歩兵に用いられた。敏速に操作できないが、敵の刃より離れた位置から攻撃できる長所があった。

ナキリスゲ【菜切菅】

Carex lenta

硬い葉で、軟らかな菜を切ることができそうだと思える秋咲きの"スゲ"。

分類 カヤツリグサ科スゲ属
分布 茨城・富山以西の本州、四国、九州
環境 野山の林の中や森のへり
花期 8～10月

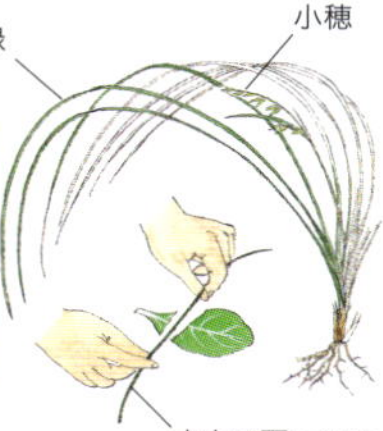
葉は常緑
丈夫で硬いので、菜が切れそう

葉は幅2～3mm、長さ約30cmで細長い

古名が〝巌菅《いわおすげ》〟。葉の硬さを岩にたとえた名であろうか。葉が硬いので、菜を切るのに用いたと書かれた書物もある。しかし、煮た軟らかい菜でも、この葉で実際に切るのは難しい。菜を切ることができるほど硬いという意味である。なお、菜切り庖丁は幅広く薄刃で、先が尖らない。

ナベナ

【山芹菜、鍋菜】

Dipsacus japonicus

炭焼き窯の近辺に多く自生し、その若葉を摘んで、“鍋”で煮て食べたらしい。

分類 スイカズラ科ナベナ属
分布 本州、四国、九州
環境 山地の湿った草むら
花期 8～9月

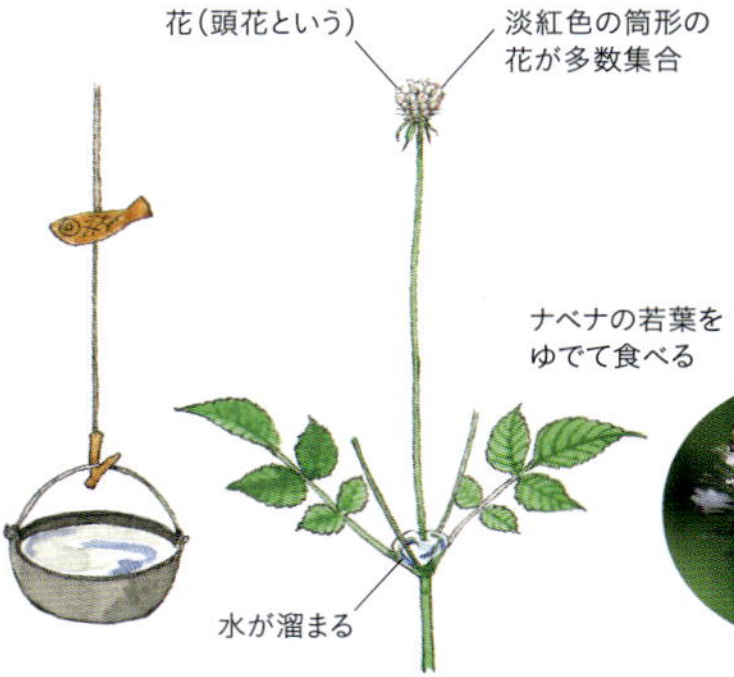

小さな花が集合して、大きな1つの頭花になる。高さ1m以上

江戸時代末期の『本草綱目啓蒙《ほんぞうこうもくけいもう》』の中で、〝山芹菜〟を〝ナベナ〟と読ませている。ナベナの漢字は、〝山芹菜〟のほかに、〝鍋菜〟が考えられるが、この字を書いた資料は見つからない。ナベナの料理についての文献もない。このことから、ナベナは一般の人には知られていない草であったと思われる。しかし、名前に〝ナ〟がついている。これは〝菜〟のことで、食用になることを示している。一般の人向けでなく、限られた人たちの食用になっていたと推定できる。なお、ナベナは生薬名を〝和《わ》続《ぞく》断《だん》〟といい、本草学者に知られていた草。日本産の〝続断〟のことで、腰痛やはれもの痛に薬効がある。

ナンテンハギ

【南天萩】

別名／小豆菜、二葉萩、谷渡し

Vicia unijuga

葉の形が"南天"に、花は"萩"に似ている。それで"南天萩"。

分類 マメ科ソラマメ属

分布 北海道～九州

環境 野山の草やぶ、道端、土手など

花期 6～10月

紅紫色の蝶形花を、数個から15個つける。高さ40～90cm

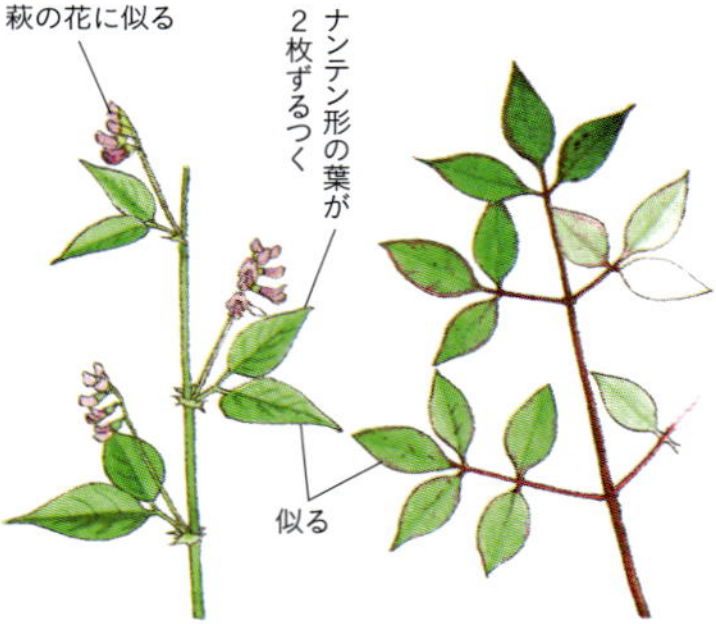

▲ナンテンハギ　▲ナンテン

山里では、普通に食べられている山菜である。ゆでると小豆《あずき》を煮た時のような匂いがするので、〝小豆菜〟とか〝アズキッ葉〟として親しまれている。ナンテンハギといっても、山里では通用しないことが多い草でもある。

山菜というと、タラノメ、ウド、ワラビ、ゼンマイなどが〝大看板〟であるが、ナンテンハギも旨い。葉や茎は、おひたし、油いため、ゆでて和え物、揚げ物にしていける。花をごく短くゆでて三杯酢で食べると乙な味がする。なお、この草は中国名を〝歪頭菜《わいとうさい》〟という。大仰な名前だが、菜がつくので中国でも食用になっている。

Aeginetia indica

【南蛮煙管】

ナンバンギセル

花と草姿は、南蛮《なんばん》人がタバコを喫うパイプ（煙管《きせる》）に似る。

分類 ハマウツボ科ナンバンギセル属
分布 日本各地
環境 草原や森のへりで、ススキ、ミョウガなどの根に寄生する
花期 7〜9月

17〜18世紀に欧州で使われた陶製のパイプ
クレイ・パイプ

▲南蛮人（ポルトガル人など）

奈良から室町時代までは、"思い草"の名前だった。高さ10〜20cm

〝南蛮《なんばん》〟とは、古代中国の中華思想に基づく言葉。黄河の中・下流域を中心にして、東西南北の地域に居住する異民族を東夷《とうい》、西戎《せいじゅう》、南蛮《なんばん》、北狄《ほくてき》と呼んで、蔑んだ。中国では〝南蛮〟はインドネシアを始めとする諸国を指した。日本でも、南方から渡来したポルトガル人とスペイン人を南蛮人といった。日本へタバコが伝来したのは、1542年。その後、スペイン人宣教師が、徳川家康にタバコを献じ、急速に普及した。この頃の南蛮人がタバコを吹かすクレイ・パイプ（陶器製のパイプ）が、ナンバンギセルに似ているので、この名前がついた。

ナンバンハコベ【南蛮繁縷】

Silene baccifera

花は“ハコベ”の花を大きく伸ばしたよう。草姿が異国風なので、“南《なん》蛮《ばん》”がついた。

分類 ナデシコ科マンテマ属
分布 北海道～九州
環境 野山の草やぶ、林のへりなど
花期 6～10月

花は白色。5枚の花びらの先は2つに分岐する

実は球形。熟すと黒くなる

“南蛮《なんばん》”という言葉は、日本ではポルトガルやスペインを指すことが多いが、この“南蛮”は、珍奇な物や異国風の物という意味で使われている。本種は日本在来の草でありながら、細長い花弁やつる状の茎、黒く丸い実などが異国の草のように見え、“南蛮”という言葉がついた。

ヌカキビ【糠黍】

Panicum bisulcatum

“ヌカ”は“細かい”の意味。“キビ”に似るけど、花や草姿が細かい草。

分類 イネ科キビ属
分布 北海道～九州
環境 道路脇、土手
花期 7～10月

側枝の先は下へ垂れる。高さ30～90cm

“ヌカ”は、玄米を精白する時に米の皮や外胚乳などが粉になった、ぬか味噌の“糠《ぬか》”ではない。ぬかのように“細かい”という意味で使った言葉。ヌカキビは、“キビ”に比べて糠のように細かいことを表わす。キビはインド原産。古い時代に日本へ渡来した重要な食物であった。

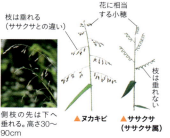

ヌスビトハギ

【盗人萩】

Hylodesmum podocarpum ssp. oxyphyllum

分類 マメ科ヌスビトハギ属
分布 日本各地
環境 野山の草むら、道端、森陰など
果期 8～10月

昔の盗人は、人にそっと取りつき金や命を奪った。この実《み》もそっと人の服につく。

茎の上部で細くて長い枝を出し、花がまばらに多数つく　（下）節果

ヌスビトハギの仲間の実は、くびれがあるので、節果《せっか》という。この節果には、かぎ形の毛が密生しているため、そばを通ると、動物の体や服のあちこちにその節果がつく。知らぬうちに節果がくっつくことが、昔の盗人が目星をつけた人に取りつくことに似ているので、〝盗人〟の名前をつけた。そして、花が〝萩〟に似るので、〝萩〟を加えた。

〝盗人〟の名前の由来については、もう1つの説がある。節果をよく見ると盗人の足跡と似ている。金品をつつんだ大風呂敷を背負い、抜き足、差し足、忍び足で歩く。盗人は足袋を覆いている。つま先で歩くので、この節果とそっくりの足跡になる。

ネコハギ【猫萩、寝子萩】

Lespedeza pilosa

茎や葉にある毛と花弁の赤斑から猫を連想したか。イヌハギに対してネコハギか。

分類 マメ科ハギ属
分布 本州、四国、九州
環境 野山の土手、道端、草原
花期 7〜9月

茎の所々に、白いマメ科特有の蝶形花をつける。茎や葉に軟毛が多い

小葉が3枚セットで1枚の葉
葉は丸みがあり、へりに毛が多い

▲猫

茎、丸い葉、がくに黄褐色の毛が目立つ。花の旗弁《きべん》(正面上の大きな花弁)の中央基部に赤色斑がある。これらから、猫を連想して〝猫萩〟になったという、第1の説。イヌハギという小低木も黄褐色の毛が密生する。このイヌハギは閉鎖花が多く、花は美しく咲かない。それで、ハギではない〝否〟という意味の〝イヌ〟がつけられたが、〝犬萩〟と思った人がいて、この〝犬萩〟に似た毛が密生する萩を、〝猫萩〟とした第2の説。ネコハギの〝ネコ〟は〝猫〟でよいのか考えてみた。猫は、寝ていることが多く、〝寝子〟が語源である。ネコハギは地を這うように伸びており、草姿は寝ころんでいる。〝寝子萩〟といえる。それが、〝猫萩〟に変わったために語源が分からなくなったのではあるまいか。私は、この第3の説と思う。

ネナシカズラ
【根無葛】
Cuscuta japonica

被寄生植物に寄生根を差し込むと、その下のつるは枯れて消え、"根無し"になる。

分類 ヒルガオ科 ネナシカズラ属
分布 日本各地
環境 野山の土手、畑のあぜ道、道端など
花期 8〜10月

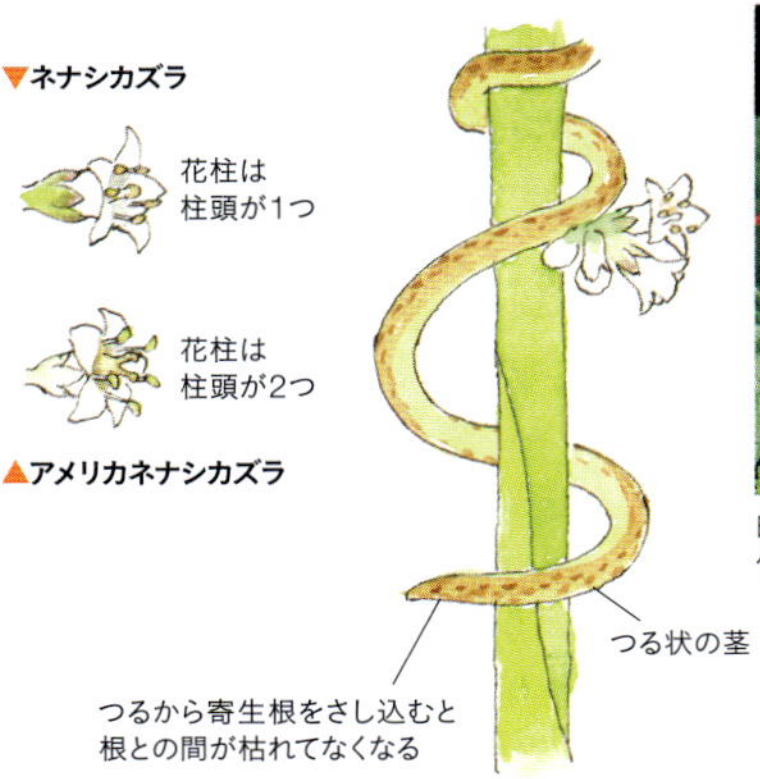

白っぽい小さな花を多数つける。葉は退化して、普通の緑葉はない

秋になると実《み》(蒴果《さくか》)が熟し、実のふたがとれる。中の茶色いタネが地面に落ちる。春になると、タネが発芽し、つるを伸ばす。寄生しようとする植物が定まると、その植物にからまる。からまった時、つるについた突起(寄生根)を被寄生植物に入れる。寄生根を入れた少し下から下部のつるは、枯れてなくなる。根も消えてしまう。つるは、どんどん伸びていく。つるは〝葛(蔓)〟というので、〝根無葛〟の名前がついた。

このネナシカズラは、平安時代の『延喜式《えんぎしき》』や『本草和名《ほんぞうわみょう》』に登場し、〝禰奈《ねな》之久佐《しぐさ》〟などの名前で呼ばれていたようである。その後も数多くの文献に掲載されているのは、畑の害草としての啓蒙のためと、薬草に利用されていたためである。生薬名を〝菟糸子《としし》〟といい、乾燥させたタネの薬効は、強壮である。

ノコンギク【野紺菊】

Aster microcephalus var. *ovatus*

花の色は、淡い紺色から濃い紺色まである。だから、"野紺菊"。

葉は茎に互生し、両面がざらつく。根生葉は花の頃に枯れる

頭花は直径約2.5cmで、淡紫色の舌状花と中央の黄色い筒状花で構成。高さ40～100cm

秋の野菊の代表が、このノコンギク。本州、四国、九州の野山で最も目につく野菊である。深山や高山には自生がなく、野原や丘に多く見られるので〝野〟がついた。

〝紺〟は青と紫が合わさった色である。紺屋《こうや》(こんやともいう)という染物屋があるくらいだから、紺という色はよく知られていたと思われる。紺屋は藍を使って糸や布を染める職人であったが、後には染物屋といえば紺屋というようになった。紺屋は、庶民の生活にも密接なつながりがあったことは、この言葉を題材にした〝紺屋《こうや》の白袴《しろばかま》〟〝紺屋《こうや》のあさって〟などの諺があることで分

分類 キク科シオン属
分布 本州、四国、九州
環境 野山の草原、土手、道脇
花期 8～11月
仲間 花色が濃紺色の品種を園芸界ではコンギク（紺菊）という。また、オビトケコンギクとかチョクザキヨメナとかスプーンギクなど諸名で呼ばれている品種は、ノコンギクの変化花で、舌状花が筒や管に変化した花。

類似種との見分け方
ノコンギク

コンギク

エゾノコンギク

かる。

　さらに、江戸川柳もある。

「無駄足を一日おきに紺屋させ」。これは、催促にきたお客さんへ「あさってできます」と約束して、あさってになってもでき上がっていない。再び、「あさっては必ず」といってもまだできないことを「紺屋させ」と表現した。

　さて、"菊"の語源については諸説あるが、次の説を支持する。

　中国の『本草綱目《ほんぞうこうもく》』（1578年、明《みん》の李時珍《りーじちん》）によると「菊は蘜《きく》と書き、鞠《きく》と同じ。鞠は窮《きゅう》の意。九月に咲く。九は陽の数の最後。窮極の華だから菊」という。

ノジギク【野路菊】

Chrysanthemum japonense

海岸に自生するキクなのに“野路菊”。単に内陸の野路に咲く菊を見て命名か。

分類 キク科キク属
分布 四国南部と九州東部の太平洋側、四国・中国・兵庫の瀬戸内海側
環境 海岸の崖や斜面
花期 10〜12月

白色の舌状花は25〜30枚くらい。高さ50〜100cm

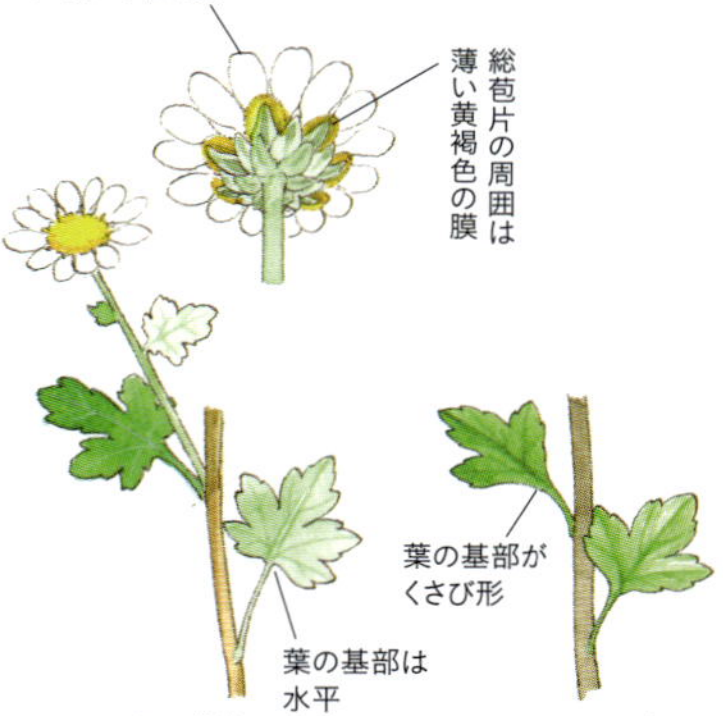

キクの仲間の中には、自生環境の一部を名前につけたものが少なくない。海辺に自生するキクに、ハマベノギク、コハマギク、ハマギクと〝浜〟がつく。イソギクには〝磯〟、シオギクに〝潮《しお》〟がつく。

ところが、ノジギクの〝野路〟は主な自生環境を表わしていない。このキクは、高知、大分、宮崎、鹿児島の諸県の太平洋側の海岸と、兵庫、広島、山口、愛媛の諸県の瀬戸内海に面した海岸とに自生する。したがって〝西の浜菊〟とでも命名すべきであった。ところが、野路菊とついてしまったために、自生地が誤解されやすくなった。これと同じ例に、海辺に自生しないシマカンギクがある。

ノダケ【野竹】

Angelica decursiva

茎は枝分かれしないことが多く、茎につく葉は少ない。この草姿を"野原の竹"に見立てた。

分類 セリ科シシウド属
分布 関東〜九州
環境 山地の草原や林のへり
花期 9〜11月

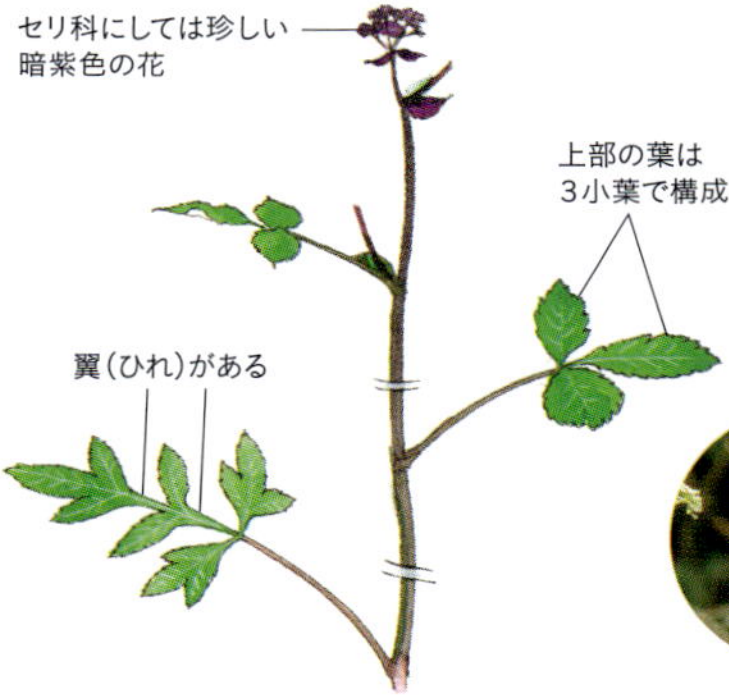

花序は傘形。高さ80〜150cm　（下）葉柄の基部は膨らんで袋状

奈良時代から薬草として知られていた。古名は〃宇多奈《うだな》〃とか〃乃世利《のせり》〃。平安時代や室町時代の文献にも掲載されていることから、引き続き薬草として利用されてきたとみられる。生薬としての漢名は〃土当帰《どとうき》〃と〃前胡《ぜんこ》〃など。江戸時代の文献にも多く登場し、さらに生薬として利用され続けていたと思われる。『草木図説《そうもくずせつ》』に〃ノダケ〃の名前で掲載されて、江戸時代に名前が確立したと思える。古くから薬草（解熱、鎮咳、去痰などに薬効）として利用されていた草なのに、名前が生薬名になるとか、薬効に関係ある名前とかに名付けられなかったのが不思議である。しかも〃野竹〃という平凡な名前に落ち着いた。

ノハラアザミ

【野原薊】 *Cirsium oligophyllum*

秋の野原に咲き、あまり枝分かれせず、根元の葉がしっかり残るアザミは〝野《の》原薊《はらあざみ》〟だけ。

分類 キク科アザミ属
分布 東北～中部地方
環境 山地の草原や日当たりのいい斜面
花期 8～10月

根生葉は花期にも残るのが特徴。総苞にはクモ毛がある。高さ60～100cm

茎の上部は枝分かれするが、中間から下は枝分かれしない
根から伸びた葉。花期にも葉はある

〝野《の》原薊《はらあざみ》〟と〝野薊〟とはよく似た名前である。しかし、いくつかの点で異なる。〝野薊〟は初夏に咲き、〝野原薊〟は秋に咲く。〝野薊〟の総苞《そうほう》(花の下のがくに相当する部分)は球形で、触るとネバネバする。総苞がねばることが特徴。一方〝野原薊〟は、花期になっても根元から伸びた葉(中央の脈が暗赤色)がしっかりしている。

〝アザミ〟の語源には諸説あり、驚くという意味の〝あさむ〟の連用形〝あさみ〟からきたとか、〝あざむく(欺く)〟が〝あざみ〟になったという考えなどがある。いずれも美しい花だと思って近寄ると、鋭い刺に驚いたり、刺に欺かれたということか。しかし、どれも支持できるほどの説得力がない。

ハキダメギク

【掃溜菊】

Galinsoga quadriradiata

ごみを掃き捨て、溜めて置く場所に生えることが多い。花は小さいが菊の仲間。

分類 キク科コゴメギク属
分布 北米原産。日本各地に広く野生化
環境 市街地の道端、庭、土手
花期 6〜11月

頭花は直径5mmほど。5枚ある白色の舌状花は、へりが3裂する。葉や茎に剛毛がある

窒素分の多いごみ捨て場や畑の脇で見かける。高さは15〜40cm

現在では、清掃車が毎週巡回し、ごみを回収する。しかし戦前は、清掃車が来ない場所、来たり来なかったりの場所などではごみの集積地が必要であった。どこからか集まってきたごみが小さな山のようになっていった。このような場所を〝掃き溜め〟といい、見渡すとたいてい本種が生えていて、〝掃溜菊〟という名前がついた。

この哀れな名前をつけたのが、牧野富太郎と伝えられている。ちょうどその頃、北村四郎博士は、この草を神戸市で採集した。そして、この草を〝コゴメギク〟と報告した。舌状花《ぜつじょうか》の形状が、ミヤマコゴメグサなどの高山植物に似ていたからである。この名前の方がハキダメギクより数段と適切な名前であると思ったが、残念なことにすでにコゴメギクという仲間があった。

コラム

ハグマの名前がつく植物

ハグマは"白熊"と書く。白熊とはヤクという牛に似た動物の尾の毛のこと。毛を采配や払子に利用した。

エンシュウハグマ(P65)

ナガバハグマ

モミジハグマ(P65)

ヤクとは、ネパールやチベットの高地（海抜4000m以上）に生息する毛の長い動物。このヤクの尾を、武将の采配《さいはい》や、僧侶の払子《ほっす》に加工した。また、長い毛を黒色、赤色、白色に染め、槍、兜、旗の飾りとした。これらを"白熊《はぐま》"と称した。

キク科の花の中には、花びら（舌《ぜっ》状《じょう》花《か》）が長くて、よれていて、白熊に似ているものがある。これらに"白熊"の名前をつけた。静岡県西部の遠州に自生するからエンシュウハグマ。深い切れ込みのあるモミジ葉のつくモミジハグマ。モミジハグマより深山に生え、葉の切れ込みの浅いオクモミジハグマ。琉球産で葉が長いナガバハグマ。屋久島産で葉が細いホソバハグマ。

▶払子（ほっす）

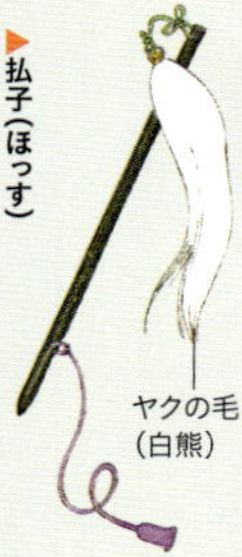

▼ヤク

◀エンシュウハグマ

ハグロソウ

【葉黒草】

Peristrophe japonica var. *subrotunda*

"お歯黒"や"羽黒山"を連想したいが、単に葉が暗緑色だから"葉黒草"。

分類 キツネノマゴ科 ハグロソウ属
分布 東北南部～九州
環境 山地の林の中
花期 9～10月

花は淡紅色で、唇形。上唇も下唇も反転し、基部には濃斑点がある。高さは20～40cm

葉は黒っぽく、長さ5～8cmで、茎に対生する。茎は四角形である

"お歯黒"は平安時代に上流階級の婦人の間で広まり、公卿(男性)にも行なうようになった。室町時代には、成年の印として少女にも行ない、江戸時代では、既婚女性すべてがお歯黒をした。お歯黒は、茶や酢に鉄をつけて酸化させ、それに五倍子《ふし》の粉を入れて歯にぬる。五倍子はヌルデの若葉に虫がついてできる紡錘形の虫こぶのこと。これを粉にしたものも五倍子と呼ぶ。なお、ヌルデの五倍子は少量しかとれず、上流階級用であった。庶民のお歯黒には、早春に黄花を簪《かんざし》状につけるキフジ(木五倍子《きぶし》)の雌木につく黄色い実(黒色の染料になる)を代用した。

"ハグロ"というと出羽三山の1つ羽黒山が思い浮かぶ。出羽三山の開祖と伝えられる蜂子皇子を、この山に案内したのが烏《からす》。この羽色に基づき、羽黒山。

ハダカホオズキ【裸酸漿、裸鬼灯】

Tubocapsicum anomalum

ホオズキと異なり、実はがくに覆われない。それで、〝裸酸漿《はだかほおずき》〟。

分類 ナス科 ハダカホオズキ属
分布 本州〜沖縄
環境 山地の沢沿い
花期 8〜9月

実は直径1cm弱の球形で、緑色から赤色に熟す
(下)ホオズキの実

ホオズキは、古代に中国から渡来し、奈良時代には〝赤加賀智《あかがち》〟など、平安時代では〝奴加豆支《ぬかずき》〟、その後〝保保都岐《ほほずき》〟の名前に変わった。なぜ、現在のホオズキと同音の〝保保都岐〟になったか、次の3説が知られている。①ホオズキのタネをとり出し、少女たちが口の中でキュウッ、キュウッと鳴らし、頬を突くから。②ホホという虫(カメムシの仲間)がつきやすいから。③赤い実を〝火付《ほっ》き〟というから。

なお、ホオズキの名前は、奈良〜江戸時代の多数の文献に掲載されている。薬用(鎮咳、利尿)だけでなく、実を玩具や食用、切り花などに利用したからであろう。さて、秋の山でハダカホオズキの実に出合った人は、本種ががくという衣につつまれていないホオズキに見えた。だから、〝裸ホオズキ〟。

ハナタデ

【花蓼】

Persicaria posumbu

ハナタデの“ハナ”が“花”とすれば、漢字で“花蓼”。実際の花は、名前負け。

分類 タデ科イヌタデ属
分布 日本各地
環境 林の中や森のへり、山里の道端
花期 8～10月

▲イヌタデ　▲ハナタデ

花軸には2～3個ずつ花が固まってつく。葉先はくびれるように細まる

イヌタデに似た草で、秋咲きである。花は小さく、花弁状のがくが深く5裂。がくの先は紅色に染まっている。サクラタデに比べて、地味な花だというのに、名前に“花”がついた。命名者は、なぜ“花”をつけたかを考えてみた。

第1に、花以外の言葉が思いつかず、やむをえず“ハナタデ”と安易な名前をつけてしまった。

第2は、花つきがまばらなことによる。花と花との間にスペースがあり、“離《はな》れ蓼《たで》”が簡略化されて“ハナタデ”に。この第2の説は、こじつけ的で取り下げたい。

一方、第1説の“適当な言葉”が思いつかなかったというのは現実にありそうだ。こちらの説を提唱する。

 ハナイソギク → イソギク（P30）

ハナワラビの仲間
【花蕨】
Botrychium spp.

胞子葉を"花"にたとえ、"ワラビ"を"シダ"の意味で使った。

概要
ハナヤスリ科ハナワラビ属。シダの仲間。栄養葉のほかに胞子葉が出る。数の子状の細かな胞子嚢が多数集合し、これを花に見立てた。

オオハナワラビ。シダの仲間だが、胞子葉が花に見える

▲ハナワラビの仲間の葉
（フユノハナワラビ）

コバノイシカグマ科のワラビの葉は、3回分裂した細かな羽片（小葉）たちで構成される。葉全体の形状は卵形である。一方、ハナワラビの仲間は主の枝（葉軸）が3つに分岐し、全体の形は五角形である。ワラビの葉とハナワラビの仲間の葉を比べても、あまり似ていない。同じくシダの仲間のコウヤワラビも、〝ワラビ〟の名前がついているが、1回だけ枝分かれする葉でワラビの葉に似ていない。葉がワラビに似ているかどうかでつけた言葉ではなく、〝ワラビ〟を〝シダ〟という意味で使ったのであろう。〝ハナ〟は胞子葉を花にたとえた言葉である。美しくはないが、花に見えないこともない。

アカハナワラビ【赤花蕨】

B. nipponicum

東北南部～九州の山地の林のへりなどに自生。西日本には少ない。

冬に葉のすべてが赤銅色に紅葉するので、〝アカ〟がつく。

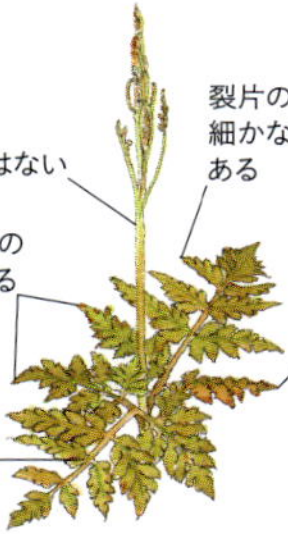
裂片のへりに細かな鋸歯がある
茎に毛はない
頂裂片の先が尖る
冬、日に当たると葉全体が赤みを帯びる
葉柄・葉軸に毛はない

葉が赤銅色に紅葉する。葉柄などに毛はない

オオハナワラビ【大花蕨】

B. japonicum

本州、四国、九州の山地の林の中に自生。秋に栄養葉のほかに胞子葉が出る。

草姿が大形なので、〝オオ〟がつく。

頂裂片の先は尖る
葉軸に毛がある

葉先は尖る。葉柄などに毛がある

フユノハナワラビ【冬の花蕨】

B. ternatum

本州、四国、九州の日当たりのいい草原や林の中に自生。秋に1枚の葉を展開する。

秋から冬に栄養葉を展開し、胞子葉を伸ばすので、〝フユ〟がつく。

頂裂片の先は尖らない
茎に毛がない
葉柄・葉軸に毛はない

ほかの2種と異なり、裂片の先が尖らない

ハバヤマボクチ
【葉場山火口】
Synurus excelsus

屋根葺き用の茅を育てる山(葉《は》場《ば》山《やま》)には、火《ひ》熾《おこ》し(火《ほ》口《くち》)用の草が自生した。

分類 キク科ヤマボクチ属
分布 東北南部～九州
環境 草山や土手
花期 9～10月

茅葺き屋根用に刈る

(上)アザミ類に似た大きな頭花を茎の頂部につける (下)オヤマボクチと違い、葉の基部は横に張り出す

昔の農村では茅葺き屋根が多く、屋根葺き材料を確保するために、ススキだけを育てた木の繁らない草山を大切にしていた。この草山を名付けて、〝葉《は》場《ば》山《やま》〟とか〝御《お》山《やま》〟といった。このススキ山によく出現するのが、ハバヤマボクチとオヤマボクチ。タネが風に乗って、やって来たと推定される。ハバヤマボクチの葉の裏は白い毛に覆われる。葉を乾かして、石臼でひく。それを篩《ふるい》にかけ、白い綿毛だけを集める。その白い綿毛を火《ひ》熾《おこ》しに利用した。

ハマエノコロ

【浜狗尾草】

Setaria viridis var. *pachystachys*

エノコグサの仲間で、“浜辺”に自生する草。

分類 イネ科エノコログサ属
分布 日本各地
環境 浜辺の岩溝など
花期 8〜10月

海岸の岩の割れ目や礫地で見かける。根元から枝分かれし、穂は垂れない。高さ5〜20cm

穂は長さ1〜4cmで、エノコログサより短い。葉は細長い線形で、茎に互生する

本種の〝ハマ〟は〝浜〟のこと。浜辺とか海浜に自生するエノコログサの変種である。浜辺に自生することによって、花序は太い長楕円形になった。さらに、海辺の強い風のためか、背丈が低くなった。こんなハマエノコロに惚れ込んで、これのタネを自宅の庭に蒔いた人がいた。発芽した苗は、だんだんと普通のエノコログサになっていった。ハマエノコロは、自生環境の変化によるエノコログサの一時的な変化であることが分かった。

なお、エノコロは〝狗尾草〟と書く。子犬の尻尾とエノコログサの花穂とが似ていることから名前がついた。なお、地方によっては〝猫尾〟とか〝猫じゃらし〟のように〝猫〟が登場する。

ハマギク【浜菊】

Nipponanthemum nipponicum

内陸部に自生せず、浜辺に自生するので“浜菊”。

分類 キク科ハマギク属
分布 青森～茨城の太平洋側
環境 海岸の岩場や砂地
花期 9～11月

花は白色で直径6cm程。葉は長楕円形で肉厚。高さ50～80cm

ハ

日本各地の海岸には、多数の野菊が自生している。ハマギクのように、〝浜〟や〝磯〟のつく名前が多いのは、キク達が海岸の環境を好むためと思う。

コハマギクは、本州ではハマギクと同じ分布。茨城から青森までの太平洋に面した海辺と、北海道の太平洋に近い山地に自生する。草姿はハマギクより小さいので、コハマギク。イソギクは房総半島から御前崎までの岩場や草むらに自生し、荒波のしぶきをかぶりそうな磯にも見られる。シオギクは高知南部の黒潮の流れが見られる磯に群生する。ハマベノギクは、富山以西の本州と九州の海岸の砂浜に自生する。

ハマグルマ【浜車】

別名／猫の舌
Melanthera prostrata

"浜辺"に自生する花を牛車《ぎっしゃ》や輦車《れんしゃ》の"車輪"に見立てた。

分類 キク科ハマグルマ属
分布 関東・北陸～沖縄、小笠原
環境 海岸の砂地
花期 7～10月

花は黄色で直径約2cm。楕円形の葉にはまばらな浅い鋸歯がある

"牛車《ぎっしゃ》"は、牛に引かせた乗用の屋形車。乗る人の階級によって車の形状が決められていた。一方、"輦車《れんしゃ》"は、人が担《かつ》ぐ乗用の屋形車。屋形の両側に轅《ながえ》という棒をつけ、従者たちは轅を腰に当てて引いた。"牛車"にも"輦車"にも、大きな車輪が両側に1つずつつく。

キク科のオグルマ、オカオグルマ、サワオグルマなどは、花びらが円環状に整然とつき、"車"の車輪にたとえられた。本種の花は、前述の花に比べて決して整然とした花形とはいえないが、車輪にたとえることが容認できる。

なお、葉の表面を触ると、猫の舌のようにざらつく。それで、別名を"猫の舌"という。

ハマナデシコ【浜撫子】

別名／藤撫子、富士撫子

Dianthus japonicus

浜辺に自生し、可愛い花なので、"浜撫子"の名前がある。

分類 ナデシコ科ナデシコ属
分布 本州～沖縄
環境 海岸の岩場や崖、草地
花期 7～10月

肉厚で光沢のある葉
浜辺に自生する

花弁は5枚で、へりに不規則な浅い鋸歯がある

〝ハマ〟は〝浜〟である。この草は海岸だけに生え、内陸には分布しない。〝ナデシコ〟は〝撫子〟の意味で、〝子を撫でる〟ように可愛らしいという意味。初めに〝撫子〟の名前がついたカワラナデシコは可憐な花。幕末に渡来した可愛い草にも〝虫取り撫子〟の名前がついた。

ハマベノギク【浜辺野菊】

Aster arenarius

"浜辺"に自生し、コンギクに似た花をつけるので、"浜辺野菊"。

分類 キク科シオン属
分布 富山から鹿児島の日本海側と種子島
環境 海岸の砂地や礫地
花期 7～10月

先端は立ち上がる
海岸の砂浜を這うように広がる

淡青紫色の花がつく。花びらの先は尖らない

ハマベノギク(西日本の日本海側と東シナ海側に分布)に近縁の種に、ヤマジノギク(東海以西、四国、九州に分布)、ヤナギノギク(高知)、ソナレノギク(高知)がある。これら4種は互いに似ている。古い時代に同一の母種が、各自生環境の影響を受け、変化したものと思える。

ヒカゲノカズラ

【日陰の鬘（蔓）】

別名／神襷

Lycopodium clavatum

日向の斜面に生えることが多いが、たまたま日陰で初めて発見。“カズラ”は“蔓《かずら》”か“鬘《かずら》”。

分類 ヒカゲノカズラ科 ヒカゲノカズラ属
分布 日本各地
環境 山地の道端や土手

茎の所々から側枝を出し、つくしに似た胞子嚢穂がつく

主茎が所々で二股に分岐して伸びていく姿から、つる性と思える。それで〝蔓《かずら》〟の名前がついた。これが第1の説である。第2の説は、古代では長く伸びた主茎を頭の飾りとして利用していたので、〝カズラ〟は〝鬘《かずら》〟。主茎は、切り取った後も長く緑色を保つ。生気が保てる主茎は、髪飾りや神事を司る人の襷《たすき》として使われた。神話の世界で、天岩屋戸《あまのいわやと》に隠れた天照大神《あまてらすおおみかみ》の前で踊ったのが天鈿女命《あまのうずめみこと》。このヒカゲノカズラを襷にして舞ったそうである。古名に〝神襷《かみだすき》〟の名前があるのは、この故事によるものと思う。なお、『古事記』『日本書紀』『万葉集』などに掲載され、重要な植物であったようだ。薬効は、皮膚のただれ程度なので、鬘や襷として用いられていたために掲載されたと思う。〝カズラ〟は〝鬘〟であろう。

ヒガンバナ【彼岸花】

別名／曼珠沙華
Lycoris radiata

秋の彼岸の頃に花が咲く時に葉がないのは、この世（此岸《しがん》）でなく、あの世（彼岸《ひがん》）の花だ。

分類 ヒガンバナ科 ヒガンバナ属
分布 日本各地
環境 人里近くの草やぶ、土手、道端
花期 9月

花びらは6枚あり、強く反り返る。有毒植物である

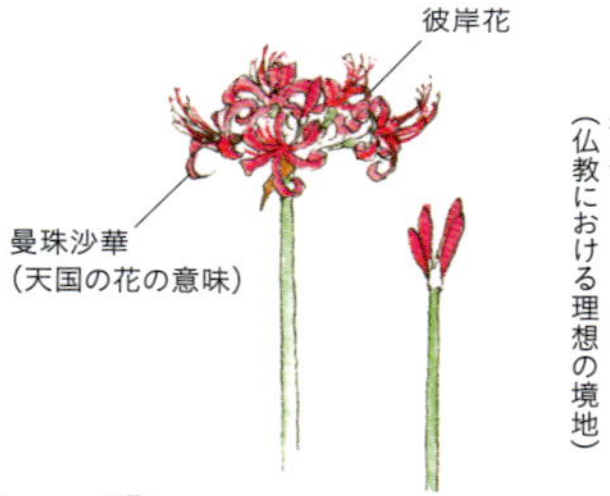

▲釈尊入滅の姿

別名がたくさんある。〝死人花〟〝霊花〟〝仏花〟〝仏様花〟など〝死〟に関する名前である。墓地に植えられることが多かったためだろうか。

このほか、〝狐のたんぽぽ〟〝狐のかみそり（別種にキツネノカミソリがある）〟〝狐のたいまつ〟〝狐ぐさ〟〝狐ばな〟〝狐のおうぎ〟〝狐のかんざし〟などがある。何もないところから、いきなり姿を現わし、赤い花を咲かす。これはきっと狐が化けたものと、昔の人は思ったのであろう。しかも、葉をつけるのを忘れた〝どじな狐め〟と思ったかもしれない。

なお、別名を〝曼珠沙華〟ともいう。古代インドの言葉（梵語）で、赤い花を表わす。この言葉は『法華経』にもあり、〝彼岸〟という言葉とともに、仏教に係わる名前である。

ヒキオコシ
【引き起こし】
別名／延命草
Isodon japonicus

倒れていた修験者に、この草の絞り汁を飲ませたら、元気になったという伝説による。

分類 シソ科ヤマハッカ属
分布 北海道の西南部～九州
環境 山地の草原や草やぶ
花期 9～10月

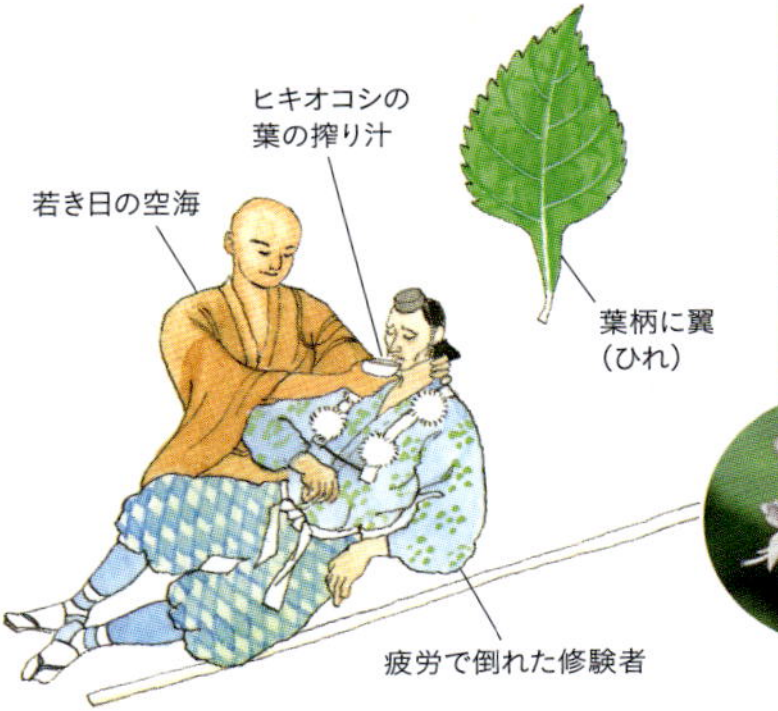

小さな唇形の花を多数つける。葉は卵形で茎に対生する。高さは2m程

奈良時代末期(延暦年間)に唐で真言宗を学んだ僧〝空海〟は、帰国後、高野山に金剛峯寺を建て、真言宗を広めた。書道に秀で、『いろは』の作者とも伝えられる。平安時代初期の承和2年に入寂。天皇より弘法大師の名前を贈られる。その死後、『弘法大師絵伝』『行状図会』『行状要集』『広伝』など、多数の弘法大師物語が弟子や関係者によって作成された。その中で、倒れていた修験者に大師がヒキオコシの汁を飲ませたら元気になったという話は、作り話であろうが、胃弱な人に乾かしたヒキオコシの煎じ液を飲ませ続けたら、食欲が増し元気になった話はあったと思う。戦時中、ヒキオコシの全草を粉末にしたものが〝延命草〟という名前で広く販売された。

ヒゴタイ【平江帯】
Echinops setifer

平安時代から"アリクサ""クロクサ"の名前だったが、"ヒゴタイ"の由来は不明。

分類 キク科ヒゴタイ属
分布 岐阜・愛知・広島県、四国、九州
環境 山地の草原
花期 8〜10月

筒状花が集まり、球形になる
茎は直立して太め
葉のへりは浅く羽状に裂ける
上部の葉には柄がない

頭花は球形で直径5cmになる

古名"阿利久佐《ありくさ》"は蟻草《ありくさ》で、"久《く》呂《ろ》久佐《くさ》"は黒草のこと。どちらも葉を乾かすと黒くなるからと思える。この草は、古い時代から婦人の通経、通乳、補血に薬効があった。"ヒゴタイ"の名前の由来は、朝鮮語渡来説があるが、不明。婦人病に関係ある言葉に由来するのではとも思える。

ヒダカミセバヤ【日高見せばや】
Hylotelephium cauticola

日高地方の岩場に自生。花が美しいので多くの人々に"見せたい"からというが。

分類 ベンケイソウ科ムラサキベンケイソウ属
分布 北海道の釧路・十勝・日高地方
環境 山地の岩場
花期 8〜10月

山地の岩場に自生する。葉は丸く、対生する

茎の頂部に球形の花序ができる

本種の名前は、産地の"日高"と"ミセバヤ"とで構成。ミセバヤは江戸時代に広く植栽され、小花が球形に集合し、岩に垂れるので"玉簾《たますだれ》"の別名がある。この草は挿芽で容易に増えて、人と一緒に存在した。奥山に自生していたのを見つけて誰かに"見せばや"とした由来説は疑問。後に小豆島の岩場だけが原産地と判明。

ヒメジョオン

【姫紫苑】

Erigeron annuus

“紫《し》苑《おん》”に似ているが、花や草姿が小形なので、“姫紫苑”と名付けた。

分類 キク科ムカシヨモギ属

分布 北米原産。日本各地に野生化

環境 空き地や道端など

花期 6～10月

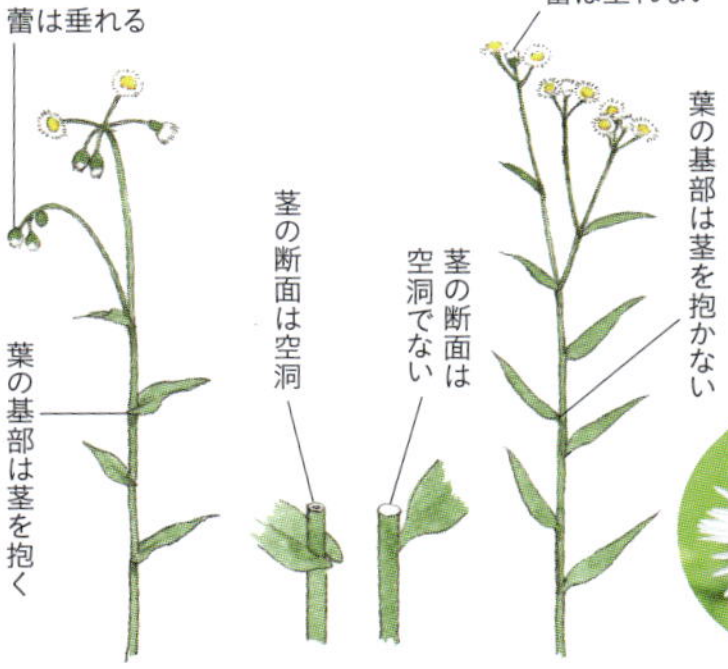

▲ハルジオン　▲ヒメジョオン

頭花には多数の白い花びら（舌状花）がつく。高さ40～120cm

よく似たハルジオンより早く渡来。雑草化は明治初年頃。秋に咲く少し似たキク科の花にシオン（紫苑）がある。シオンの草丈は1.5～2mで、花は直径3cm。一方、ヒメジョオンは40～120cm、花は直径2cm。シオンに比べて小形。それで、〝姫紫苑〟。ヒメシオンが少しなまり〝ヒメジョオン〟になったと思える。中国産〝女苑〟から〝姫女苑〟とついた説があるが、〝女苑〟の名前は知られていないので、不支持。

シオンは草丈1.5～2m

ヒメツルソバ【姫蔓蕎麦】

Persicaria capitata

“ツルソバ”に似ているが、それよりも葉形や草姿が小さい。

分類 タデ科イヌタデ属
分布 ヒマラヤなどが原産地。関東以西の暖地に野生化
環境 道端や石垣など
花期 5〜12月

花は茎の頂部に球形に集まる

明治時代中期に観賞が目的で導入。関東以西の暖地で野生化し、庭先から外へ伸び、道端や石垣などに繁茂する。タデ科のツルソバを小形にした草姿が好まれ、挿芽や株分けで広く普及している。名前の由来になった〝ツルソバ〟は、在来種なのにほとんど知られていない。

ヒメドクサ【姫木賊、姫砥草】

Equisetum scirpoides

木を研磨する羊《し》歯《だ》なので、“砥《と》ぐ草”。つまり、“砥《と》草《くさ》”。トクサより小形で“姫砥草”。

分類 トクサ科トクサ属
分布 北海道
環境 湿地
花期 8〜9月

地上茎は径1mm以下、長さ約20cm

トクサは物を磨くのに使うので〝砥《と》草《くさ》〟といい、止血や解熱の薬効があり、中国からの生薬名を〝木賊《もくぞく》〟という。木賊は、木をこすったり磨くので、木にとってトクサは〝賊〟ということなのであろうか。平安時代中期の『倭《わ》名抄《みょうしょう》』では、早くも〝木賊〟にトクサの和名を当てている。

ヒメフタバラン

【姫二葉蘭】

Neottia japonica

葉が向かい合って2枚だけつくラン、暖地や亜熱帯にも分布するのは本種だけ。

分類 ラン科サカネラン属
分布 本州〜沖縄
環境 主に常緑樹林の中
花期 1〜4月

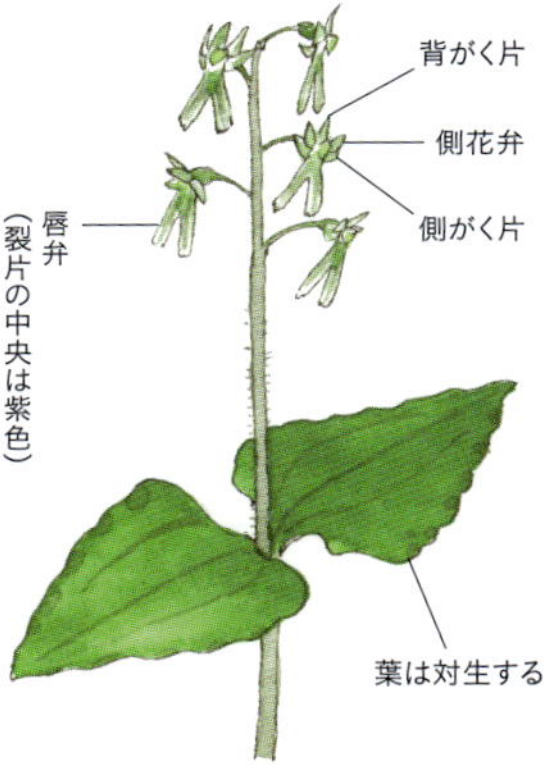

唇弁は2つに分岐し、紫筋が入っている。高さ10〜30cm

フタバランの仲間5種のうちで、亜高山の針葉樹林などに自生するのが、タカネフタバランとミヤマフタバラン、葉が特に小さいコフタバランの3種。タカネフタバランの唇弁《しんべん》は足袋の底に似る。ミヤマフタバランの唇弁の側裂片は円形で、目玉のように見える。東北地方から九州までの深山や山地の林の中に自生するのが、アオフタバラン。葉に青みがあるので、アオフタバランという。そして、東北地方から沖縄県までの山地の林の中に自生するのが、ヒメフタバラン。〝ヒメ〟とつくが、ほかのフタバランより大きい。〝ヒメ〟をつける理由はないと思える。ただ、フタバランの前につける言葉に窮して、思いついたのが〝ヒメ〟。

ヒメムカシヨモギ【姫昔蓬】

Erigeron canadensis

花(頭花)が小さいので"姫"。維新の頃の草だから"昔"。草姿は"ヨモギ"に似る。

分類 キク科ムカシヨモギ属
分布 北米原産。日本各地に野生化
環境 道端、荒地など
花期 8～10月

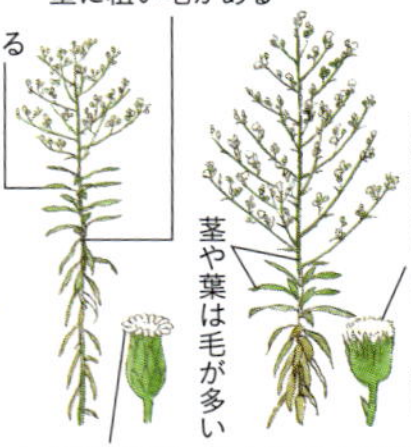

ヒメムカシヨモギの花

徳川幕府から明治政府に変わった頃に渡来してきたので、"ご維新草""明治草"の別名がある。明治政府の重要な仕事の1つは鉄道網を広げることで、鉄道を敷《ふ》設《せつ》するために、樹木を伐り、草を刈った。その場所にはすぐにこの草が繁った。それで、別名に"鉄道草"が加わった。

ヒ

ヒメヤブラン【姫藪蘭】

Liriope minor

"ヤブラン"に少し似るが、草姿は小さく、花数も少ないので、"ヒメヤブラン"。

分類 クサスギカズラ科ヤブラン属
分布 日本各地
環境 日当たりのいい草原
花期 7～9月

花茎の上部に数個前後の花を咲かす。高さは10～50cm

花は6弁花で直径約1cm

夏から秋、山野の林の中で咲くのがヤブラン。花茎に多数の淡紫色の花がつく。長さ30～60cmの線形の葉が、根から多数伸びる。このヤブランを、ごく小さくしたのがヒメヤブラン。ヤブランと異なって、日当たりのいい草むらに、ポツン、ポツンと見られ、大株立ちにならない。

ヒヨドリジョウゴ

【鵯上戸】

Solanum lyratum

秋に赤い実が多数なる。この実を鵯《ひよどり》が好んで食べると想像して、この名前が。

分類 ナス科ナス属
分布 日本各地
環境 草やぶ
花期 8～9月

上部の葉に切れ込みがない

茎や柄に毛が多い

ヒヨドリが好きな実(?)

このように
切れ込む葉もある

つる性の植物。丸い実は晩秋に赤くなる
(下)花びらは深く5裂し、強く反転する

鵯《ひよどり》は、市街地でもよく見られる最も身近な鳥のひとつである。鵯は雑食性で、植物では木の実、花芽、花、蜜、野菜の葉などをついばむ。本種の実も食べるであろうが、好んで食べるのを見たことがない。この実は人間にとって不快な味がする。鳥にとっても、おいしい実ではないからであろう。

なお、本種は平安時代までは〝保《ほ》呂《ろ》之《し》〟の名前があり、その後〝豆《つ》久《ぐ》美《み》乃《の》以《い》比《い》禰《ね》〟ともいわれた。江戸時代に〝鵯上戸〟の名に定まった。

ヒヨドリバナ
【火取花、鵯花】
Eupatorium makinoi var. oppositifolium

鵯《ひよどり》が鳴く頃に花が咲くからというのが定説。しかし、乾かした花がらは火熾《ひおこ》しの材料になるので"火取花"。

花序は傘形になる。葉は長楕円形で対生する。高さ1.5〜2m

花が終わった後に綿毛が現れる（炎をとるための材料）

ヒ

野鳥の鵯《ひよどり》はかつては秋になると群れをなして人里へ降りてきた。そして、やかましい声で鳴く。秋もたけなわの頃のことである。ちょうど、この頃にヒヨドリバナが咲く。だから"鵯花"とついたという。しかし、この時期に咲くのはヒヨドリバナだけではない。セキヤノアキチョウジ、ノコンギク、フジバカマ、ミズヒキ、トウテイランなどなど多数ある。しかも、ヒヨドリバナと鵯を結びつける"何か"がない。それで、鵯が鳴く頃に咲くヒヨドリバナ説を支持しない。

　一方、ヒヨドリバナは"鵯花"でなく"火取花"という説がある。ヒヨドリバナの咲き

分類 キク科ヒヨドリバナ属
分布 北海道～九州
環境 山地の草原や山道沿い
花期 8～10月
仲間 サワヒヨドリ(沢火取)はP110、フジバカマ(藤袴)はP204参照。ヨツバヒヨドリ(四葉火取)は、北海道～近畿の高原に自生。葉が4枚ほど輪生することから名付けられた。(夏編P252参照)そのほか、フジバカマに似て葉が分裂しないマルバフジバカマ(丸葉藤袴)などがある。

類似種との見分け方

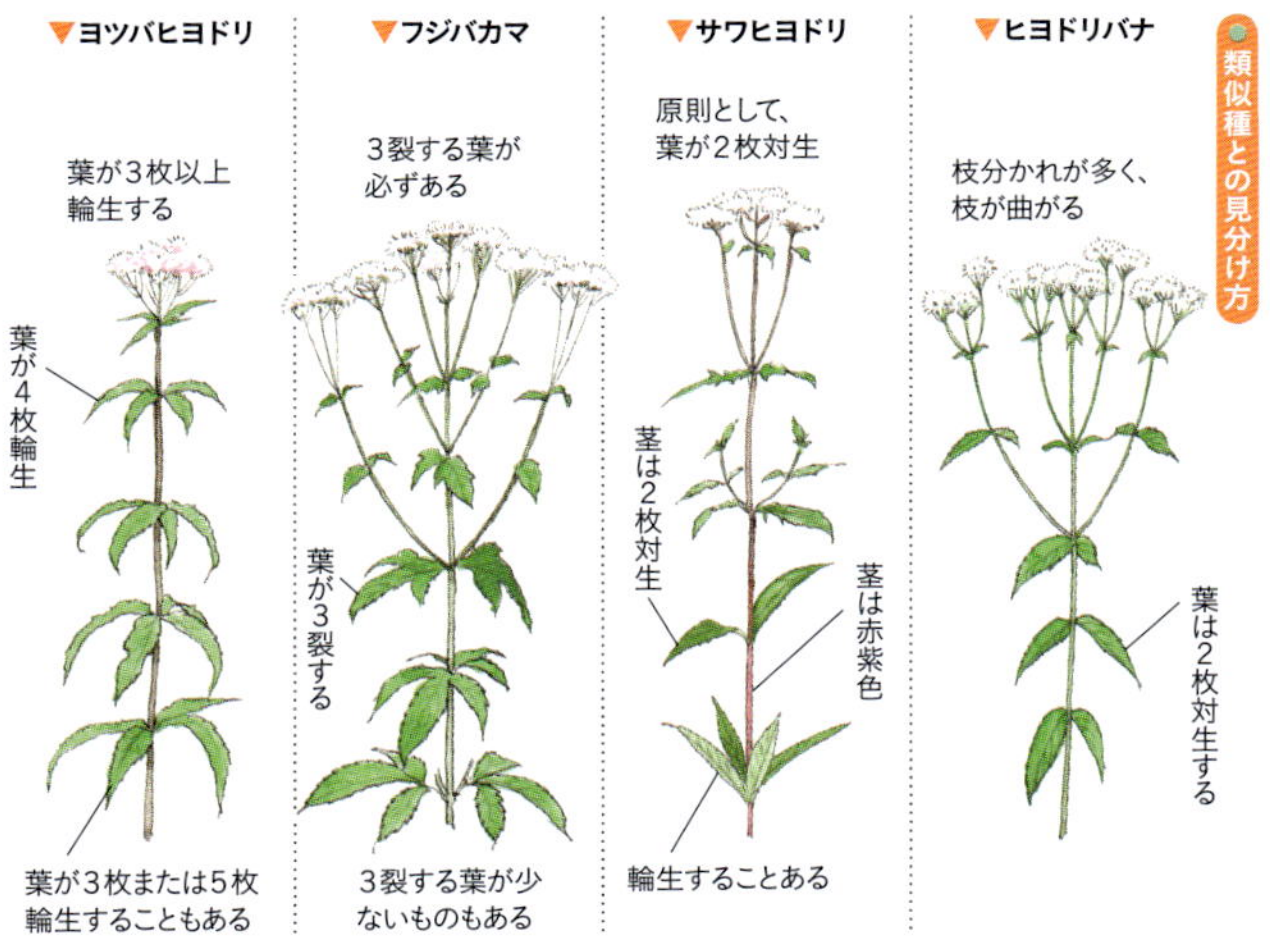

終わった花がらや葉を、そのままにしておくと乾く。炎を近づけると、ぼっとよく燃える。このことから、火打石や木の火《ひ》熾《おこ》し器で、炎をとるためにヒヨドリバナの乾かした花がらや乾燥葉を用いたと思う。オヤマボクチと同じ、〝火《ほ》口《くち》〟とか〝炎取《えんどり》〟のために使われたと思う。それで、〝火取花《ひとりばな》〟とついた。〝ひとりばな〟が、すこしなまって、〝ヒヨドリバナ〟となったのだろう。マッチやライターのない時代、火を熾すことは困難な作業であった。燃えやすいものを野山から探して備えておくことが必要であった。

ヒルムシロ
【蛭蓆、蛭筵】
Potamogeton distinctus

楕円形の浮水葉の上でヒルが日向ぼっこするかもしれないと想像して名づけた。

分類 ヒルムシロ科 ヒルムシロ属
分布 日本各地
環境 池や沼
花期 6～10月

地下茎から、水中茎を出し、沈水葉と浮水葉を伸ばす

田、沼、沢、池の中のヒルムシロには水面に浮かぶ浮水葉と水中にある沈水葉がある。浮水葉は水面に浮かんでいる。この葉にヒルが乗ることはないが、乗ったら面白いと想像した名前である。

ヒ

ビロードシダ
【天鷲絨羊歯】
Pyrrosia linearifolia

葉の全面に黄褐色または灰褐色の星形の毛が密生し、"天鷲絨《びろーど》"に似て見える。

分類 ウラボシ科ヒトツバ属
分布 北海道～沖縄
環境 山地の岩場や苔むした樹幹に着生

低山の岩場で見かけるシダの仲間

葉の全面に毛がある。葉先は尖らない

もともとはポルトガル語のVeludoがなまって〝ビロード〟に。ビロードは特殊な織り方をした布。毛が立ちそろって、光沢がある。星形の毛が密生する本種の葉が、ビロード状に見えるところから、この名前がある。このシダの葉を撫でると、ビロード布と似た感触がある。

フウセンカズラ

【風船葛】

Cardiospermum halicacabum

実《み》は風船のように膨らむ。茎はつる（葛《かずら》）状に伸びる。

分類 ムクロジ科 フウセンカズラ属

分布 北米原産

環境 市街地の道路の脇や空き地など

花期 8～11月

風船形の実（蒴果）

▲紙風船

庭や鉢植えで栽培されているのを見かける。実の中に黒いタネが3つある

気球のことを俗に〝風船〟といった。風に吹かれて進む船のようだから。この風船の形によく似ているのが〝風船玉〟だ。紙またはゴムの中に、空気または水素ガスを入れて丸い形にして、突いたり飛ばしたりする。子供の頃、富山の薬売りのおじさんが、おみやげにくれる紙風船が待ち遠しかった。この紙風船に少し似ているのが、フウセンカズラの実《み》で、黒いタネがこっそりと入っている。黒いタネをよく見ると、白色のハート形が描かれている。このハート形は何か意味があるかもしれない。ヒメウラシマソウの仏炎苞《ぶつえんほう》の中に白色の茸の絵があった。これは、交配に役立つキノコ蠅《ばえ》を誘う看板の役をしている。

フウチソウ【風知草】

別名／ウラハグサ（裏葉草）
Hakonechloa macra

人が気がつかないほどのわずかな風でも揺れるので、〝風〟があることが〝知〟れる。

分類 イネ科ウラハグサ属
分布 関東～近畿
環境 山地の斜面や渓谷の岩場
花期 8～10月

（上）渓流沿いの岩場や崖で見かける　（下）葉の基部がねじれ、裏を見せる

表面が裏返しで白っぽい
小穂が円錐状につく

江戸時代の『物品識名《ぶっぴんしきめい》』に掲載され、〝裏葉草〟の名前で知られていた。この草は葉が基部でねじれて、葉の表面が下側になり、裏面が上方になる。それで、〝裏葉草〟という。この草は山地の岩溝に群生することが多かったので、〝岩蓑《いわみの》〟〝岩葦《いわよし》〟などの通称もあった。この草の中国名が〝知風草〟だと気付いた人が、〝風知草〟の名前を思い浮かべたのかと思う。〝裏葉草〟の名前はそのものずばりの名前にすぎないが、〝風知草〟の名前は、美しく味わいのある名前である。

フクオウソウ

【福王草】

Nabalus acerifolius

三重県菰《こも》野《の》町の北にある福王神社の近くで発見されたため。

分類 キク科フクオウソウ属
分布 本州、四国、九州
環境 山地の林の中
花期 8〜9月

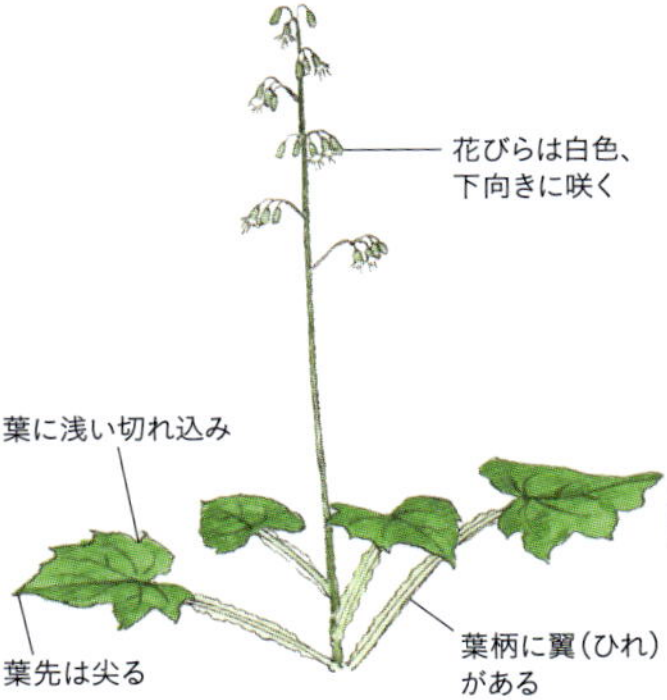

頭花は紫色を帯びた白色。高さは40〜100cm　（下）根生葉は浅く切れ込む

『原色牧野植物図鑑』のフクオウソウの項に、和名は三重県の〝福王山〟に基づくとある。しかし、福王山は地図になく、福王神社のことであろう。あるいは、福王山とは地元だけの呼び名で地図に出るほどの山でないのかもしれない。

本種の学名は、かつてはPrenanthes acerifolia (Maxim) Matsumuraとされていた。ロシアのマクシモウィッチ氏が学名をつけ、松村任三（東大・植物学研究室第2代教授）が属名を訂正したことを示している。初代教授矢田部良吉の時代にマクシモウィッチ氏に標本を送ったが、標本作成の時、本種の和名もつけたと思う。当時、同研究室に出入りしていた牧野富太郎は、この名前の由来を知ることができた。

フジアザミ【富士薊】

Cirsium purpuratum

富士山産の標本をもとに学名がつけられたと伝えられる。それで、"富士薊《あざみ》"。

分類 キク科アザミ属
分布 富士山を中心とした関東と中部地方
環境 山地～亜高山の砂礫地やガレ場
花期 8～10月

頭花は直径6～10cm。総苞片は反り返り、へりには刺状の毛が生える

富士山周辺に多い。根元に集まる葉は羽状に切れ込み、刺が多い。高さ60～100cm

富士山周辺では、〝富士牛蒡《ごぼう》〟とか〝須走り牛蒡〟の名前で、フジアザミの根を漬物にしていた。これを〝山牛蒡〟の名前で販売もしていた。

このアザミは、①富士山周辺が主分布地、②日本一巨大な薊《あざみ》であるので、〝山牛蒡〟ではなく〝富士薊〟の名前で広まってほしい草である。

ところで、〝薊〟の名前の由来だが定説はない。

平安時代の書物には〝阿佐弥《あさみ》〟とか〝阿佐美《あさみ》〟といった名前で出ている。この古名に関連の動詞の〝あざむ〟に、〝意外なことに驚く〟とか〝びっくりする〟といった意味がある。美しい花だと近寄ったら、鋭い刺《とげ》で驚いたので、〝あざむ〟が〝あざみ〟になったと思う。

フ

フシグロ
【節黒】
Silene firma

茎の所々にある節《ふし》の周辺が少し黒く見える。それを"節黒"といい、植物名に。

分類 ナデシコ科マンテマ属
分布 北海道～九州
環境 山地の日当たりのいい斜面や草原
花期 6～9月

茎のうち、葉や枝を出している部分に節《ふし》がある。節の部分は、茎のほかの部分より膨らんで見える。その節が、少しだけ暗紫色になっている。枝に隠れて見えにくいが、必ず黒っぽい部分がある。それで名前を〝フシグロ〟。しかし、黒い部分が目立たないので、ぴったりの名前とはいえない。

茎の節が黒っぽい。葉の長さ5～10cm

フシグロセンノウ
【節黒仙翁】
Silene miqueliana

茎の節《ふし》が暗紫色で黒っぽい、"仙翁《せんのう》"の仲間。

分類 ナデシコ科マンテマ属
分布 本州、四国、九州
環境 山地の森のへりや林の中
花期 7～10月

本種の〝フシグロ〟とは茎の節《ふし》の辺りが少し黒く見えることから。このページ上のフシグロと同じ特徴である。〝センノウ〟の名前は、京都の嵯峨にあった仙翁寺(廃寺)に植栽されていた中国産の〝仙翁花《せんのうげ》〟(Silene senno＝中国名・剪秋羅《せんしゅうら》)に似た花であることからつけられた。

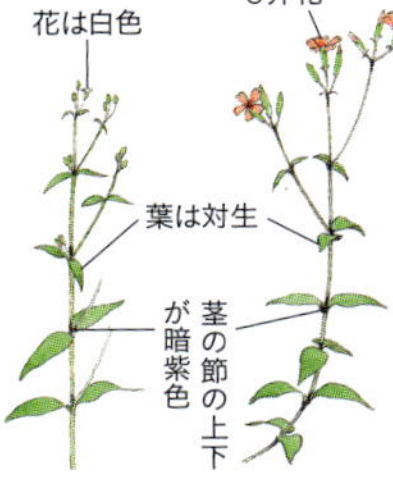

▲フシグロ　▲フシグロセンノウ

朱赤色の花弁が5枚、星形につく。高さ50～80cm

フジバカマ【藤袴】

Eupatorium japonicum

筒状花を逆さにすると、“藤色”の“袴《はかま》”と2本の足に見える。

分類 キク科ヒヨドリバナ属
分布 関東～九州
環境 人里近くの川原の土手など
花期 8～9月

茎先に多数の頭花がつき、葉は対生する。高さは80～150cm

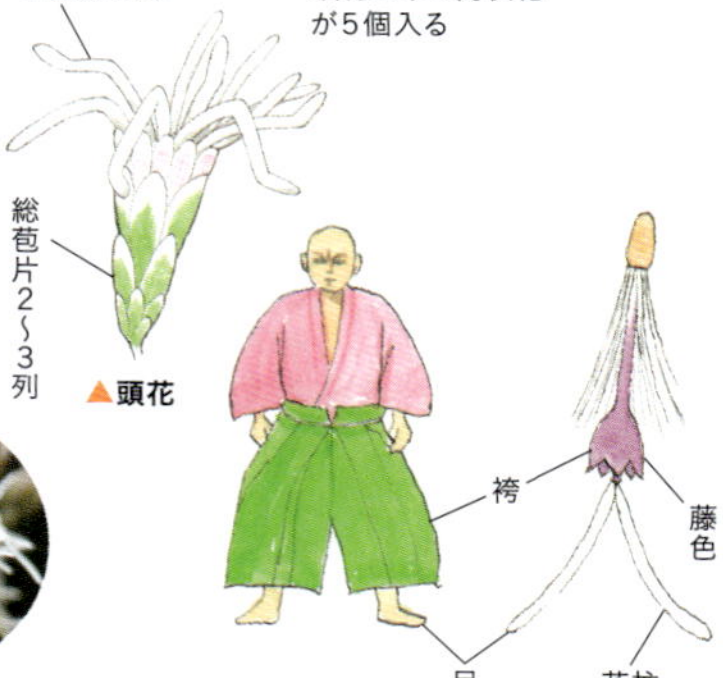
花柱は10本
頭花の中に筒状花が5個入る
足
花柱

▲逆さまの筒状花

奈良時代かそれ以前に、中国から香草として渡来した草である。蘭（らん、らに）の名前で入ってきた。葉を半乾きにすると、桜餅をつつむ桜の葉の香りがする。上流階級の人は、半乾きの蘭を匂袋にしのばせていたと思われる。

この草は漢名〝蘭〟よりも、和名の〝布《ふ》知《ち》波《ば》加《か》麻《ま》〟で呼ぶことが多かった。万葉仮名から漢字の使い方が定着すると、〝藤袴〟という意味を持つ字が当てられた。しかし、〝藤袴〟になった理由や由来を書いたものがない。私が考えたのは、花（頭花）の中の小さな筒状《とうじょう》花《か》が人間の姿に思えることであった。筒状花を逆さにすると、袴の中から2本の足（分岐した花柱）が見える。

ブタクサ
【豚草】
Ambrosia artemisiifolia

北米が原産の草。英語名はHogweedといい、直訳すると"豚草"。

分類 キク科ブタクサ属
分布 北米原産。日本各地に野生化
環境 空き地や道端
花期 7～10月

別の英名にRagweedがある。直訳すると〝ぼろ草〟。この草は風媒花のため花粉をまき散らす。花粉症の元凶といわれている。原産地の北米でも、〝ぼろ草〟と、好かれていない名前がつく。〝豚草〟の名前も、豚がこの草を好むからつけたのではなく、蔑視した名前であろう。

葉は羽状に切れ込み、薄くて柔らかい

フ

フトイ
【太藺】
Schoenoplectus tabernaemontani

茎の直径は1～2cm。この仲間としては茎が太い。それで、この名前がつく。

分類 カヤツリグサ科フトイ属
分布 日本各地
環境 沼、池、川岸など
花期 7～10月

『万葉集』にも〝大藺草《おおいぐさ》〟の名前で登場。大きい〝藺草《いぐさ》〟の意味である。その後、〝都久毛《つくも》〟の名前がついている。〝つくも〟は〝九十九〟とも表記された。フトイは群生し、九十九本も生えるところから、〝つくも〟の名前がついたのだろうか。江戸時代に〝フトイ〟の名前になった。

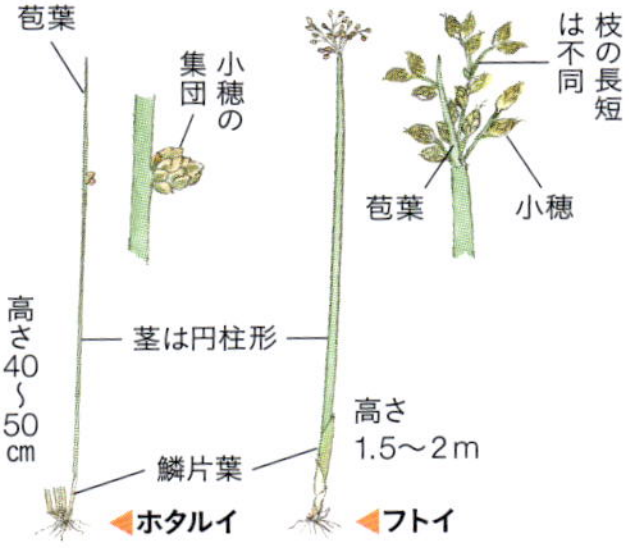

フユイチゴ【冬苺】

Rubus buergeri

多くの木イチゴ類は夏に苺がなるが、本種は冬に苺がなる。

分類 バラ科キイチゴ属
分布 関東・新潟〜九州
環境 森の中や海辺の林の中など
果期 11〜1月

常緑小低木。つる状の茎は地面を這う。茎に毛があるが、刺はない

実は直径8〜10mmで球形。初冬に赤く熟し、食べられる

ヘビイチゴなど草のイチゴは〝苺〟の字を、木イチゴの場合は〝莓〟の字を使う。イチゴ(苺・莓)は奈良時代から知られていた。古名は〝伊知比古《いちびこ》〟である。〝いちびこ〟とは何を指すか。『万葉集』(巻16・3855)に「(前略)あしびきの　この片山に　ふたつ立つ〝伊智比《いちひ》〟が本に(後略)」とある。〝いちひ〟とは、櫟(イチイガシ)のことである。イチイガシの実(堅果)は、食用になると知られていた。イチゴ(苺・莓)も食べられる木や草であったので、〝イチヒ〟の〝子〟として、〝イチビコ〟になったのかもしれない。〝イチビコ〟が長い間かかって、〝イチゴ〟に短縮されて、〝苺(莓)〟の字を当てたと思われる。

なお、冬に実のなる木イチゴは、フユイチゴのほかに、ミヤマフユイチゴ、オオフユイチゴがある。

フユノハナワラビ → ハナワラビの仲間(P180、181)

ヘツカラン
【辺塚蘭】
Cymbidium dayanum

鹿児島県大隅半島の南東部にある“辺塚《へつか》”で発見された“ラン”。

分類 ラン科シュンラン属
分布 九州南部、種子島
環境 老木の樹幹や岩壁などに着生
花期 10～11月

鹿児島県肝属《きもつき》郡錦江町の東部に位置するのが〝辺塚《へつか》〟。ヘツカリンドウも〝辺塚〟にちなむ。辺塚の地名に係わる蘭なので、ヘツカランという。野生ランの本を執筆した時に、〝ヘツカラン〟と書いた原稿を〝ヘッカラン〟と編集者に訂正されたことがあったが、これは間違い。

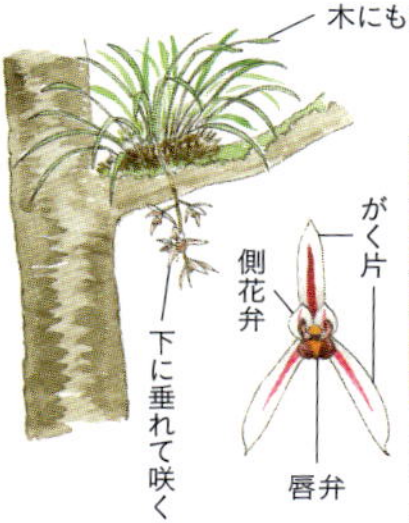

白いがく片には、紅紫色の太筋が入る

ベニバナボロギク
【紅花襤褸菊】
Crassocephalum crepidioides

頭花の先端側が紅赤色から橙赤色に。花後、白い毛につつまれる。この毛が“ぼろ”。

分類 キク科ベニバナボロギク属
分布 アフリカ原産。本州、四国、九州に野生化
環境 道端、空き地、造成地など
花期 8～11月

〝ベニバナ〟は、咲き始めの頭花の先端（筒状花《とうじょうか》の集合）が紅色に見えるから。花が終わりかけると総苞《そうほう》（がくに相当、細い葉状）が下へ開き、白色の毛が球状になる。これを〝ぼろ〟という。ダンドボロギク、ノボロギク、ボロギク（サワギク）は、花後に白い毛の球（ぼろと見る）になる。

頭花は下向きに咲く。茎は柔らかく、高さ40～70cm

花後に白い冠毛が広がる

ホソアオゲイトウ【細青鶏頭】

Amaranthus hybridus

花穂は"鶏頭《けいとう》"に似る。その花より細く、花は青い(緑色を青という)。

分類 ヒユ科ヒユ属
分布 南米原産。北海道～沖縄に野生化
環境 空き地、造成地、道端など
花期 7～11月

花穂は円錐状。高さ0.6～2m　(下)多数の緑色の花穂が寄り添うように伸びる

花穂は全体が円錐状
花穂に横枝が多い
葉柄は長い

▲ホソアオゲイトウ

鶏のとさか状(鶏頭)の花
葉は互生

▲ケイトウ

子供の頃、農家の庭によく植えられていたのが、ケイトウ。雄鶏のとさかを思わせるような花穂《かすい》をつけることから、〝鶏頭《けいとう》〟の名前がついた。ケイトウの原産地はインド。奈良時代に日本へ渡来した。それ以来、庭を飾る園芸植物として多くの人々に愛されてきた。

ホソアオゲイトウの名前は、花穂がケイトウの花(ヤリゲイトウの花穂)に似ているのでついた。しかし、ケイトウと比べると花穂が細いので、名前に〝ホソ〟とつけた。花は緑色である。昔は、緑色も青色もともに〝青〟といい、ホソアオゲイトウの〝アオ〟は〝緑色〟を意味している。そして、〝ゲイトウ〟は〝鶏頭〟のことである。

ホソバハグマ → オクモミジハグマの仲間(P65)

ホテイアオイ【布袋葵】

Eichhornia crassipes

浮き袋の役をする膨らんだ形の葉柄を"布袋《ほてい》腹"に、葉の形を"二葉葵《あおい》"に見立てた。

分類 ミズアオイ科ホテイアオイ属
分布 熱帯アメリカ原産。明治時代に渡来した
環境 池や水田
花期 8〜10月

中国の唐に、容貌は福々しく、肥大した腹を出し、袋を担って歩く僧がいた。〝布袋《ほてい》〟といった。本種の葉柄がその布袋の腹に似た形をしているので、〝ホテイ〟がつく。また、徳川家の三葉葵《あおい》紋や葵祭の葵鬘《かずら》として知られたフタバアオイに似た葉なので〝アオイ〟が加わった。

葉に光沢がある

花びら6枚は淡青紫色。上の1枚が大きい

ホ

ホテイシダ【布袋羊歯】

Lepisorus annuifrons

ノキシノブの仲間では、本種の葉幅が最も広い。"布袋《ほてい》"の腹のようだと見た。

分類 ウラボシ科ノキシノブ属
分布 北海道〜九州
環境 山地の岩や樹幹に着生

本種は、ホテイアオイの葉柄とかホテイランの唇弁《しんべん》の背後のように、〝布袋《ほてい》〟への連想ができない。しかしこの葉は、ノキシノブ類、コウラボシ、ホソバクリハランなどと比べて幅広い。幅広いからとにかく〝布袋腹〟に似ていると思い込み、〝ホテイシダ〟とつけたようだ。

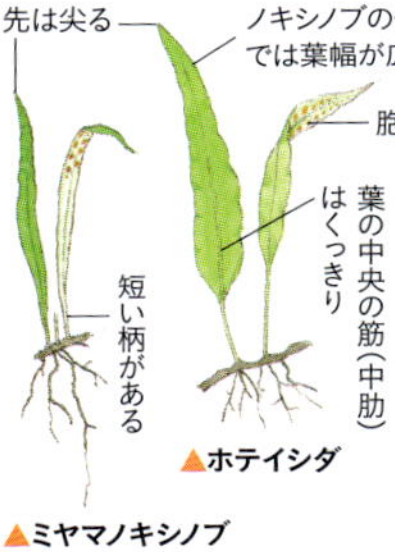
ノキシノブの仲間では葉幅が広い
胞子嚢群

葉のへりは、波を打つ。葉裏に胞子嚢群が2列並ぶ

ホトトギス【杜鵑草】

別名／油点草
Tricyrtis hirta

花に多数ある小紫点を鳥の"ホトトギス"の胸毛の斑点か尾羽の白斑に見立てた。

分類 ユリ科ホトトギス属
分布 北海道西南部～九州
環境 野山の林の中
花期 8～10月

花は上向きに咲き、花柱にも紫色の斑紋がある。高さ40～90cm

▼鳥のホトトギス

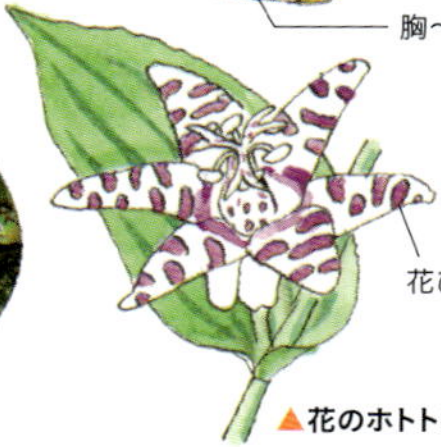

▲花のホトトギス

本種を〝杜鵑草〟と書く。〝杜鵑《とけん》〟とは中国で鳥のホトトギスのことをいう。劉備や諸葛孔明が活躍した蜀の国（三国時代）より昔にも蜀という候国があった。その国の望帝〝杜宇〟が死んだ後、その魂が〝ホトトギスという鳥〟になった。杜《と》の鳥《とり》（鵑）、つまり〝杜鵑《とけん》〟である。この記述が古代の歴史書『蜀王本紀』にある。それで、鳥のホトトギスの別名を〝杜宇〟ともいう。本種の名前は、花びらの紫点を鳥のホトトギスの羽の模様に見立てて、〝杜鵑〟の字を借用した。そして、杜鵑草を〝ホトトギス〟と読ませた。なお、新葉が展開した頃、葉の表面に、油をたらした模様が入る。それで、〝油点草〟ともいう。

　なお、花の地色が白く、分布の広いホトトギス類は、ほかにヤマジノホトトギス、ヤマホトトギスがある。

ヤマホトトギス【山杜鵑草】

T. macropoda

北海道西南部～九州の野山の林内に自生。花期は7～9月。高さは40～70㎝。

山とは関係なく、ほかと区別するために"ヤマ"をつけた。

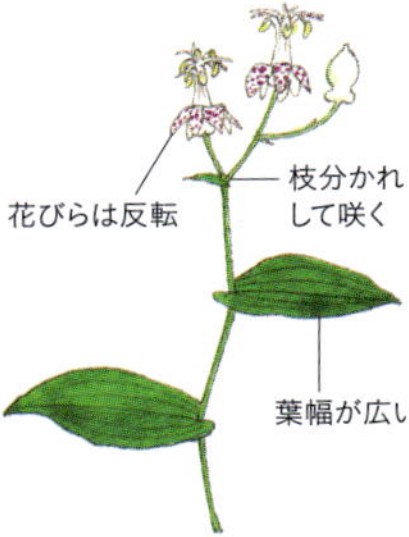

花びらが反り返るのが特徴

ヤマジノホトトギス【山路の杜鵑草】

T. affinis

北海道西南部～九州の野山の林内などに自生。花期は8～10月。高さは30～50㎝。

山路とは関係なく、ほかと区別するために"ヤマジ"をつけた。

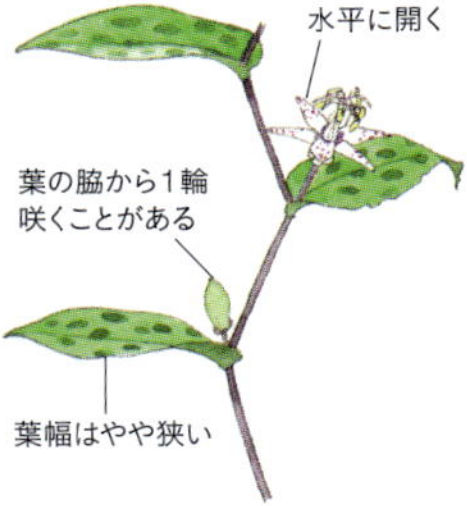

花柱に紫色の斑紋がないのが特徴

タイワンホトトギス【台湾杜鵑草】

T. formosana

台湾原産で植栽されていることが多いが、空き地や道端に野生化も。花期は9～10月。

"台湾"が原産地のホトトギス。

茎が枝分かれするのがホトトギスとの違い

ホ

キバナノホトトギス【黄花の杜鵑草】

T. flava

宮崎県の常緑樹林の湿った林内に自生。花期は9～11月。草丈は5～20cm。

花が"黄色"のホトトギス。

花柄が2～3cmと目立って長いのが特徴

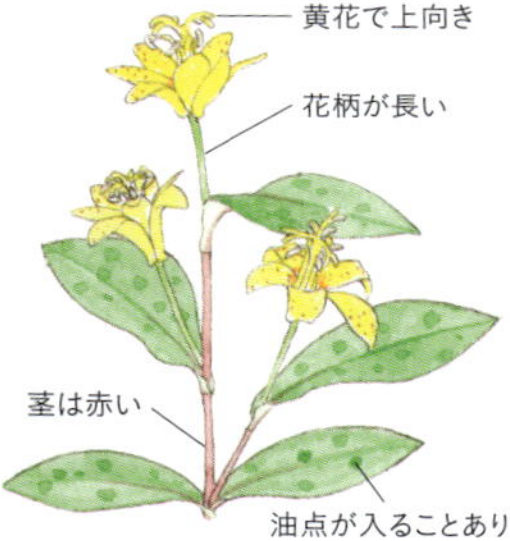

タカクマホトトギス【高隈杜鵑草】

T. ohsumiensis

鹿児島県大隅半島の高隈山とその周辺の林の中に自生。花期は9～11月。高さ30～80cm。

高隈《たかくま》山で初めて発見された。

花びらの長さは約3.5cm。茎はほとんど無毛

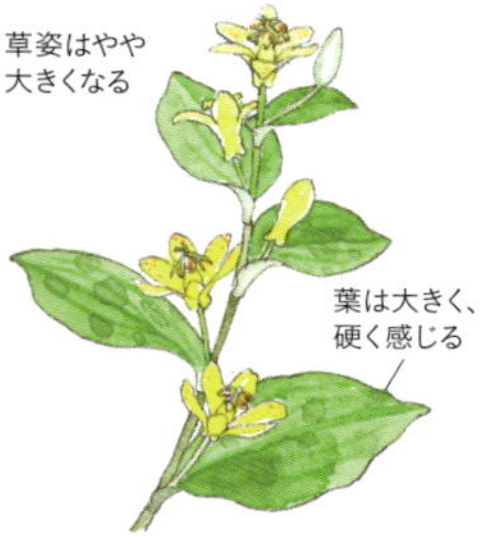

チャボホトトギス【矮鶏杜鵑草】

T. nana

東海、近畿、四国、九州の林の中や森のへりに自生。花期は8～9月。

ニワトリの一種チャボ（矮鶏）と同様に、背丈が低い。

花びらに小さな紫褐色点が多数入る

ホ

キイジョウロウホトトギス【紀伊上臈杜鵑草】

T. macranthopsis

和歌山の沢や渓谷の湿った崖に自生。花期は8～10月。草丈40～100cm。

紀伊半島に分布し、品格が高い意味の"上臈《じょうろう》"がつく。

草姿も花も下向きで、花は袋状に見える

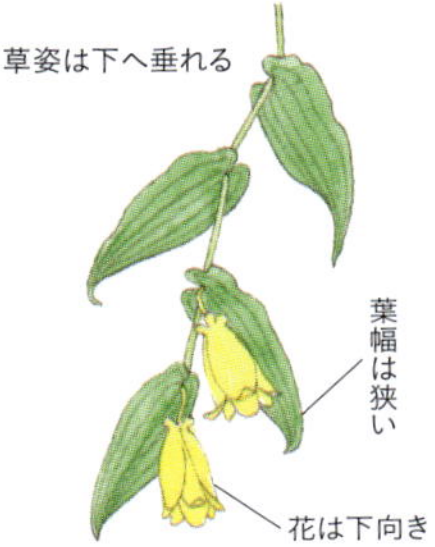

キバナノツキヌキホトトギス【黄花の突抜き杜鵑草】

T. perfoliata

宮崎の尾鈴山の湿った急斜面に自生。花期は9～10月。高さは50～70cm。

花は"黄色"、茎は葉を"突き抜く"のでこの名前に。

草姿は下へ垂れるが、花は上向き

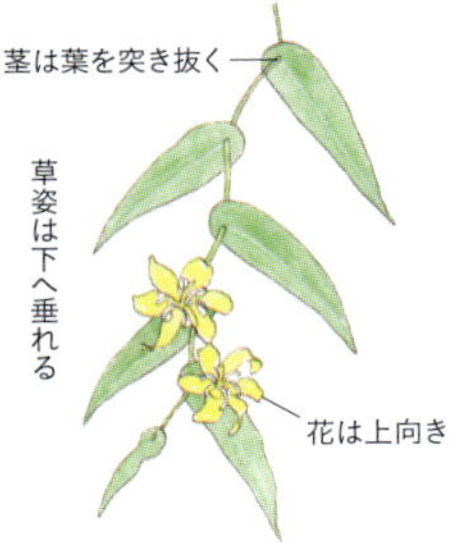

トサジョウロウホトトギス【土佐上臈杜鵑草】

別名／ジョウロウホトトギス

T. macrantha

高知の横倉山などの湿った崖に自生。花期は8～10月。草丈は40～90cm。

高知県に産し、花と草姿が奥ゆかしくて、品格があり、美しい。

草姿も花も下向き。6枚の花びらは筒状になり、開かない

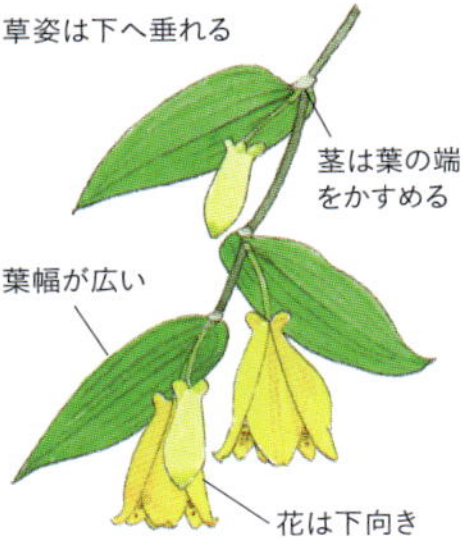

マコモ【真菰】

Zizania latifolia

粗く織った筵《むしろ》を"菰《こも》"という。昔はマコモで菰を織った。マコモ製は"真《まこと》の菰《こも》"。

分類 イネ科マコモ属
分布 日本各地
環境 池、沼、河口など
花期 8〜10月

水辺に群生する。高さ60〜150cm　(下)細い雌小穂の下に紫色の雄小穂をつける

"菰"はわらで粗く織ったもの
(もとはマコモで織った。本当の"菰"はマコモ製)

中国から稲作技術が導入されたのは、弥生時代が始まる紀元前3世紀頃のことである。それまでの古代日本人は、筵《むしろ》をマコモでつくっていた。稲作りが始まると、稲わらの方が容易にたくさん入手できることから、〝菰《こも》〟は稲わら製に代わっていった。その後、麦がやはり中国から渡来する。麦わらでも〝菰〟はつくられるようになった。マコモの出番は、すっかりなくなってしまった。水辺に自生するマコモを見て、「昔の菰はこのマコモで作った」と古老が若い人に伝えるだけとなった。

なお、マコモは秋にタイ米をもっと細長くしたような実がなる。縄文時代の古代日本人は、この実を食べていた可能性が高い。

マ

マツカゼソウ

【松風草】

Boenninghausenia albiflora

能の舞台などに描かれた“松”に似る。少しの“風”でも揺れ、ミカン科の葉の匂いを感じる。

分類 ミカン科 マツカゼソウ属
分布 東北南部～九州
環境 野山の林のへり、山道の脇など
花期 8～10月

本種を見ていたら、能舞台『松風』の須磨ノ浦に生える由緒ありげな〝松〟に見えた。昔、流されていた行平中納言の寵愛を受けた汐汲女《しおくみ》の松風と村雨《むらさめ》が、その思い出を旅の僧に語り、形見の衣装をつけて激しく踊る世阿弥の作品。その『松風』の中の松に見立てたとも思える。

半開きの花弁は4枚

マツバラン

【松葉蘭】

Psilotum nudum

棒状の茎だけで、葉がない。茎の一部は“松葉”に、草姿は棒蘭などの“蘭”に似る。

分類 マツバラン科 マツバラン属
分布 関東～沖縄
環境 太い樹幹や岩

〝松葉〟は松の葉のこと。クロマツやアカマツなどの松葉は、細い糸状の棒が2本ずつ枝につく。基部は茶褐色の鞘《さや》で固定されている。本種の茎は、二股に分岐した後、さらに二股に分かれる。2つずつに分かれることと、棒状の茎だけで葉がつかないことで、〝松葉〟に見立てた。

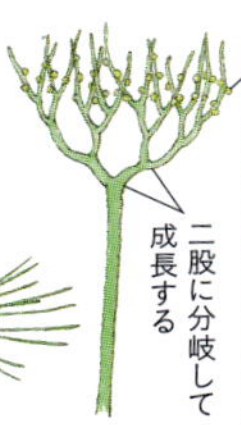

茎に3筋の出っ張りがある。高さ10～40cm

マツムシソウ【松虫草】

Scabiosa japonica var. *japonica*

花後の実の形は、巡礼の“松虫鉦《がね》”に似るからという説があるが、似ていない。

頭花はキク科の花と同じく、多数の小花で構成される　(下)松虫鉦に似るという実

マツムシソウの名前の由来については、次の3説がある。「松虫の鳴く頃に開花する」というのが、第1の説である。この説に対しては、松虫の鳴く頃に咲くのはマツムシソウばかりでない。野菊やホトトギスの仲間なども多い。このような問題点があるので、第1の説は支持しない。

次は、松虫鉦《がね》説である。巡礼が持つ鉦を松虫鉦といい、本種の実の形によく似ているとの記述(中村浩『植物名の由来』)がある。この説が広まり、長田武正『野草図鑑』のマツムシソウの項の〝日本名のおこり〟でも紹介された。著者もこの説を一時期支持していた。

分類 スイカズラ科 マツムシソウ属
分布 北海道～九州
環境 山地の草原
花期 8～10月
仲間 タカネマツムシソウ(高嶺松虫草)は、本州と四国の高山に生え、草丈が低く、花は大きい。一般に花色は濃い。ソナレマツムシソウ(磯馴松虫草)は、関東の海岸に自生し、高さは10～30cmと低い。葉に光沢がある。別属のナベナ(山芹菜)は、P163参照。

類似種との見分け方

▼マツムシソウ

高さ60～100cm

▼タカネマツムシソウ

高さ20～50cm

▼ナベナ

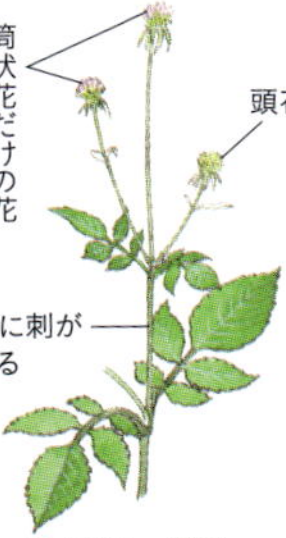

高さ100～200cm

ところが、深津正『植物和名の語源探究』によると、①歌舞伎の松虫鉦は金属性の灰皿状で、松虫草の実に似ていない。②松虫草の実の形に似た〝鉦〟は、存在しなさそうであることが分かった。なお、この鉦は歌舞伎では〝松虫鉦〟というが、仏具では〝伏せ鉦〟〝叩き鉦〟という。

さて、歌舞伎の松虫鉦は、音が松虫(当時はスズムシのこと)の鳴き声に似ていたので、〝松虫鉦〟。マツムシソウの花は、外側の裂片が大きく、中心が半球形。花の形は〝松虫鉦〟に少し似る。とりあえず、これを〝マツムシソウ〟の由来と考える。

マツムラソウ【松村草】

Titanotrichum oldhamii

松村草の“松村”は、東京大学・植物学教室第2代教授松村任三《じんぞう》のこと。

分類 イワタバコ科マツムラソウ属
分布 石垣島、西表島
環境 林の中の湿った場所
花期 8〜10月

黄色い花の内側に赤褐色の斑紋がある。高さ30〜60cm

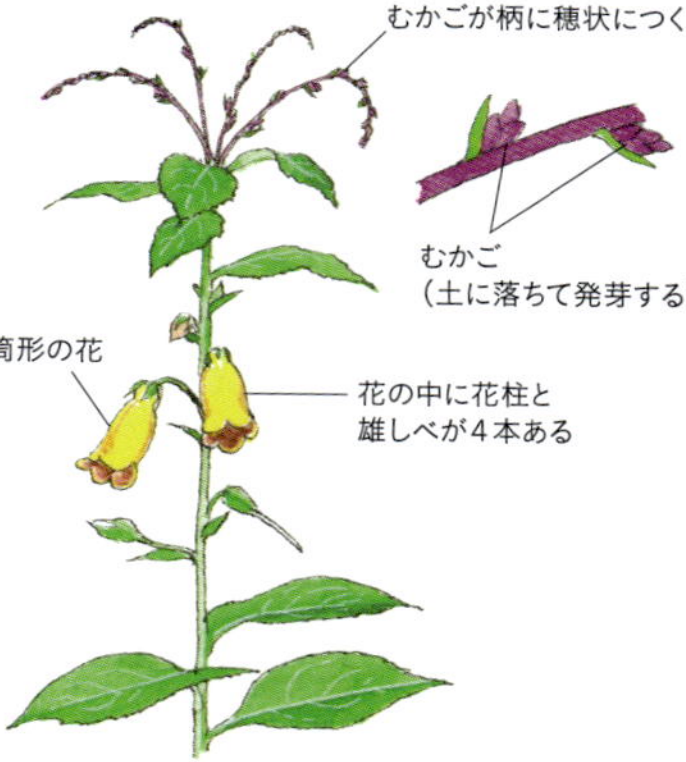

明治初年に東京大学が設立。当初の植物学教室には矢田部良吉教授、松村任三《じんぞう》助教授、大久保三郎助手の3人がいた。その頃、牧野富太郎が同教室に出入りしていた。矢田部教授は牧野と同じタイプの本を刊行しようとしていたため、牧野の教室の出入りを禁じた。その後、同教授が解任され、第2代教授に松村任三がなった。彼は牧野を助手に迎え、『日本植物名彙』『新撰日本植物図説』を世に出した。

本種は、ほとんどの図鑑に記載がなく、平凡社の『日本の野生植物・3巻』に記述文だけがある。八重山諸島で戦後に発見されたと推定している。発見した人が彼の業績をたたえ、この名前をつけたと思われる。

ママコノシリヌグイ

【継子尻拭】

Persicaria senticosa

葉裏の主脈に沿って刺がある。"継子《ままこ》"を苛《いじ》めるため、厠《かわや》の落とし紙として、この葉を置いた。

分類 タデ科イヌタデ属
分布 日本各地
環境 草やぶとか山道沿い
花期 8〜10月

継子(ままこ)苛め

(上)枝先に桃色の花が集まる
(下)葉は三角形で、裏側の主脈上に刺がある

昔は紙が貴重で、厠《かわや》(便所)の落とし紙には紙を使えなかった。紙の代用はいくつかあったが、葉が使われることが多かった。葉を落とし紙として使っていた頃、"継子《ままこ》"苛めというのがあった。家柄の都合とか主家の指示で、実子でない児(継子)を育てることになる場合がある。継母の中に陰湿な苛めを行なうものもいた。継子が用を足そうとした時、継母が厠の"落とし葉"を刺のついたこの葉に差し替えるかも、と想像してつけた名前。

マメヅタ【豆蔦】

Lemmaphyllum microphyllum

岩や樹幹に“豆形”の葉を連ねた植物が、“蔦《つた》”のように着生する。

分類 ウラボシ科マメヅタ属
分布 東北南部～九州
環境 沢沿いの苔むした樹木、尾根沿いの岩壁などに着生

楕円形の栄養葉は、多数ついて樹幹や岩壁を覆う。シダの仲間である

楕円形の栄養葉は長さ1～2cm。時期によっては、線形で先が丸い胞子葉がつく

楕円形で、葉肉の厚い葉が栄養葉である。この栄養葉を〝豆〟にたとえた。栄養葉は、地上すれすれに横走りしている細い根茎から短い柄でつながっている。栄養葉は、同じ方向へ表面を向けて並んでいる。

栄養葉を連ねている根茎には、細い根がある。この根が岩や樹幹に張りつき、着生状態を安定させている。このマメヅタの着生面積は、年を経るごとに広がる。まるで、〝蔦《つた》〟が壁面に拡大していくかのように大きくなる。それで〝蔦〟の名前がつく。

なお、着生とは樹幹や岩壁に付着することである。シダやランのような着生植物は、木や岩に付着しているだけで、空中から水分を吸う。寄生と異なり、決して樹木から養分を吸収することはしない。

ミズギク

【水菊】

Inula ciliaris

山地の“水辺”に咲く“菊”だから、“ミズギク”の名前がついている。

分類 キク科オグルマ属
分布 東北～近畿、宮崎
環境 山地の湿った草地や沼地
花期 6～10月

茎の頂部に1つだけ頭花を咲かす。茎にはへら形の葉が互生。高さは30～60cm

水辺とか湿地に自生する草のうち、〝ミズ〟とつく名前は少なくない。たとえば、ミズギボウシ、ミズオトギリ、ミズトラノオ、ミズトンボ、ミズバショウなどがある。これらは、〝ミズ〟と動植物名とが合わさって、水辺の特定の草を示している。ミズギクも同じで、〝ミズ〟と〝キク〟（一般的な植物名）とが合わさり、〝ミズギク〟という水辺の特定の草を示す名前になっている。

　なお、水辺とか湿地を表わすほかの言葉に、〝サワ〟〝ヌマ〟〝カワ〟などがある。〝サワ〟にサワギキョウ、サワヒヨドリ、サワギク、サワラン、サワオグルマほか。〝ヌマ〟にはヌマダイコン、ヌマトラノオ、ヌマガヤ。〝カワ〟にはカワヂシャがある。

ミズヒキ【水引】

Persicaria filiformis

穂状につく小さな花は、上から見ると紅《あか》く、下からのぞくと白く見える。紅白だから“水引”。

花茎が長く伸びて、小さな花をまばらにつける。高さ40〜80cm
（下）葉に逆V字形の黒斑があるものが多い

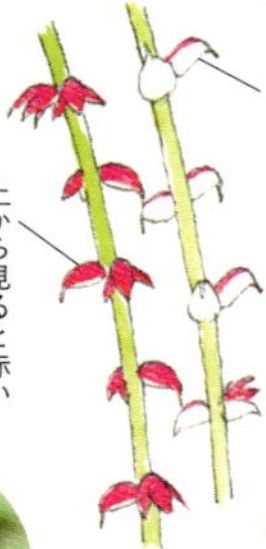

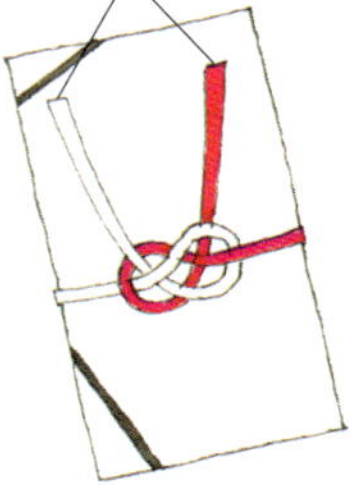

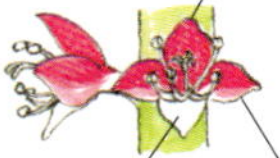

進物用の包み紙を結ぶのに使う紙糸を〝水引《みずひき》〟という。水引は細いこよりに水糊をつけて固めたもの。吉事には、一般に紅白に染め分けたものが多く使われる。

草のミズヒキの花は、花弁状のがくが深く4裂している。その上側半分は紅色で、下側半分は白色である。花は短命で、すぐに楕円球形の実になる。実の形になっても、上は紅く、下は白色。花または実は、長い穂にまばらにつく。花期でも果（実）期でも、花穂を上から見ると紅く見え、下から見上げると白色に見える。このような特徴をとらえて、祝儀袋の〝水引〟の名前を借用し

分類 タデ科イヌタデ属
分布 日本各地
環境 草やぶ、森陰、林の中
花期 8〜10月
仲間 ギンミズヒキ（銀水引）は、ミズヒキの品種で、花と実が白色の株。シンミズヒキ（新水引）は、葉がミズヒキよりも細長く先が尖り、逆V字形の黒斑がない。キンミズヒキ（金水引）はバラ科だが、黄色い花のつき方がミズヒキに似る（P96参照）。ヒメキンミズヒキ（姫金水引）はキンミズヒキに似て、小形の草である。

類似種との見分け方

▼ミズヒキ

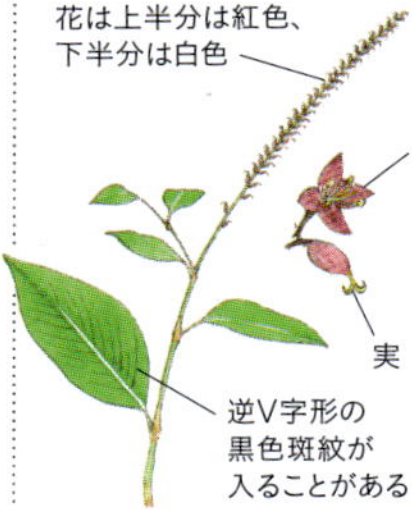

▼キンミズヒキ

▼ヒメキンミズヒキ

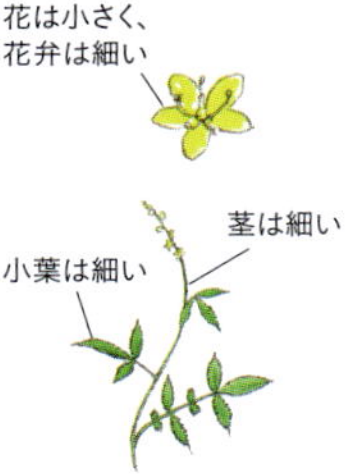

た。

なお、水引の名前は、鎧《よろい》の中にも見られる。大鎧の前側の上に胸板《むないた》がある。そのすぐ下に化粧板があり、その下に紅白の線状の飾りがある。これを水引という。細長い綾織物が革ひもを横2列に打ちつけたものである。この水引は、大袖の表側の上部などにも見られる。これが水引の名前の始まりと思う。

この水引から祝儀袋の水引の名前がつき、そして祝儀袋の水引から植物名の〝水引〟がついた。鎧の飾り、祝儀袋、草の水引の3者に共通なのは、紅白の色彩である。

ミセバヤ【見せばや】

Hylotelephium sieboldii

この花を誰かに見せたい。"見せたい"は、古語で"見せばや"。

分類 ベンケイソウ科 ムラサキベンケイソウ属
分布 小豆島。各地の人里近くに野生化も
環境 岩場など
花期 10～11月

扇形の葉が
3枚ずつ輪生
球状に集合

(上)下に垂れた草姿の先に小さな紅花が集まり、球形になる　(下)扇形の葉は多肉質

〝見せばや〟の名前をつけたのは誰かについて、江戸時代『閑窓自語』によると、「高野山の僧が、奥山で見つけた草を冷泉為久卿に贈り、君に見せばやと添え文があった。それで、為久卿は、この草を〝見せばや〟と名付けた」。以上の記述は深津正『植物和名の語源』からの引用である。上述のうち、「奥山で見つけた草」が問題で、本当に奥山で見つけた草ならば、〝ミセバヤ〟ではない。本種の自生地は小豆島だけで、ほかは人里近くに野生化したものばかり。

ミゾソバ
【溝蕎麦】

別名／牛の額

Persicaria thunbergii

溝のような湿った場所に群生。花や草姿が少しソバに似る。それで、“ミゾソバ”。

分類 タデ科イヌタデ属
分布 北海道〜九州
環境 沢沿いの湿地、沼地のそばなど
花期 7〜10月

（上）花弁状のがくは5裂し、裂片の先は紅色がかる　（下）独特の形の葉

江戸時代の『大和本草《やまとほんぞう》』など5文献に登場する。江戸時代に〝ミゾソバ〟の名前は定まっていた。また、この草は水辺に群生し、食用のソバに似ていたので、次のような別名もあった。〝水蕎《みずそ》麦《ば》〟〝水蕎麦蓼《たで》〟〝田蕎麦《たそば》〟〝川《かわ》蕎麦〟など。さらに〝牛の額《ひたい》〟は、葉が牛の顔に似ることによる。また、〝牛面草《ぎゅうめんそう》〟の記述も〝牛の額《ひたい》〟と同じく葉の形による。このほか、〝蛙草《かいるぐさ》〟〝蛙子草《かいるこぐさ》〟〝蛙股《かえるまた》〟など、蛙のついた別名もある。自生地の〝溝〟には、蛙がたくさんいたからと思われる。

ミツモトソウ
【水元草】

別名／源草、狼牙(ろうげ)
Potentilla cryptotaeniae

山の谷間で、水が滲《にじ》み出ているような場所に自生するので、"水元草""源《みなもと》草"。

分類 バラ科キジムシロ属
分布 北海道～九州
環境 山地の湿った草むら
花期 7～9月

黄色い5弁花を茎の先につける。全体に毛が多い。高さ50～90cm

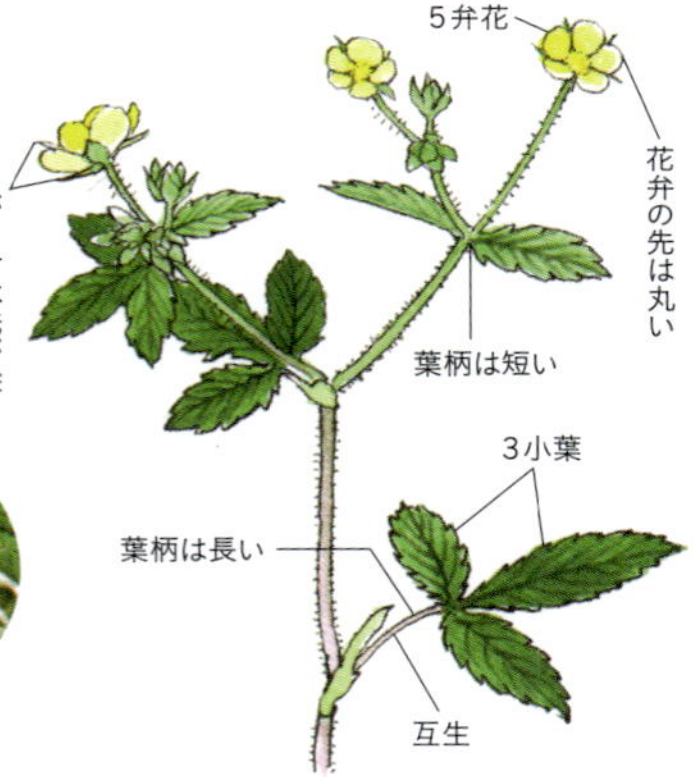

本種は奈良時代の『出雲風土記』を始め、多数の文献に記載されている。古名は〝宇末都奈岐《うまつなぎ》〟とか〝古末豆那岐《こまつなぎ》〟である。古名の意味は、〝駒繋《こまつなぎ》〟のこと。しかし、馬をつないでおくには、心許《こころもと》無い草である。木のような草でなければ、馬を繋いでおけない。でも、この草を馬が好んで食べるとすると、馬は動かなくなる。馬を繋いでいることと同じになる。この草は、馬の好物だったのかもしれない。なお、この草の別名は〝狼牙《ろうげ》〟。中国の生薬名を音読みしたものである。この草に鋸歯の激しい葉がある。この鋸歯を〝狼の牙《きば》〟にたとえた名前であろう。〝狼牙〟とついた草には、ほかにクロバナロウゲがある。

ミヤマオトコヨモギ → ヨモギの仲間（P247）

メドハギ

【蓍萩、目処萩】

Lespedeza cuneata var. *cuneata*

占い用の棒は“筮《めどぎ》”。竹製の筮竹《ぜいちく》が使用されるまでは、メドハギ(メドキハギ)を使用した。

分類 マメ科ハギ属
分布 日本各地
環境 日当たりのいい土手、道端、草むら
花期 8〜10月

直立する茎にまばらに花がつく。高さ50〜100cm　(下)花は白色で、紅斑がある

古代中国では、万物は陰と陽の2気で生じるとし、木・火が陽、金・水が陰、土が中間、これら五行の消長によって、天地の変動、災難、人事などの吉凶が分かるとした。これが陰陽五行説。この説をもとに、奈良時代の中央官庁に〝陰陽《おんみょう》寮〟が設置された。その寮には陰陽頭、陰陽博士、陰陽師などの官人がいた。陰陽の占いには、〝蓍萩《めどはぎ》〟の茎を使った。このメドハギは、もともとは〝筮芽子《めどきはぎ》〟であったが、名前が短縮化されて〝メドハギ〟になった。これは奈良時代から平安時代に使われていたが、近世になってから竹製に代わっていった。竹製の方が、均一な筮《めどき》に加工しやすかったからであろう。平安時代には陰陽師・安倍清明《あべのせいめい》が活躍している。

メガルカヤ → オガルカヤ(P62)

メナモミ【豨薟】

Sigesbeckia pubescens

蕾の形が、オナモミ（雄《お》菆《なもみ》）の実を小さくしたものに見える。“雌”をつけて、“メナモミ”

分類 キク科メナモミ属
分布 日本各地
環境 道端や空き地
花期 9～10月

頭花には黄色い舌状花がつく。茎の上部や葉裏に柔らかい毛が密生する

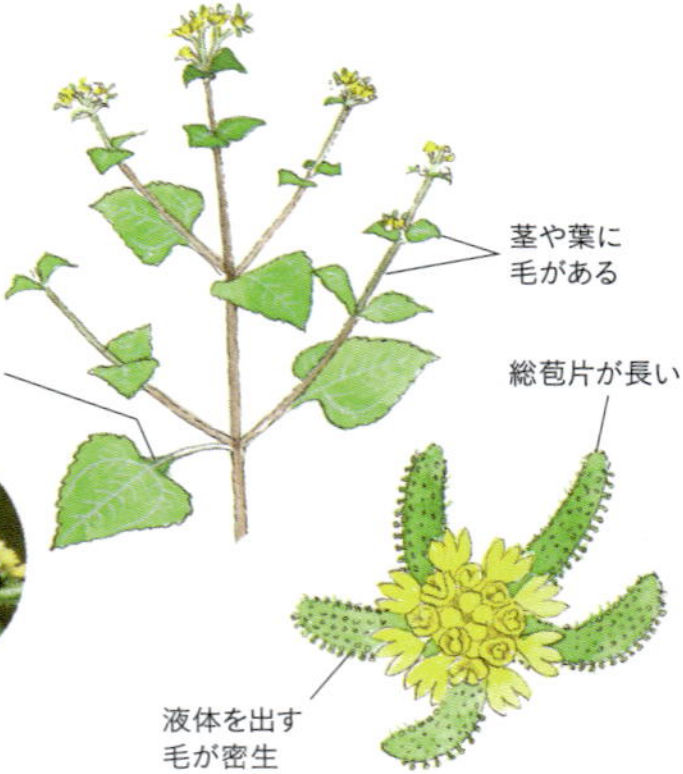

〝メ〟は雌で、〝ナモミ〟については、〝菜揉《も》み〟と〝勿揉み〟の2説があることをオナモミの項でも述べた。〝菜揉み〟は、古代の強壮薬〝神麹《しんき》〟をつくるため、オナモミの葉を揉んだことからついた名前。〝神麹〟つくりにはこのほか、本種の青い実も揉み、米麹、アズキ、カワラニンジンを加える。

〝勿揉み〟は、〝な〟＋〝揉み〟で、〝揉まないでいい〟と、揉むことを軽く制止する意味。オナモミの実は、周りに曲がった刺がつき、服につきやすい。しかし、1日たつとぽろりと落ちる。だから、揉まないでいい、ということ。

以上、2説とも捨てがたいが、前説を支持。

分類 イネ科メヒシバ属
分布 北海道～九州
環境 道端、畑周辺
花期 7～11月

オヒシバよりほっそりしていて、“雌”。芝のように毎日増えるから“日芝”。

メヒシバ
【雌日芝、女日芝】
Digitaria ciliaris

古い時代に渡来し、食用として役立ったのが、シコクビエ。大形だが、オヒシバとよく似る。この〝ビエ〟は〝日得《ひえ》〟が語源。日毎に盛んに増える意味。似たオヒシバは〝雄芝のような草が日毎増える〟意味。メヒシバは、オヒシバより草姿が細めで、〝雌〟または〝女〟がつく。

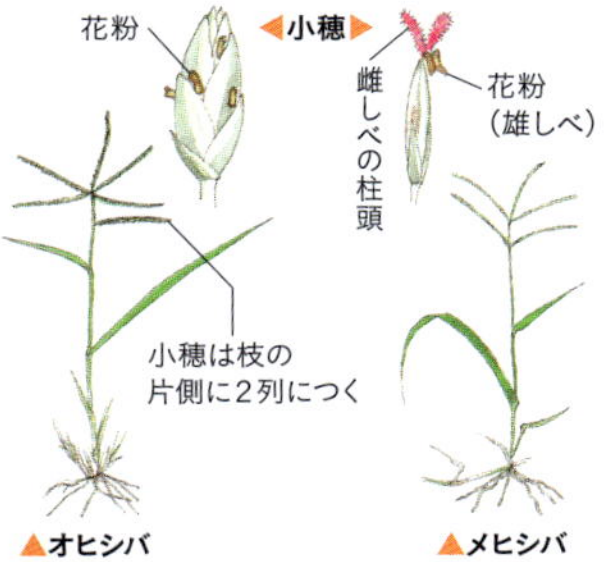

分類 イネ科メリケンカルカヤ属
分布 北米原産。本州、四国、九州に野生化
環境 都会の道端、空き地、郊外の荒地、土手など
花期 9～11月

北米原産。アメリカンをなまっていうと、“メリケン”。草姿は“刈茅《かるかや》”に似る。

メリケンカルカヤ
【米利堅刈茅、米利堅刈萱】
Andropogon virginicus

アメリカンを米国人が発音すると、日本人の耳には〝ア〟が聞こえにくく、〝メリケン〟と聞こえた。それで、メリケン粉などの言葉が生まれた。茎は根元から上へ直線状に伸びる。それで、オガルカヤやメガルカヤとよく似た草に見えた。それで、〝カルカヤ〟がついた。

茎の所々に、白色の綿毛が見える。高さ60～100cm

モミジガサ 【紅葉笠】

Parasenecio delphiniifolius

葉は“モミジ”に似る。葉を“菅笠《すげかさ》”に見立て、“紅葉《もみじ》笠”。“紅葉傘”ではない。

分類 キク科コウモリソウ属
分布 北海道南部～九州
環境 山地の林の中や森のへり
花期 8～9月

茎の上部に白い筒状の頭花をつける。葉は長さ約15cm。高さは50～90cm

モ

葉は“モミジ”に似る。株によって、葉形に変異はあるが、モミジの仲間のカエデ類のイタヤカエデ、カジカエデなどの葉に似る。モミジガサの“ガサ”は、“笠”とすべきか“傘”にすべきかは迷う。既刊の図鑑の漢字表記は、すべて“傘”である。しかし、平凡社の『大辞典』では、①紅葉傘は、中央に青土佐紙を貼り、周辺(外側)を白紙で貼った雨傘をいう。江戸初期に流行。当初は日傘で使用。②紅葉笠は、菅笠《すげかさ》の一種で、日照笠をいう。また、キク科のモミジガサのことでもある。以上の記述から、モミジガサの“ガサ”は、“傘”ではなく、“笠”である。

モミジバセンダイソウ
【紅葉葉川内草】
Saxifraga sendaica f. *laciniata*

葉は"モミジ"形。命名時に、産地を"川内"でなく"仙台"と誤認。

分類 ユキノシタ科ユキノシタ属
分布 紀伊半島、四国、九州
環境 沢沿いの湿った岩場
花期 9～10月

ロシアの植物学者マキシモウィッチが本種の学名をつける時、江戸時代の『草木図説《そうもくずせつ》』の和名を参考にし、センダイソウからSaxifraga sendaicaと命名した。その時、〝センダイ〟は産地名と分かっていたが、場所は不明で、日本人に聞くと誤って北部と答えたようだ。それで、〝仙台草〟に。

仙台市には自生しない。高さ10～20cm

ダイモンジソウに似た花

ヤクシソウ
【薬師草】
Crepidiastrum denticulatum

漢名に"苦賣菜《くこさい》"、別名に"苦菜《にがな》"など。苦いので、薬になると思われて、"薬師草"に。

分類 キク科アゼトウナ属
分布 北海道～九州
環境 草原、道端
花期 8～11月

〝薬師草〟の名前がありながら、薬効がほとんどない草である。はれものに効く程度。それで、朝鮮語からの〝ヤクチャイ（野苣菜）〟が、〝ヤクシソウ〟に転じたという説があるが、これは無理筋と思う。別名の〝茶苦〟〝苦蒿菜〟などから、苦いので身体によいと思われ、〝薬師草〟となる。

花
蕾
へりに鋸歯がある
花期を過ぎた花は下向きになる
茎部はハート形で茎を抱く

頭花に黄色い舌状花が12個前後つく

ヤハズソウ【矢筈草】

Kummerowia striata

葉の基部を持ち、葉先を引っ張ると、中間で切れて〝矢羽〟の形に。〝矢《や》筈紋《はずもん》〟に似る。

分類 マメ科ヤハズソウ属
分布 日本各地
環境 道端、空き地、郊外の土手、畑のそばなど
花期 8～10月

細めの軍配形の小葉が3枚セットで1つの葉。高さ20～40cm

▲矢筈紋

▲ヤハズソウの葉

本種の〝ヤハズ〟は〝矢筈《やはず》〟のことで、〝筈〟は〝端〟に由来する言葉。矢の末尾には、矢を射るための、弦の太さの凹みがある。これが〝筈〟。一方、ヤハズソウの葉を引っ張って切れた形は、〝矢羽形〟である。矢羽は、矢の棒の部分（箆《の》という）の後方に3～4の切れ込みを入れて羽を差し込んだもの。羽を入れることで直線的に飛び、飛距離を伸ばす。どうやら〝矢羽〟を家紋の〝矢筈紋〟と思った人か、〝矢羽〟を〝矢筈〟と誤認した人が〝ヤハズソウ〟とつけたと思う。

ヤ

ヤハズヒゴタイ

【矢筈平江帯】

Saussurea triptera

下部の葉は、"矢筈《はず》(弓の弦をはめる凹部)"に似る。ヒゴタイの仲間。

分類 キク科トウヒレン属
分布 中部地方南部
環境 山地から高山の林の中や草原
花期 8～10月

▲矢筈紋

◀矢

▲ヤハズヒゴタイ

枝の頂部にアザミに似た花をつける。高さ30～60cm

"ヤハズ"の名前は、弓の弦をかけるためにくり抜いた部分をいう。本種の下の方の葉の形を見ると、"矢筈《やはず》"に似ている。"ヒゴタイ"は、この仲間の何種かに共通する名前である。"ヒゴタイ"の意味を検討しないまま、"ヤハズ"に"ヒゴタイ"を加えた名前と思える。

この仲間には、刺《とげ》がないのにキクアザミのように"アザミ"の名前を与えている。花は、アザミより小さい。さらに、セイタカトウヒレンのように"トウヒレン(唐飛簾)"という大袈裟な名前もついている。これらのトウヒレン属は充分な理解がされないまま、個別に場当たり的に、"ヒゴタイ""アザミ""トウヒレン"の名前をつけたと思える。

ヤブソテツ【藪蘇鉄】

Cyrtomium fortunei

藪《やぶ》に自生するので"ヤブ"。ソテツの葉形に少し似ているので"ソテツ"。

分類 オシダ科ヤブソテツ属
分布 本州、四国、九州
環境 林の中、森のそばの岩場など

羽片が10対以上つく。シダの仲間である　(下)葉の裏には胞子嚢群がつく

▲ヤブソテツ　▲ソテツ

ヤ

ヤブソテツによく似た仲間に、オニヤブソテツ、メヤブソテツ、ヒロハヤブソテツがある。いずれも、ソテツの葉と同様に左右へ羽片が伸びるだけ。葉軸(羽片のつく枝)が枝分かれしたり、羽片が分裂したりすることもない。ソテツの葉の基本形と同じだから"ソテツ"の名前を前述の3種にも与えた。

それにしても、ヤブソテツ類の基本葉形にソテツの葉を選んだのは賛成しかねる。ソテツの羽片は硬くて、細かくて、多い。ヤブソテツ類の葉と、少ししか似ていないと思う。なお、ヤブソテツだけが、江戸時代の『綱目啓蒙《こうもくけいもう》』に掲載されている。

ヤブタバコ
【藪煙草】
Carpesium abrotanoides

藪《やぶ》に生え、茎につく頭花は、〝煙管《きせる》〟の雁首に似る。しわのある葉は〝タバコ〟の葉に似る。

分類 キク科ガンクビソウ属
分布 日本各地
環境 郊外の林の中や山道沿いの草やぶ
花期 9〜10月

(上)太い茎が放射状に枝分かれする　(下)葉のつけ根に直径約1cmの頭花がつく

平安時代から知られていた草で、その名前は時代とともに変わっていった。古名は〝波末太加奈《はまたかな》〟、江戸時代初期には〝猪尻草《いのしりぐさ》〟の名前が加わった。江戸時代中期になって、『大和本草《やまとほんぞう》』に〝やぶたばこ〟の名前が登場する。この頃になると、タバコが普及し、タバコの葉や煙管《きせる》を知る人が多くなった。それで、〝ヤブタバコ〟の名前が定着した。古名の〝ハマタカナ〟と、次に登場した〝イノシリグサ〟は、使われなくなり、忘れ去られていった。

ヤブマオ 【藪苧麻】

Boehmeria japonica

"苧麻《まお》"はカラムシの古名。似ている本種は、役立たず、"ヤブ"とつけ区別。

茎の上部に、いがぐり形の雌花が集合したひも状の穂がつく。高さ80〜120cm

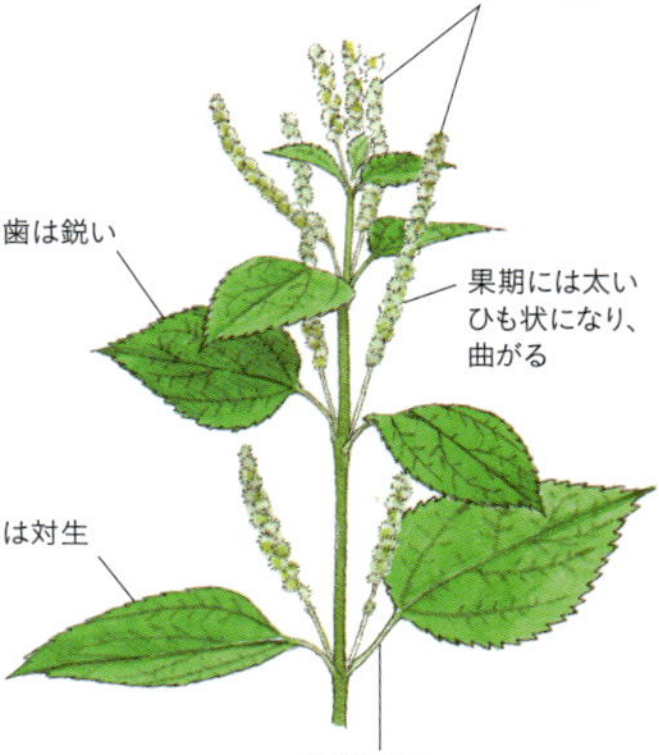

古代人にとって、カラムシは大切な植物であった。弥生時代の遺跡(下関市)からもカラムシの繊維による布の一部が発見されている。カラムシの名前(当時の〝苧麻《まお》〟など)は、奈良時代の『日本書紀』に登場し、その後、平安時代の『延喜《えんぎ》式《しき》』に〝枲《けむし》〟とか〝苧《からむし》〟の名前で掲載されている。

〝カラムシ〟の名前の由来には2説がある。第1は〝茎蒸《からむし》〟説。カラムシを繊維に加工する際に、茎を蒸したことによる。第2は朝鮮語説。カラムシのことをmushiといい、カラは〝韓《から》〟で、古代の朝鮮を表わす語(深津正『植物和名語源新考』)。

分類 イラクサ科カラムシ属
分布 北海道〜九州
環境 野山の土手、道端、草むら
花期 8〜10月
仲間 カラムシ(茎蒸、幹蒸)はP85、クサコアカソ(草小赤麻)はP97参照。メヤブマオ(女藪苧麻)は花序のひもが細く、葉の鋸歯が一層粗い。葉先がアカソの葉のように尻尾状に尖るのが特徴。

類似種との見分け方

▼カラムシ

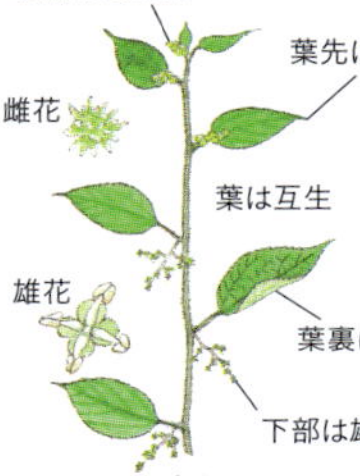

高さ1〜2m

▼クサコアカソ

高さ30〜70cm

▼メヤブマオ

高さ1m

私は〝茎蒸〟説を支持する。

カラムシは古代人にとって大切な植物であったから、方言名、別名がたくさんある。たとえば、〝真麻《まお》〟〝山麻《やまそ》〟〝牟斯《むし》〟〝衣《ころも》草《くさ》〟〝白麻《しらそ》〟などである。しかし、〝韓〟などの、朝鮮を表わす名前は1つもない。古代に漢名〝苧麻〟が広まっていて、朝鮮の言葉が入り込む〝隙〟はなかった。その後、漢字の〝苧麻〟と〝茎蒸〟とが合体し、〝苧麻〟を〝からむし〟と読むようになったと考える。

なお、本種はカラムシに似ていながら、繊維として役立たなかったため、カラムシのような歴史はない。

ヤブマメ

【藪豆】

Amphicarpaea bracteata

マメ科の草。"草《くさ》藪《やぶ》"につるがからんで、花や実(豆果)が目につく。

分類 マメ科ヤブマメ属
分布 日本各地
環境 林のそば、道端など
花期 8~10月

つる性の植物。茎に下向きの毛の筋がある　(下)花は蝶形で、旗弁が紅紫色

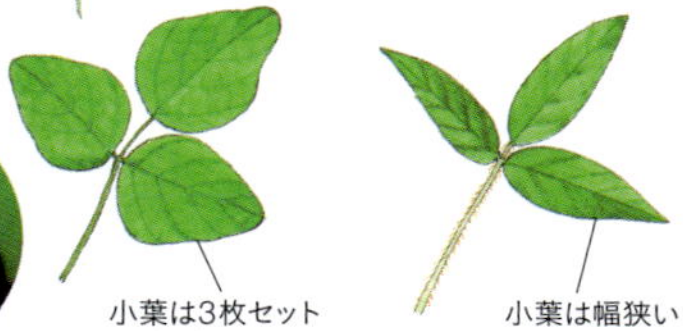

似たものにツルマメがある。ヤブマメに比べて、細めの小葉が3枚あって、豆(豆果)の莢《さや》に2~3個のタネが入っている。このタネ(豆)を改良していくうちに大豆になったとか。

このツルマメは、平安時代の『本草《ほんぞう》和名《わみょう》』には"久須加都良乃波衣《くずかずらのはえ》"の名前で出ている。"葛葛《くずかずら》のはえ"は、クズに似た草が生えたか、クズに似た草が生まれ変わったかの意味である。ツルマメの名前は、江戸時代に確立していて、『草木図説《そうもくずせつ》』を始め、ほかの4文献にも掲載されている。一方、利用価値の少ないヤブマメは、江戸時代になって認知された。『草木図説』などには、草姿が描かれている。

ヤブラン【藪蘭】

Liriope muscari

木陰の〝藪《やぶ》〟のような場所に生える。葉は細長い線形で、東洋蘭のよう。

分類　クサスギカズラ科 ヤブラン属
分布　本州～沖縄
環境　野山の木陰
花期　8～10月

▲カンラン
花期は晩秋～冬
▲ヤブラン
花期は夏～秋

長さ約50cmの花茎に藤色の花がつく
（下）タネには光沢がある。実ではない

ヤ

ヤブランは、奈良・平安時代に〝世《や》末《ま》須《す》介《げ》〟の名前であった。〝山菅《やますげ》〟の意味で、『万葉集』の中にも〝山菅〟が出てくる（巻11・2477）。「あしひきの名に負う山菅押し伏せて　君し結ばば逢わざらめやも」の歌は、「山の名のつく山菅を押し伏せるように強引に私と契りを結ぼうとするならば、私はあなたと逢わないことはないわよ」の意味である。歌の中の〝山菅〟は、ヤブランかジャノヒゲかの議論はあるが、ジャノヒゲは草丈が低いので、〝押し伏せる〟という語感からヤブランだと思う。

〝山菅〟は線形の葉を東洋ランの仲間として扱い、林の中に自生するので、江戸時代には〝藪蘭《やぶらん》〟になった。

ヤマゼリ【山芹】

Ostericum sieboldii

"芹《せり》"に似るが、大形で"山"の林の中に生える。それで、"山芹"。

分類 セリ科ヤマゼリ属
分布 本州、四国、九州
環境 林の中や沢沿い
花期 7〜10月

奈良・平安時代の古い文献に登場する。当時の名前は"夜《や》末《ま》世《ぜ》里《り》"で、現在と同じ発音である。セリは田や沢など、水辺に自生するので、"水芹《みずぜり》"といった。"水芹"に似て大形で、"山"の木陰に生える草だったので、"山芹(夜末世里)"とつけられた。

花は白色の5弁花

ヤマトリカブト【山鳥兜】

Aconitum japonicum ssp. japonicum

舞楽の伶人がつける冠の"鳥兜"に花が似る。"ヤマ"は他種との区別のため。

分類 キンポウゲ科トリカブト属
分布 関東〜中部地方
環境 山地の林内や林のふち
花期 9〜11月

奈良・平安時代に"於《お》宇《う》"と呼ばれたが、中国から"烏《う》頭《ず》"と"附《ぶ》子《し》"の名前が入ってくる。"烏頭"の名前は、花の頂部の形が"烏《からす》"の頭に似ているから。"附子"は、地下の塊根に由来し、親根そばの新球根を"附子"という。江戸時代には『大和本草《やまとほんぞう》』で"トリカブト"の名前になる。

トリカブト類の識別は難しい

ヤ

ヤマジノホトトギス → ホトトギスの仲間(P211)

ヤマノイモ

【山の芋、山の蕷】

別名／自然薯

Dioscorea japonica

サトイモなどは畑でつくる。本種は“山”に生える“イモ”だから、“山のイモ”。

分類 ヤマノイモ科ヤマノイモ属

分布 本州～沖縄

環境 野山の草やぶ

果期 10～1月

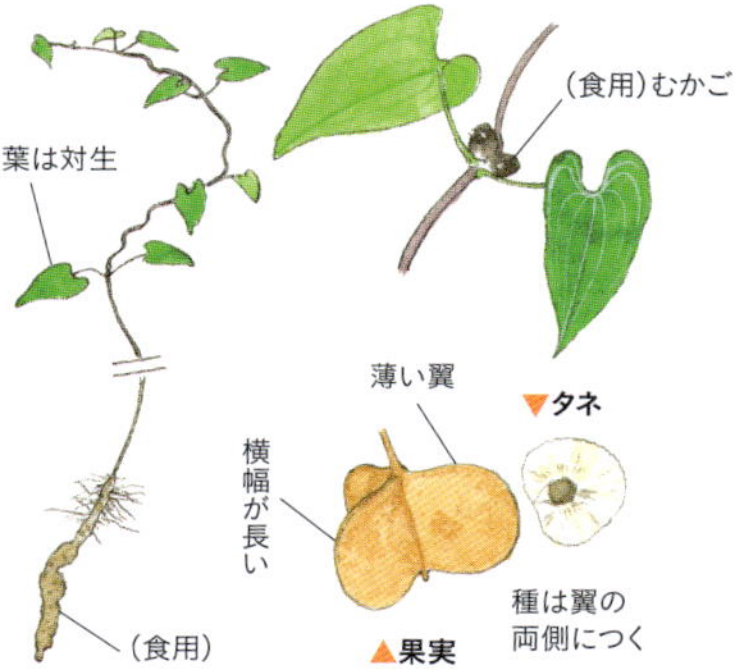

茎は樹木などに巻きつき上へのぼる。実は3枚の薄い円形膜がある

奈良時代の『風土記』、平安時代の『延喜式《えんぎしき》』やほかの文献に掲載されている。当時の名前は〝山伊母《やまいも》〟〝薯蕷《やまいも》〟〝夜《や》万都以毛《まついも》〟などといい、現在の〝ヤマノイモ〟という発音と変わりはない。古代の人たちも、畑に育つ里芋（サトイモ）に対して、山のイモだから〝山蕷（ヤマノイモなどには蕷の字）〟とした。なお、ジャガタライモ（ジャガイモ）は、平安時代にジャカルタ経由で渡来し、イモの字を〝薯〟と書く。別名は〝馬鈴薯〟。また、サツマイモは、江戸時代初期に中国から琉球経由で渡来した。サツマイモのイモは、〝藷〟と書き、別名は〝甘藷〟。ナガイモは、中国から遅くとも鎌倉時代以前に渡ってきた。このイモは、〝蕷〟と書く。

ヤマハッカ【山薄荷】

Isodon inflexus

畑に植えられることがある“ハッカ”。ハッカに少し似て、“山”に生えるから。

分類 シソ科ヤマハッカ属
分布 北海道〜九州
環境 森のへりや木の繁った土手など
花期 9〜10月

茎は四角形で、高さは60〜120cm
(下)花の上唇に濃紫の斑点が入る

▲ヤマハッカ

▲イヌヤマハッカ

よく見かける草である。珍しい草ではないが、江戸時代以前の文献には掲載されていない。命名は幕末以降と考えられる。

さて、ヤマハッカの〝ハッカ〟について述べる。ハッカは日本在来の草である。北海道から九州まで広く分布し、湿った草地に自生する。このハッカは、平安時代の『本草和名《ほんぞうわみょう》』ほか、多数の古文献にその名前が出ている。平安時代には、〝於々阿良岐《おおあらぎ》〟という名前であった。その後、中国から生薬名〝薄荷《はっか》〟が入ると、この名前が使われるようになった。ハッカは香料や薬用(解熱、健胃)として栽培され、メンソール含有率が高いという理由から、世界中に輸出された。

ヤマラッキョウ

【山辣韮】

Allium thunbergii

畑で栽培する“ラッキョウ”に対し、“山”の草原に自生する似た草なので。

分類 ヒガンバナ科ネギ属
分布 秋田県～九州
環境 日当たりのいい草原
花期 9～10月

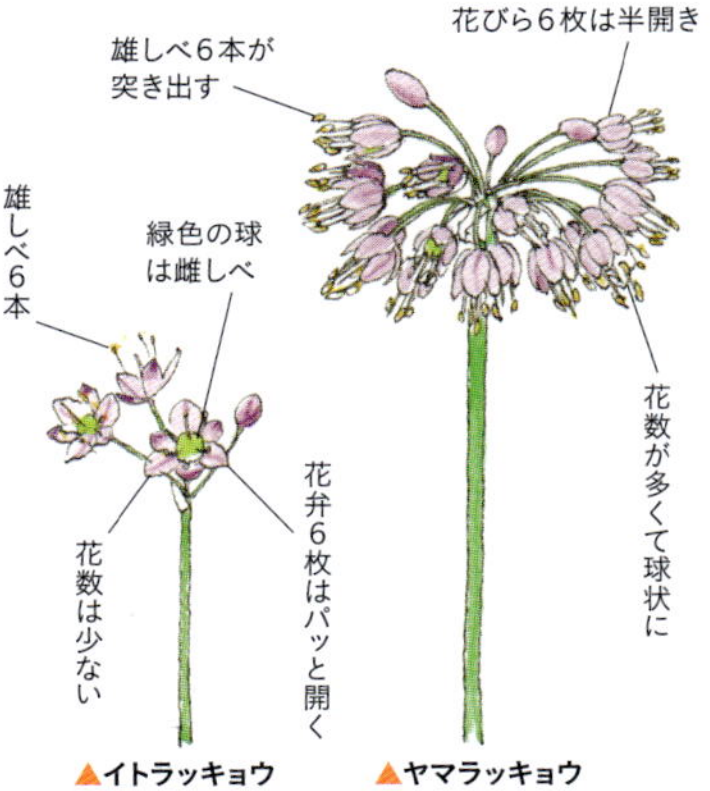

花茎の頂部から放射状に多数の花をつけ、球形の花序になる

江戸時代の『薬品手引草』『物品識《ぶっぴんしき》名《めい》』『草木図説《そうもくずせつ》』に掲載されている。江戸時代にやっと認知されたのは、薬用にも食用にもなっていなかったためである。ラッキョウに似た食感があって食べられるが、山の草原にぽつんぽつんと生えているので、食用にするまでには至らなかった。

ところで、畑栽培される食用のラッキョウであるが、古い時代に中国から渡来している。『本草和名《ほんぞうわみょう》』や『倭名抄《わみょうしょう》』などの平安時代の文献に掲載されていることから、もしかして奈良時代には日本へ渡ってきたかもしれない。

ラッキョウの古名は〝於保美良《おおみら》〟といった。中国名の〝薤《がい》〟が入ったら、薤《おおみら》と読んだ。その後、江戸時代の『成形図説』あたりから、中国名〝辣韮〟を〝ラッキョウ〟と呼ぶようになる。

ヤ

ユウガギク【柚香菊】

Aster iinumae

葉を揉《も》んで、匂いを嗅ぐと“柚《ゆず》”の香りがするので“柚香菊”。

分類 キク科シオン属
分布 東北〜近畿
環境 山地の草原
花期 7〜10月

頭花は白色だが、わずかに淡紫色を帯びる。高さ60〜100cm

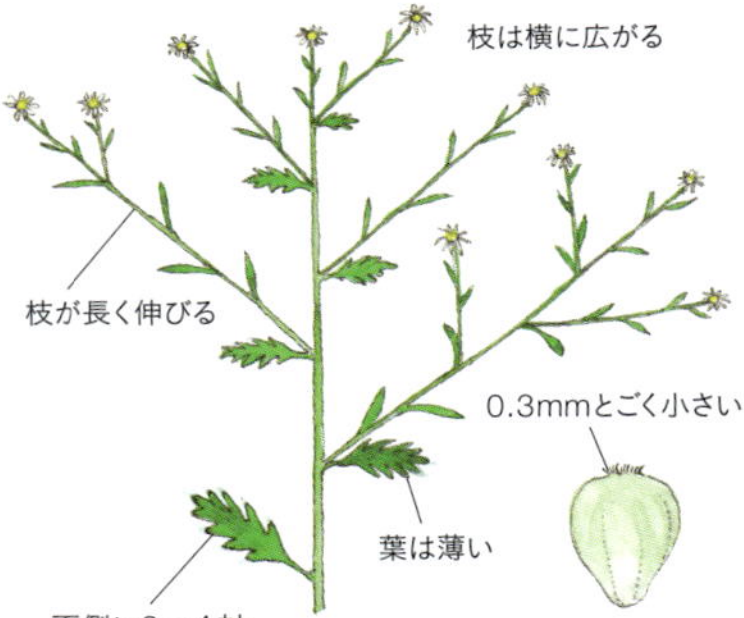

▲実（タネ）

〝柚《ゆず》〟は、ミカン科の常緑樹である。秋にミカンに似た果実がなる。厚い皮は薬味になり、果汁は飲み物や食物の香りづけに使われる。柚の香りは日本人にとって好感が持てる匂いである。このユウガギクの葉の香りは、〝柚〟にそれほど似ていないという人もいるが、悪い臭いではなく、私が「柚の匂いがするでしょう」と聞くと、たいていの人は肯定する。

キク科の草で、ユウガギクと同様に葉の香りの名前がつくのは〝竜脳菊《りゅうのうぎく》〟。秋の低山に咲く美しい白菊で、葉を揉《も》むと〝竜脳香〟の匂いがする。〝竜脳香〟はボルネオ産の樹のすき間にできる結晶体で、樟脳《しょうのう》に似た香りがする。

ヨウシュヤマゴボウ

【洋種山牛蒡】

Phytolacca americana

別名／亜米利加山牛蒡

外国産で、実が"マルミノヤマゴボウ"に似るので、"洋種山牛蒡"。

分類 ヤマゴボウ科ヤマゴボウ属
分布 北米原産。日本各地に野生化
環境 道端、市街地の空き地、土手など
果期 9〜12月

実は直径約1cmで、はじめは緑色だが、熟すと黒紫色になる

北米が原産地。明治時代初期に、何かに紛れ込んで入ったらしい。タネで増殖しているうちに、目にとまり、実の色が〝マルミノヤマゴボウ〟に似ているのに気付いた。それで、〝ヤマゴボウ〟という言葉が浮かんだ。また、本種が外国産なので〝洋種〟をつけたが、原産地の分かるアメリカをつけるべきだったと思う。そのためか、別名に〝アメリカヤマゴボウ〟がある。

〝ヤマゴボウ〟とつく仲間を紹介する。中国から古い時代に渡来し、薬用のヤマゴボウ。在来種のマルミノヤマゴボウも薬用。お土産のヤマゴボウの漬け物はモリアザミのこと。オヤマボクチも山里でヤマゴボウとして食用になっている。

 ヨブスマソウ → コウモリソウ（P101）

ヨモギ【蓬、艾】

別名／餅草
Artemisia indica var. *maximowiczii*

"ヨモギ"の名前の由来に、"善燃草《よくもえぐさ》"説と"善萌《よくもえ》草《ぐさ》"説とがある。前者の支持が多いが…。

分類 キク科ヨモギ属
分布 本州〜沖縄、小笠原
環境 野山の道端、土手
花期 9〜10月

小さな花を鈴なりにつけ、花序が円錐形になる。高さ50〜100cm　(下)頭花

▲ヨモギ

▲お灸の艾(もぐさ)

若葉を摘んで草餅にした

『万葉集』(巻18・4116)の大伴家持の歌にヨモギが"余母疑"という万葉仮名で書かれている。奈良時代には"ヨモギ"の名前になっていた。その頃、男児が生まれた時、"蓬《よもぎ》の矢"で天地四方を射って、健やかな成長を願った。端午《たんご》の節供には、"蓬"を屋根に葺き、蓬鬘《よもぎかずら》(蓬冠を頭髪にのせること)で邪気を祓《はら》った。奈良時代から平安時代は、ヨモギの芳香が魔除けの力を持つと信じられていた。

草餅や灸《きゅう》の材料、蚊遣《かやり》のために焚《た》くとか、これら実用的な利用は中世から近世になってからである。

ヨモギの芳香が、邪気祓いや魔除けに使われたとすると、"善燃草《よくもえぐさ》"説は当っていないと思う。

オオヨモギ【大蓬、艾】

別名／ヤマヨモギ
A. montana

北海道から近畿の山地の草原や林内に自生。花期は8～10月。

ヨモギによく似ていて〝大形〟の草だから、〝オオヨモギ〟。

葉は細く裂け、先が尖る。高さ1～2m

オトコヨモギ【男蓬】

A. japonica

日本各地の野山の草原や土手に自生。花期は9～11月。

花と実が小さく、タネができないと誤認され、〝男〟がつく。

頭花は小さい
葉の先半分に尖る鋸歯がある
くさび形

葉は長さ4～8cmのへら状。高さ50～100cm

ミヤマオトコヨモギ【深山男蓬、深山男艾】

A. pedunculosa

関東と中部地方の高山の砂礫地や岩場に自生。花期は8～9月。

高山に生えるので〝深山〟。葉はヨモギより男性的。

黄色い筒状花が円形に集合し、下向きに咲く
リュウノウギクに似た葉

オトコヨモギとは、自生地と草姿が異なる

ラセイタソウ【羅背板草】

別名／天鵞絨桑（ビロードカラムシ）
Boehmeria splitgerbera

本種の葉は"ラシャ地"に近いラセイタ（raxeta＝ポルトガル語）に似る。

分類 イラクサ科カラムシ属
分布 北海道南部～和歌山の太平洋側
環境 海岸の岩場や崖
花期 7～9月

葉はしわが目立ち、ざらざらしている。高さ50～80cm　（下）花序は短いひも状

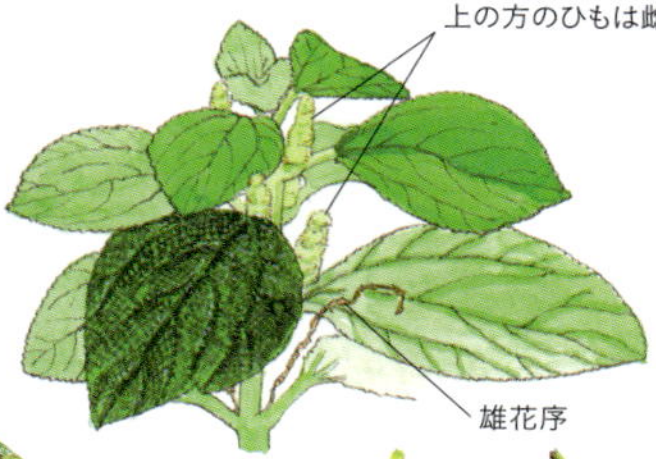

しわの多い葉はラシャ地に似る

ラ

安土桃山時代に欧州から毛織物を輸入した。それは羊毛製でぶ厚く、密に織り上げたものであった。とても丈夫で火にも強いので、陣羽織や火事羽織に加工された。その織物が羅紗raxaである。羅紗より薄手で、手触りが粗い織物もあった。それを羅背板raxetaといった。

この羅背板に似た葉があった。主に東日本の太平洋側の海岸に自生するラセイタソウである。葉は硬い感じで、ざらざらしている。羅背板に触ったことがないので、感触が似ているかどうかは判断できない。しかし、ラセイタソウの葉を撫でていると、羅背板という織物の感触はこんなものではなかろうかと思えてくる。

リュウノウギク【竜脳菊】

Chrysanthemum makinoi

葉を揉《も》むと"竜脳香"に似た香りがする。それで"竜脳菊"という。

分類 キク科キク属
分布 新潟・福島～九州
環境 山地や丘陵の日当たりのいい斜面
花期 10～11月

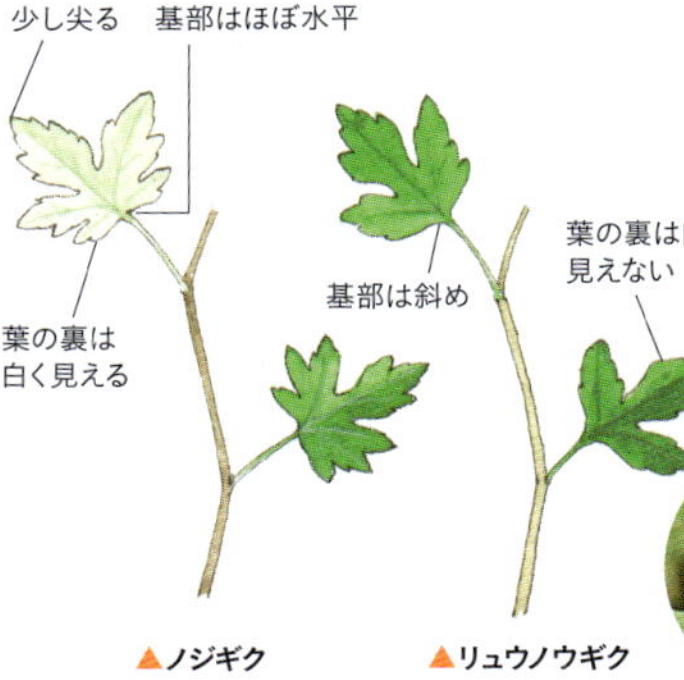

茎は直立しない。高さ40～70cm　(下)葉には2～3対の切れ込みがある

リ

〝竜脳香〟は重要な香料の一つで、樟《しょう》脳《のう》に似た芳香があった。植物からとる香料であるが、日本産はなかった。スマトラとかボルネオにフタバガキ科の竜脳樹が自生している。その中の大木の樹幹に割れ目などがあった場合、そのすき間に〝竜脳〟という無色の結晶がたまる。これを日本も輸入していた。江戸時代では〝竜脳〟は一般人にも知られていて、本種の葉の香りと〝竜脳〟とが結びつけられた。

そのほか、香料が植物名になったものに、麝香《じゃこう》＝イブキジャコウソウ、ジャコウソウ、タニジャコウソウ。沈《じん》香《こう》＝沈丁花。丁子香《ちょうじこう》＝丁子草、丁子菊、丁子桜(丁子香グループは香りではなく、胴長の花形が似る)。

リンドウ
【龍胆、竜胆】
Gentiana scabra var. *buergeri*

中国からきた生薬〝龍《りゅう》胆《たん》〟がなまって〝リンドウ〟に。

分類 リンドウ科リンドウ属
分布 本州、四国、九州
環境 野山の日当たりのよい草原や斜面
花期 9〜11月

茎の頂部に1〜数個の花がつく。花の上部は5裂して、晴天時に開く

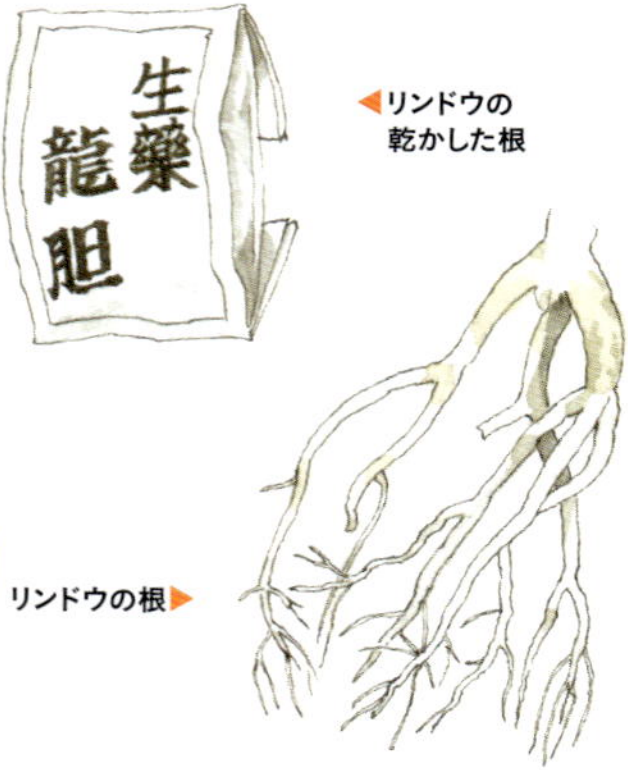

リンドウの根はとても苦く、健胃効果がある。苦いものは、身体に効く。日本では、苦い苦い〝熊の胆〟が最高級であった。中国からきたリンドウの根には、熊より格上の〝竜の胆〟の名前がつけられていた。それを音読みして、〝竜《りゅう》胆《たん》〟といった。なお、竜は想像上の動物で、蛇の形をした鬼神。天、地、水に住み、風雨を自由に支配する。竜には3種ある。〝龍〟はこの仲間の長《おさ》。背中に81の鱗があり、雲や雨を起こす。次に、〝咬《こう》〟という竜。角《つの》はなく、背中は青まだらで、腋《わき》は錦のよう。深山幽谷に住む。最後は〝螭《あまりょう》〟という竜。〝咬〟に似て角はない。色は黄色。3竜のうち、胆は〝龍〟のもので、〝龍胆〟は一段と苦いはず。

エゾリンドウ【蝦夷竜胆】

G. triflora

北海道〜中部地方の深山の湿地などに自生。花期は8〜9月。

昔の蝦夷地に自生したので〝蝦夷〟がつく。

茎頂にもその下にも花がつく

草姿はほかの種類より大きく、花つきが多い

オヤマリンドウ【御山竜胆】

G. makinoi

東北南部から中部地方の高山の草原に自生。花期は8〜9月。

信仰対象の山に自生していたので、〝御山《おやま》〟と敬称をつけた。

茎頂にのみ花がつく
花弁はあまり開かない
エゾリンドウより花は小さい

花は茎頂にしかつかず、ほとんど開かない

アサマリンドウ【朝熊竜胆】

G. sikokiana

紀伊半島と四国の山地の林の中に自生。花期は9〜11月。

三重県の朝熊山《あさまやま》の周辺に多産するので〝アサマ〟がつく。

リンドウの花より小さい
がく裂片は小さく、水平に開く

草姿は小形で、卵形のがくが水平に開く

レイジンソウ【伶人草】

Aconitum loczyanum

雅楽を演奏する"伶人《れいじん》"の冠は"鳥兜《とりかぶと》"という。この"鳥兜"に似た花が咲く。

分類 キンポウゲ科 トリカブト属
分布 関東～九州
環境 山地の林の中
花期 9～10月

花は淡紅紫色。高さは30～70cm
(下)葉は手のひら状に切れ込む

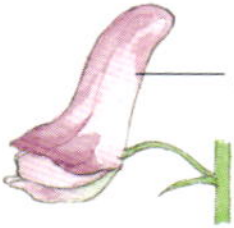

奈良時代には、宮中に雅楽寮が設けられていた。雅楽を専門に演奏する組織は現代でも続いている。雅楽を演奏する人が、正式な装束をつける時、鳳凰の頭に似せた冠をつけた。鳳凰をかたどったのは、鳳凰が想像上の瑞鳥《ずいちょう》(めでたい鳥)だから。鳥の冠なので、"鳥兜《とりかぶと》"の名前がついた。舞楽の種類によって、"鳥兜"の形式、装飾、色彩は変わった。

鳥兜は、錦という布地でつくった。前方を尖らせ、䩊《しころ》(布地が首を覆う部分)を後方に垂らした。

なお、鳳凰の場合、"鳳"が雄に相当し、"凰"は雌に相当するのだそうだ。古代の中国では、鳳凰は麟《りん》(麒麟《きりん》のこと。1日に千里走る駿馬)、亀、竜とともに四瑞として尊ばれた。

ワダン

【海菜】

Crepidiastrum platyphyllum

分類 キク科アゼトウナ属
分布 千葉・神奈川・静岡、伊豆諸島
環境 海辺の岩場や崖地
花期 9～11月

海岸に自生する。古語で"海"を"わた"。食用になるので、"菜"。"わた菜"が"ワダン"に。

舌状花だけの小花が多数傘形に集合

丸い葉がタンポポの葉のようにつく

根性葉はロゼット状。茎の頂部に小さな頭花が多数集合する。高さ20～40cm

ワ

仲間で同じような海辺の岩場に自生するのが〝アゼトウナ〟。〝ナ〟は〝菜〟のことである。昔は山や野、海辺に生える草を採って食べていた。草の中には、毒になったり、食べてもおいしくないものが少なくなかった。それで、いつしか食用になる草には〝菜〟がつけられるようになった。〝菜〟のつく草には、ナズナ、ニガナ、ハチジョウナ、カラシナなど多数ある。本種のワダンにも〝菜〟がついていたと考える。仲間のアゼトウナが食べられるので、似た形質のワダンも食べられていたと思われるからである。

〝わた〟は海の古語であったので、〝海《わた》菜《な》〟であったと思う。それがなまって、〝ワダン〟になった。

ワレモコウ

【割木瓜】

Sanguisorba officinalis

御簾《みす》の外側に張った“帽《も》額《こう》（木《も》瓜《こう》）”という布の紋に花が似て、蕾は十字に割れる。

分類 バラ科ワレモコウ属
分布 北海道〜九州
環境 野山の草原
花期 8〜10月

暗赤色の小さな花が多数集まって、楕円形の花穂になる

茎の中部から上で枝分かれし、その先に暗赤色の花穂がつく。高さ60〜120cm

名前の由来が難解で、多説ある。これらのうち、前川文夫『植物の名前の話』の由来説に賛同する。宮殿や神社の御簾《みす》の上部の外側に横へ幕のように張った布を〝帽額《もこう》〟という。〝帽額〟には瓜《うり》を輪切りにした図（窠紋《かもん》）が入っていた。この図は、瓜に似たために〝木《も》瓜《こう》〟ともいった。この図は、ワレモコウの花に似ている。また、この蕾をよく見ると、十字形に割れている。それで〝割木瓜〟。この説以外に〝我木香〟説や〝吾亦紅〟説などがあるが、支持しない。

用語解説

本書では、日常の話し言葉で解説するようにしました。専門用語を使用すれば、的確に植物の部位や性質などを示すことができますが、一般読者には難解です。本書で使用した用語を紹介しておきます。

▼**1年草**　その年にタネが発芽し、花を咲かせて、タネができると枯れる。越年草は、その年の秋に発芽し、翌年咲いて枯れる。

▼**羽状複葉**《うじょうふくよう》　5枚以上の小葉《しょうよう》が羽のように並び、1枚の葉を構成する複葉。

▼**雄**《お》**しべ**　花粉の入る葯《やく》、葯を支える花糸《かし》からなる。

▼**花茎**《かけい》　ヒガンバナなど先に花しかついていない茎のこと。葉が退化して鱗片《りんぺん》状になったものも含む。これに対して普通に葉や花がつく茎は単に〝茎〟という。

▼**花序**《かじょ》　花茎、茎や枝の先についた花の集団のこと。

▼**花柄**《かへい》**と花軸**《かじく》　花が1つつく柄を〝花柄〟、花が複数つく軸を〝花軸〟という。

▼**花弁**《かべん》　花弁と花びらを同意語として次のように使用した。離弁花（ユキノシタなど）で花弁とがくがはっきりしている種類は〝花弁〟。花弁のないものは、単に〝花〟。合弁花（リンドウなど）では、単に〝花〟。単子葉（ユリ、ランなど）で、花弁とがくが同じようなものは、〝花びら〟。花弁とがくがない花（ユキモチソウ、ススキなど）は単に〝花〟といい換えた。

▼**偽球茎**《ぎきゅうけい》　ラン科の球根状の器官で、太い茎などをいう。偽鱗茎《ぎりんけい》あるいはバルブともいう。

▼**距**《きょ》　花の背後に突き出た尻尾のような器官。その中に蜜を分泌し、昆虫を誘う。

▼**茎**《くき》　花と葉をつける、植物の柱。

▼**互生**《ごせい》　葉などが茎に互い違いにつくこと。

▼**根生葉**《こんせいよう》　タンポポの葉のように、根元から直接伸びている葉。

▼**3出複葉**《しゅつふくよう》　3枚の小葉が1組と

なって1枚の葉を構成する複葉。

▼**子房**《しぼう》 花の下または背後にあり、タネができる器官。

▼**小花**《しょうか》 キク科の舌状花《ぜつじょうか》や筒状花《とうじょうか》(管状花)をいう。イネ科では小穂につく小花。

▼**ずい柱** ラン科では、花の中心の〝鼻〟のような器官。雌しべと雄しべがくっついて一つになっている。

▼**装飾花**《そうしょくか》 ヤマアジサイやガクアジサイの花の外側の大きな目立つ花をいう。雄しべも雌しべもない中性花。

▼**総苞**《そうほう》 キク科などの花の下側にある小さな鱗片の集合。1枚1枚の鱗片を総苞片という。

▼**対生**《たいせい》 葉などが向かい合ってつくこと。

▼**托葉**《たくよう》 葉柄《ようへい》のもとにつく小さな葉のこと。托葉の形が種類を見分ける手がかりとなることも。

▼**タネ** 種子のことを〝タネ〟といい換えた。

▼**柱頭**《ちゅうとう》 雌しべの先端で、雄しべの花粉を受ける部分。

▼**筒状花**《とうじょうか》(管状花ともいう) 舌状花とともにキク科の頭花《とうか》を構成する小花をいう。

▼**2年草** タネから発芽してから2年目に開花する草。

▼**仏炎苞**《ぶつえんほう》 ウラシマソウの花のように頭巾形の苞をいう。仏像の光背《こうはい》(炎形)に似た〝苞〟のこと。

▼**閉鎖花**《へいさか》 スミレのように花期が過ぎた後、花が開かずに蕾のまま自家受粉してタネができる花のこと。

▼**苞**《ほう》(**苞葉**《ほうよう》) 花の下につく小さな葉をいう。花びら状に変化することがある。

▼**実**《み》 果実のこと。花が受粉して受精すると、子房が変化して果実になる。果実は果物と誤解しやすいので、単に〝実《み》〟という言葉を使った。

▼**雌**《め》**しべ** タネをつくる器官。柱頭・花柱・子房で構成。

▼**葉柄**《ようへい》 茎と葉身(葉の面状の部分)とをつなぐ棒状の器官。

▼**鱗茎**《りんけい》 ユリの球根のように、栄養分を貯えた鱗片の集合。下に根、上に茎が伸びる。

▼**鱗片**《りんぺん》 鱗状の小片。花茎やシダなどの茎にある。

▼**ロゼット** タンポポのように地際へ放射状に出る葉姿をいう。

五十音索引

◉春編、夏編、秋・冬編の各巻で、解説を収録してあります。
◉細字は別名、解説文のみの種です。

ア

アイコ｜秋・冬40
アオスズラン｜秋・冬6
アオチドリ｜夏6
アオノツガザクラ｜夏7
アオミズ｜秋・冬7
アオヤギソウ｜夏7
アカザ｜秋・冬8
アカショウマ｜夏8・175
アカソ｜秋・冬10
アカツメクサ｜春6
アカネ｜秋・冬12
アカバナ｜夏9
アカバナユウゲショウ｜夏10
アカハナワラビ｜秋・冬181
アカマンマ｜秋・冬37
アカモノ｜夏10
アキカラマツ｜夏11
アキギリ｜秋・冬13
アキチョウジ｜秋・冬14
アキノウナギツカミ｜秋・冬15
アキノエノコログサ｜秋・冬55
アキノキリンソウ｜秋・冬16
アキノタムラソウ｜秋・冬18
アキノノゲシ｜秋・冬18
アケボノシュスラン｜夏12、秋・冬121
アケボノソウ｜秋・冬19
アケボノフウロ｜春8
アサガオ｜夏12
アサギリソウ｜秋・冬20
アサザ｜夏13
アサツキ｜春9
アサヒラン｜夏119
アサマフウロ｜夏191
アサマリンドウ｜秋・冬251
アザミの仲間｜夏14
アシ｜秋・冬21
アシタバ｜秋・冬22
アシボソ｜秋・冬22
アズマイチゲ｜春10・77
アズマギク｜春11
アズマシロカネソウ｜春12
アゼガヤツリ｜秋・冬81
アゼトウナ｜秋・冬23
アゼムシロ｜秋・冬24
アツモリソウ｜春14
アブラガヤ｜秋・冬25
アブラナ｜春140
アマチャヅル｜秋・冬26
アマドコロ｜春16
アマナ｜春18・199
アマニュウ｜夏16・134
アミガサユリ｜春192
アメリカイヌホオズキ｜秋・冬38
アメリカセンダングサ｜秋・冬27
アメリカネナシカズラ｜秋・冬27
アメリカフウロ｜春8
アヤメ｜春20
アレチウリ｜秋・冬28
アレチギシギシ｜夏16
アレチマツヨイグサ｜夏221
アワ｜夏42
アワコガネギク｜秋・冬93
アワコバイモ｜春107
アワダチソウ｜秋・冬16
アワチドリ｜夏17・154
アワモリショウマ｜夏175
イガオナモミ｜秋・冬69
イカリソウ｜春22
イケマ｜夏18
イシミカワ｜秋・冬29
イソギク｜秋・冬30
イタチガヤ｜秋・冬31
イタチササゲ｜夏19
イタドリ｜秋・冬32
イチゲキスミレ｜春81
イチハツ｜春24
イチヤクソウ｜夏214
イチヨウラン｜夏20
イチリンソウ｜春25・184
イッスンキンカ｜秋・冬33
イトラッキョウ｜秋・冬34
イヌガラシ｜春26
イヌキクイモ｜秋・冬92
イヌゴマ｜夏21
イヌジュンサイ｜夏13
イヌショウマ｜秋・冬36・109
イヌタデ｜秋・冬37・179
イヌナズナ｜春27・177
イヌノフグリ｜春45
イヌホオズキ｜秋・冬38
イヌヤマハッカ｜秋・冬242
イノコヅチ｜夏22
イノモトソウ｜秋・冬39

イブキジャコウソウ｜夏23
イブキトラノオ｜夏24
イボクサ｜夏159、秋・冬39
イボトリグサ｜秋・冬39
イモカタバミ｜春65
イラクサ｜秋・冬40
イロハソウ｜春206
イワアカバナ｜夏25
イワイチョウ｜夏25
イワインチン｜秋・冬41
イワウチワ｜春27
イワオウギ｜夏26
イワオモダカ｜秋・冬41
イワカガミ｜春28
イワガネゼンマイ｜秋・冬42
イワガネソウ｜秋・冬42
イワギク｜春215
イワギク｜秋・冬43
イワギリソウ｜春29
イワキリンソウ｜夏30
イワキンバイ｜夏228
イワザクラ｜春30
イワジャコウソウ｜夏23
イワシャジン｜夏215、秋・冬44
イワショウブ｜夏27
イワゼキショウ｜夏195
イワセントウソウ｜春31・147
イワタイゲキ｜春31
イワタバコ｜夏28
イワダレソウ｜秋・冬46
イワチドリ｜夏154
イワトユリ｜夏128
イワハゼ｜夏10
イワベンケイ｜夏30
イワユキノシタ｜春32
イワユリ｜夏128
イワラン｜夏34
イワレンゲ｜秋・冬47
インチンヨモギ｜秋・冬41
ウキヤガラ｜秋・冬48
ウサギギク｜夏31
ウシクグ｜秋・冬49
ウシノシッペイ｜秋・冬50
ウシハコベ｜春193
ウスバサイシン｜春32
ウスベニチチコグサ｜春35
ウスユキソウ｜夏32
ウチョウラン｜夏34
ウツボグサ｜夏35
ウド｜春197、夏36・46
ウバユリ｜夏37
ウマノアシガタ｜春33
ウマノスズクサ｜夏38
ウメガサソウ｜夏39
ウメバチソウ｜秋・冬51
ウラシマソウ｜春34
ウラジロチチコグサ｜春35
ウラハグサ｜秋・冬200
ウリカワ｜秋・冬52
ウワバミソウ｜春36
エイザンスミレ｜春37
エゾエンゴサク｜春131
エゾオオバコ｜春49
エゾシオガマ｜夏251、秋・冬103
エゾスズラン｜秋・冬6
エゾセンノウ｜夏39
エゾタンポポ｜春158
エゾニュウ｜夏134
エゾノコンギク｜秋・冬171
エゾノシシウド｜夏40
エゾノヨロイグサ｜夏40
エゾミソハギ｜夏224
エゾリンドウ｜夏41、秋・冬251
エノキグサ｜秋・冬53
エノコログサ｜秋・冬54
エビネ｜春38
エリゲロン｜春99
エンコウソウ｜春40
エンシュウハグマ｜秋・冬65・176
エンドウ｜春71
エンドウソウ｜夏19
エンビセンノウ｜夏137
エンレイソウ｜春41
オウゴンオニユリ｜夏42
オウレンの仲間｜春42
オオアマナ｜春19
オオアレチノギク｜秋・冬56
オオアワガエリ｜夏42
オオアワダチソウ｜夏43
オオイヌタデ｜秋・冬57
オオイヌノフグリ｜春44
オオオナモミ｜秋・冬69
オオカサモチ｜夏44
オオケタデ｜秋・冬58
オオサクラソウ｜春113
オオジシバリ｜春46
オオゼリ｜夏168
オオセンナリ｜夏44
オオタチツボスミレ｜春151
オオタニワタリ｜秋・冬59

オオチャルメルソウ｜春163
オオニシキソウ｜夏108、秋・冬60
オオバキスミレ｜春47
オオバギボウシ｜夏81
オオバコ｜春48
オオバコウモリ｜秋・冬101
オオバジャノヒゲ｜夏45
オオバショウマ｜夏45
オオハナウド｜夏46
オオハナワラビ｜秋・冬181
オオバノイノモトソウ｜秋・冬39
オオバミゾホオズキ｜夏225
オオハンゲ｜春50
オオハンゴンソウ｜夏202
オオヒナノウスツボ｜秋・冬61
オオビランジ｜夏145
オオベニタデ｜秋・冬58
オオベンケイソウ｜秋・冬61
オオマツヨイグサ｜夏221
オオマルバノホロシ｜夏47
オオヤマフスマ｜夏47
オオヨモギ｜秋・冬247
オオレイジンソウ｜夏48
オカオグルマ｜春51
オカトラノオ｜夏49・173・179

オガルカヤ｜秋・冬62
オギ｜秋・冬63
オキナグサ｜春52
オギョウ｜春200
オククルマムグラ｜春239、夏50
オクモミジハグマ｜秋・冬64
オクヤマコウモリ｜秋・冬101
オクヤマシャジン｜夏206
オグラセンノウ｜夏137
オグルマ｜夏51・63
オケラ｜秋・冬66
オサバグサ｜春53
オサラン｜夏52
オタカラコウ｜夏53
オダマキの仲間｜春54
オトギリソウ｜夏54
オトコエシ｜秋・冬67
オトコヨモギ｜秋・冬247
オトメユリ｜夏205
オドリコソウ｜春56
オナガエビネ｜夏55
オナガカンアオイ｜春73
オナモミ｜秋・冬68
オニアザミ｜夏15
オニカサモチ｜夏44

オニシモツケ｜夏56
オニタビラコ｜春57
オニドコロ｜秋・冬70
オニノヤガラ｜夏57
オニユリ｜夏58
オヒシバ｜秋・冬71
オビトケコンギク｜秋・冬171
オヘビイチゴ｜春221
オミナエシ｜秋・冬72
オモダカ｜秋・冬73
オモト｜夏60
オヤブジラミ｜春58、夏241
オヤマボクチ｜秋・冬74
オヤマリンドウ｜秋・冬251
オランダミミナグサ｜春231

カ

カイコバイモ｜春107
ガガイモ｜夏61
ガガブタ｜夏13
カキツバタ｜春21・59
カキドオシ｜春60
カキノハグサ｜春61
カキラン｜夏62
カザグルマ｜春62
カシワバハグマ｜秋・冬76

カスマグサ｜春71
カゼクサ｜秋・冬77
カセンソウ｜夏63
カタカゴ｜春63
カタクリ｜春63
カタシログサ｜夏201
カタバミ｜春64
カッコソウ｜春66
カテンソウ｜春67
カナムグラ｜秋・冬78
カニクサ｜春68
カニコウモリ｜夏64、秋・冬101
カノコユリ｜夏65
ガマ｜夏66
カミダスキ｜秋・冬187
カメバヒキオコシ｜秋・冬79
カモアオイ｜春218
カヤツリグサ｜秋・冬80
カヤラン｜春69
カライトソウ｜夏67
カラスウリ｜秋・冬82
カラスノエンドウ｜春70
カラスノゴマ｜秋・冬84
カラスビシャク｜春50・72
カラタチバナ｜秋・冬84

カラハナソウ|秋・冬85
カラフトエンビセンノウ|夏39
カラマツソウ|夏68
カラムシ|秋・冬85・237
カリガネソウ|秋・冬86
カワミドリ|秋・冬87
カワラケツメイ|秋・冬87
カワラナデシコ|夏177
カワラハハコ|夏244
カワラマツバ|夏70
カンアオイの名前がつく植物|春73
カンギク|秋・冬88
ガンクビソウ|秋・冬89
カンサイタンポポ|春158
カンスゲ|春72
カンチコウゾリナ|夏70
カントウカンアオイ|春73
カントウタンポポ|春157
カントウヨメナ|秋・冬90
ガンピ|夏136
カンラン|秋・冬91
キイトラッキョウ|秋・冬35
キイジョウロウホトトギス|秋・冬213
キエビネ|春39
キオン|夏71

キカラスウリ|秋・冬83
キキョウ|春75、夏72
キキョウソウ|春74
キクイモ|秋・冬92
キクザキイチゲ|春76
キクザキイチリンソウ|春76
キクタニギク|秋・冬93
キクバオウレン|春43
キケンショウマ|夏45
ギシギシ|春78、夏16
キジナ|秋・冬23
キジムシロ|春79
キショウブ|春80
キスゲ|夏248
キスミレ|春81
キセルアザミ|夏15
キセワタ|夏73
キチジョウソウ|秋・冬94
キッコウハグマ|秋・冬95
キツネアザミ|春82
キツネノカミソリ|夏74
キツネノボタン|春96
キツネノマゴ|秋・冬95
キツリフネ|夏75
キヌガサソウ|夏76

キヌタソウ|夏77
キバナアキギリ|秋・冬13
キバナイカリソウ|春23・82
キバナカワラマツバ|夏77
キバナノアマナ|春19
キバナノコマノツメ|夏78
キバナノセッコク|夏79
キバナノツキヌキホトトギス|秋・冬213
キバナノホトトギス|秋・冬212
キビヒトリシズカ|春211
キヒメユリ|夏129
ギボウシの仲間|夏80
キミカゲソウ|春137
キュウリグサ|春83
ギョウギシバ|夏82
ギョウジャニンニク|夏82
キランソウ|春84
キリシマエビネ|春39・85
キリンソウ|夏83
キレンゲショウマ|夏84
キンエノコロ|秋・冬55
キンコウカ|夏84
キンポウゲ|春33
キンミズヒキ|秋・冬96
キンラン|春85

ギンラン|春114
ギンリョウソウ|春86
キンレイカ|夏85
クカイソウ|夏86
クガイソウ|夏86
クサアジサイ|夏87
クサイチゴ|春87
クサコアカソ|秋・冬11・97・237
クサソテツ|春87
クサタチバナ|春88
クサノオウ|夏87
クサフジ|夏88
クサボタン|夏89
クサレダマ|夏90
クジャクシダ|春89
クズ|夏91
クスダマツメクサ|春89
クマガイソウ|春15・90
クモキリソウ|夏92
クモラン|夏92
クラマゴケ|秋・冬97
クララ|夏93
クリンソウ|春92
クリンユキフデ|春93・206
クルマバザクロソウ|夏115

クルマバソウ｜春94
クルマバックバネソウ｜春165、夏93
クルマバナ｜夏94
クルマムグラ｜春239、夏50
クルマユリ｜夏59・95
クロカミラン｜夏96
クロユリ｜夏96
クワガタソウ｜春95
クワクサ｜秋・冬98
グンナイフウロ｜夏97
グンバイナズナ｜春177
ケアリタソウ｜秋・冬9
ケイトウ｜秋・冬208
ケイビラン｜夏98
ケイワタバコ｜夏29
ケキツネノボタン｜春96
ケブカツルカコソウ｜夏99
ケマンソウ｜春97
ゲンゲ｜春98
ゲンノショウコ｜秋・冬99
ゲンペイコギク｜春99
コアカザ｜夏99、秋・冬9
コアカソ｜秋・冬11
コアツモリソウ｜春15
コイワザクラ｜春30
ゴウソ｜春100
コウゾリナ｜春101
コウボウムギ｜春102
コウホネ｜夏100
コウモリソウ｜秋・冬100
コウヤワラビ｜春103
コウリンカ｜夏101
コウリンタンポポ｜夏102
コオニタビラコ｜春57
コオニユリ｜夏59
ゴギョウ｜春200
コキンバイ｜夏103
コケミズ｜夏104
コケモモ｜夏105
コケリンドウ｜春104
コゴミ｜春87
コゴメガヤツリ｜秋・冬81
コゴメグサの名前がつく植物｜夏106
コシオガマ｜秋・冬102
コシノカンアオイ｜春73
コシノコバイモ｜春107
ゴゼンタチバナ｜夏107
コセンダングサ｜秋・冬104
コタニワタリ｜秋・冬59
コチャルメルソウ｜春163
コナスビ｜春106
コニシキソウ｜夏108
コバイケイソウ｜夏109
コバイモの名前がつく植物｜春107
コバギボウシ｜夏81
コハコベ｜春193
コバノカモメヅル｜夏110
コバノコゴメグサ｜夏106
コバノタツナミ｜春153
コバンソウ｜夏111
コヒルガオ｜夏209
コブナグサ｜秋・冬105
ゴマ｜夏21
コマウスユキソウ｜夏33
コマクサ｜夏112
コマツナギ｜夏113
コマツヨイグサ｜夏221
ゴマナ｜秋・冬106
コミカンソウ｜秋・冬107
コミヤマカタバミ｜春65
コメススキ｜夏113
コメツブツメクサ｜春7
コモチシダ｜秋・冬107
コモチマンネングサ｜春108
ゴリンバナ｜春253
コンギク｜秋・冬171
コンロンソウ｜春110

サ

サイシン｜春32
サイハイラン｜春111
サオトメバナ｜夏213
サギゴケ｜春236
サギシバ｜春236
サギソウ｜夏114
サクラソウ｜春112
サクラタデ｜秋・冬128
ザクロソウ｜夏115
ササバギンラン｜春114
ササユリ｜夏116・205
ザゼンソウ｜春115
サツキユリ｜夏205
サツマラッキョウ｜秋・冬35
サラシナショウマ｜秋・冬108
サルメンエビネ｜春115
サワウルシ｜春188
サワオグルマ｜春116
サワギキョウ｜夏117
サワギク｜夏118
サワシロギク｜夏118
サワヒヨドリ｜秋・冬110・197

サワラン｜夏119
サンガイグサ｜春224
サンカクイ｜秋・冬110
サンカヨウ｜春117
サンシクヨウソウ｜春22
サンリンソウ｜春118
ジイソブ｜秋・冬154
シオデ｜夏119
シオン｜秋・冬111
シコクカッコソウ｜春66
ジガバチソウ｜夏120
シキンカラマツ｜夏69
ジゴクノカマノフタ｜春84
シシウド｜夏134、秋・冬112
ジジババ｜春123
ジシバリ｜春46
シデシャジン｜夏121
シナガワハギ｜夏122
シナノオトギリ｜夏54
シナノナデシコ｜夏176
シノブ｜春119
シマオオタニワタリ｜秋・冬59
シマカンギク｜秋・冬93・113
シマスズメノヒエ｜秋・冬114
シマホタルブクロ｜夏217
シモツケ｜夏123
シモツケソウ｜夏123
シモバシラ｜秋・冬115
シャガ｜春120
シャク｜春121
シャクジョウソウ｜夏124
ジャコウソウ｜秋・冬116
シャジクソウ｜夏125
ジャノヒゲ｜夏45・126
シュウカイドウ｜秋・冬117
ジュウニヒトエ｜春122
シュウメイギク｜秋・冬118
ジュズダマ｜秋・冬119
シュスラン｜秋・冬120
シュロソウ｜夏127
シュンラン｜春123
ショウキズイセン｜秋・冬122
ショウジョウバカマ｜春124
ショウブ｜夏127
ジョウロウホトトギス｜秋・冬213
ショカッサイ｜春237
ショデコ｜夏119
シライトソウ｜春126
シラタマホシクサ｜秋・冬123
シラネアオイ｜春127
シラネセンキュウ｜秋・冬124
シラネチドリ｜夏189
シラヒゲソウ｜秋・冬125
シラヤマギク｜秋・冬126
シラユキゲシ｜春128
シラン｜春128
シロイヌノヒゲ｜秋・冬127
シロザ｜秋・冬9・128
シロツメクサ｜春7・129
シロバナエンレイソウ｜春129
シロバナサクラタデ｜秋・冬128
シロバナショウジョウバカマ｜春125
シロバナタンポポ｜春158
シロバナノヘビイチゴ｜春221
ジロボウエンゴサク｜春130
シロヨメナ｜秋・冬129
ジンジソウ｜秋・冬130
スイセン｜秋・冬131
スイバ｜春78・132
スイバ｜秋・冬32
スイモノグサ｜春64
スイレン｜夏204
スカシユリ｜夏128
スカンポ｜春132、秋・冬32
スギナ｜春133
スジテッポウユリ｜夏142
スズカケソウ｜夏130
ススキ｜秋・冬63・132
スズムシソウ｜春134
スズムシラン｜春134
スズメウリ｜秋・冬83・133
スズメカルカヤ｜秋・冬62
スズメノエンドウ｜春135
スズメノカタビラ｜春135
スズメノテッポウ｜春136
スズメノヒエ｜秋・冬114
スズメノヤリ｜春136
スズメノヤリ｜夏255
スズラン｜春137
スズラン｜夏62
ズダヤクシュ｜夏131
ステゴビル｜秋・冬133
スハマソウ｜春229
スベリヒユ｜夏132
スミレ｜春138
スミレサイシン｜春139
スモトリグサ｜秋・冬71
スルボ｜夏162
セイタカアワダチソウ｜夏43、秋・冬134
セイタカウコギ｜秋・冬27

セイバンモロコシ｜秋・冬135
セイヨウアブラナ｜春140
セイヨウアマナ｜春199
セイヨウカラシナ｜春141
セイヨウタンポポ｜春157
セイヨウノコギリソウ｜夏184
セイヨウヤマガラシ｜春204
セキショウ｜春142
セキヤノアキチョウジ｜秋・冬14
セッコク｜春143
セツブンソウ｜春144
セリ｜夏133
セリ科の植物たち｜夏134
セリバオウレン｜春43
センジュガンピ｜夏135・136
センダイハギ｜春145
センダングサ｜秋・冬104
ゼンテイカ｜夏178
セントウソウ｜春146
センニンソウ｜夏135
センノウの仲間｜夏136
センブリ｜秋・冬136
センボンヤリ｜秋・冬137
ゼンマイ｜春148
ソナレムグラ｜夏138
ソバ｜秋・冬152
ソバナ｜夏139

タ

タイアザミ｜秋・冬138
ダイコンソウ｜夏140
タイツリオウギ｜夏141
タイツリスゲ｜春100
タイツリソウ｜春97
タイトゴメ｜夏141
ダイモンジソウ｜秋・冬130・139
タイリントキソウ｜春148
タイワンクマガイソウ｜春91
タイワントキソウ｜春148
タイワンホトトギス｜秋・冬211
タイワンユリ｜夏142
タカクマホトトギス｜秋・冬212
タカサゴユリ｜夏142
タカサブロウ｜夏143
タカトウダイ｜春171、夏144
タカネグンナイフウロ｜夏97・191
タカネコウゾリナ｜夏70
タカネシオガマ｜夏251
タカネツリガネニンジン｜夏188
タカネナデシコ｜夏177
タカネビランジ｜夏145
タカネマツムシソウ｜秋・冬217
タケシマユリ｜夏59・146
タケシマラン｜夏146
タケニグサ｜夏147
タコノアシ｜秋・冬140
タチイヌノフグリ｜春45
タチガシワ｜春149
タチコゴメグサ｜夏106、秋・冬140
タチツボスミレ｜春150
タチフウロ｜夏148
タツナミソウ｜春152
タテヤマウツボグサ｜夏35
タテヤマオウギ｜夏26
タテヤマリンドウ｜夏149
タニギキョウ｜春75
タヌキマメ｜夏149
タネツケバナ｜春154
タビラコ｜春83
タマガヤツリ｜秋・冬81
タマガワホトトギス｜夏150
タマシダ｜秋・冬141
タマズサ｜秋・冬82
タマスダレ｜秋・冬141
タムラソウ｜夏150
タメトモユリ｜夏165
タモトユリ｜夏129
ダルマギク｜秋・冬142
ダルマソウ｜春115
タワラムギ｜夏111
ダンギク｜秋・冬143
タンキリマメ｜秋・冬144
ダンダンギキョウ｜春74
タンチョウソウ｜春155
タンポポの仲間｜春156
チガヤ｜春159
チカラグサ｜秋・冬71
チカラシバ｜秋・冬145
チクセツニンジン｜夏170
チゴザサ｜夏151
チゴユリ｜春160
チシマギキョウ｜春75
チシマタンポポ｜春160
チシマフウロ｜夏151
チダケサシ｜夏152
チチコグサ｜春161
チチブシロカネソウ｜春13
チヂミザサ｜秋・冬146
チドメグサ｜夏153
チドリソウ｜夏164
チドリの名前がつく植物｜夏154

チモシー｜夏42
チャボシライトソウ｜春126
チャボホトトギス｜秋・冬212
チャルメルソウ｜春162
チャンパギク｜夏147
チョウジソウ｜春164
チョウセンミズヒキ｜秋・冬96
チョロギダマシ｜夏21
チングルマ｜夏155
ツガザクラ｜夏7
ツキミグサ｜夏156
ツキミソウ｜夏156
ツクシ｜春133
ツクシイワシャジン｜秋・冬45
ツクシショウジョウバカマ｜春125
ツクバネ｜春165
ツクバネソウ｜春165
ツチアケビ｜秋・冬147
ツバナ｜春159
ツバメオモト｜春166
ツボクサ｜春60
ツボスミレ｜春151
ツボスミレ｜春183
ツボミオオバコ｜春49
ツマトリソウ｜夏157

ツメクサ｜春166
ツメレンゲ｜秋・冬148
ツユクサ｜夏158
ツリガネニンジン｜秋・冬149
ツリフネソウ｜秋・冬150
ツルアリドオシ｜秋・冬151
ツルカコソウ｜夏99
ツルカノコソウ｜春167
ツルソバ｜秋・冬152
ツルナ｜秋・冬153
ツルニガナ｜春46
ツルニチニチソウ｜夏160
ツルニンジン｜秋・冬154
ツルネコノメソウ｜春187
ツルハナシノブ｜春167
ツルフジバカマ｜夏161
ツルボ｜夏162
ツルマメ｜秋・冬238
ツルマンネングサ｜春109
ツルラン｜夏163
ツルリンドウ｜秋・冬155
ツワブキ｜秋・冬156
テガタチドリ｜夏164
テッポウユリ｜夏165
テンキグサ｜夏197

テングスミレ｜春151・168
テンニンソウ｜秋・冬157
トウオオバコ｜春49、夏166
トウカイタンポポ｜春157・169
トウゴクサバノオ｜春13・169
トウゴクシソバタツナミ｜春153
トウダイグサ｜春170
トウテイラン｜秋・冬158
トウバナ｜春172
トガクシショウマ｜夏167
トガクシソウ｜夏167
トキソウ｜春173
トキワイカリソウ｜春23
トキワツユクサ｜夏159
トキワナズナ｜春212
トキワハゼ｜春174
トキンソウ｜秋・冬159
トクサ｜秋・冬159
ドクゼリ｜夏168
ドクダミ｜夏169
トサジョウロウホトトギス｜秋・冬213
トチバニンジン｜夏170
トネアザミ｜秋・冬138
トモエシオガマ｜夏171・251、秋・冬103
トモエソウ｜夏172

トラノオ｜夏86
トラノオシダ｜春175
トラノオの名前がつく植物｜夏173
トリアシショウマ｜夏174、秋・冬109
トリカブトの名前がつく植物｜秋・冬160

ナ

ナカガワノギク｜秋・冬161
ナガハシスミレ｜春151・168
ナガバハグマ｜秋・冬176
ナガボノシロワレモコウ｜秋・冬161
ナギナタコウジュ｜秋・冬162
ナキリスゲ｜秋・冬162
ナズナ｜春176
ナツトウダイ｜春171・178
ナデシコの仲間｜夏176
ナノハナ｜春140
ナベナ｜秋・冬163・217
ナベワリ｜春178
ナルコユリ｜春17・179
ナンテンハギ｜秋・冬164
ナンバンギセル｜秋・冬165
ナンバンハコベ｜秋・冬166
ナンブトラノオ｜夏173
ニオイエビネ｜春39
ニオイタチツボスミレ｜春180

ニガナ｜春181
ニシキゴロモ｜春182
ニシキソウ｜秋・冬60
ニッコウキスゲ｜夏178
ニョイスミレ｜春183
ニリンソウ｜春184
ニワゼキショウ｜春185
ヌカキビ｜秋・冬166
ヌスビトハギ｜秋・冬167
ヌマトラノオ｜夏179
ネコジャラシ｜秋・冬54
ネコノシタ｜秋・冬185
ネコノメソウ｜春186
ネコハギ｜秋・冬168
ネジバナ｜夏180
ネッコグサ｜春52
ネナシカズラ｜秋・冬169
ネバリノギラン｜夏181
ノアザミ｜夏15
ノウルシ｜春171・188
ノカンゾウ｜夏182
ノギラン｜夏181・183
ノゲシ｜春189
ノコギリソウ｜夏184
ノコンギク｜秋・冬90・170
ノジギク｜秋・冬172
ノシュンギク｜春234
ノシラン｜夏185
ノダケ｜秋・冬173
ノハナショウブ｜春21・198、夏186
ノハラアザミ｜秋・冬174
ノブキ｜夏187
ノボロギク｜春190
ノミノツヅリ｜春190
ノミノフスマ｜春191、夏47

ハ

バイカイカリソウ｜春23
バイカオウレン｜春43
バイケイソウ｜夏109・187
バイモ｜春192
ハエドクソウ｜夏188
ハキダメギク｜秋・冬175
ハクサンシャジン｜夏188・207
ハクサンタイゲキ｜夏189
ハクサンチドリ｜夏154・189
ハクサンフウロ｜夏190
ハグマの名前がつく植物｜秋・冬176
ハグロソウ｜秋・冬177
ハコベラ｜春193
ハコベ｜春193
ハゴロモグサ｜夏192
ハシリドコロ｜春194
ハス｜夏193
ハダカホオズキ｜秋・冬178
ハタザオ｜春195・243
ハチジョウアキノキリンソウ｜秋・冬17
ハチス｜夏193
ハッカクレン｜春196
ハナイカリ｜夏193
ハナイソギク｜秋・冬30
ハナウド｜春197、夏46
ハナシノブ｜夏194
ハナショウブ｜春198、夏186
ハナゼキショウ｜夏195
ハナダイコン｜春237
ハナタデ｜秋・冬179
ハナニラ｜春199
ハナヒリグサ｜秋・冬159
ハナワラビの仲間｜秋・冬180
ハハコグサ｜春200
ハバヤマボクチ｜秋・冬75・182
ハマウド｜春201
ハマエノコロ｜秋・冬55・183
ハマエンドウ｜春71・201
ハマオモト｜夏196
ハマギク｜秋・冬184
ハマグルマ｜秋・冬185
ハマゴウ｜夏196
ハマダイコン｜春202・237
ハマナデシコ｜秋・冬186
ハマニンニク｜夏197
ハマハコベ｜夏198
ハマベノギク｜秋・冬186
ハマベンケイソウ｜夏199
ハマボウフウ｜夏199
ハマボッス｜春203
ハマユウ｜夏196
ハヤチネウスユキソウ｜夏33
ハルザキヤマガラシ｜春204
ハルジオン｜春205、秋・冬191
ハルトラノオ｜春206、夏173
ハルノノゲシ｜春189
ハルユキノシタ｜春207
ハルリンドウ｜春105
ハンカイソウ｜夏200
ハンゲ｜春72
ハンゲショウ｜夏201
ハンゴンソウ｜夏202
ハンショウヅル｜春208
ヒイラギソウ｜春208

ヒオウギアヤメ｜春21、夏203
ヒカゲイノコヅチ｜夏22
ヒカゲノカズラ｜秋・冬187
ヒガンバナ｜秋・冬188
ヒキオコシ｜秋・冬189
ヒキノカサ｜春209
ヒゴスミレ｜春37
ヒゴタイ｜秋・冬190
ヒシ｜夏204
ヒダカミセバヤ｜秋・冬190
ヒツジグサ｜夏204
ヒデコ｜夏119
ヒトハラン｜夏20
ヒトリシズカ｜春210
ヒナソウ｜春212
ヒナタイノコヅチ｜夏22
ヒメウズ｜春212
ヒメウスユキソウ｜夏33
ヒメオドリコソウ｜春213
ヒメガマ｜夏66
ヒメキンミズヒキ｜秋・冬96
ヒメサユリ｜夏205
ヒメシャガ｜春120
ヒメシャジン｜夏206
ヒメジョオン｜秋・冬191

ヒメスイバ｜春132
ヒメツルソバ｜秋・冬192
ヒメドクサ｜秋・冬192
ヒメトケンラン｜春214
ヒメトラノオ｜夏173
ヒメハマナデシコ｜夏177
ヒメヒオウギズイセン｜夏208
ヒメフタバラン｜秋・冬193
ヒメミヤマウズラ｜夏227
ヒメムカシヨモギ｜秋・冬194
ヒメヤブラン｜秋・冬194
ヒメユリ｜夏129
ヒメリュウキンカ｜春250
ヒメワタスゲ｜夏255
ヒヨドリジョウゴ｜秋・冬195
ヒヨドリバナ｜秋・冬196
ビランジ｜夏145
ヒルガオ｜夏209
ヒルムシロ｜秋・冬198
ヒレアザミ｜春215
ピレオギク｜春215
ピレオギク｜秋・冬43
ビロードカラムシ｜秋・冬248
ビロードシダ｜秋・冬198
ビロードタツナミ｜春153

ビロードモウズイカ｜夏210
ビロードラン｜夏12
ヒロハタンポポ｜春157
ヒロハノアマナ｜春19
ビンボウカズラ｜夏239
フウセンカズラ｜秋・冬199
フウチソウ｜秋・冬200
フウラン｜夏211
フウリンオダマキ｜春55
フガクスズムシ｜夏212
フキ｜春216
フクオウソウ｜秋・冬201
フクジュソウ｜春217
フジアザミ｜秋・冬202
フシグロ｜秋・冬203
フシグロセンノウ｜秋・冬203
フジチドリ｜夏154
フジナデシコ｜秋・冬186
フジバカマ｜秋・冬197・204
ブタクサ｜秋・冬205
フタバアオイ｜春218
フタバムグラ｜春239
フタリシズカ｜春211・219
フデクサ｜春102
フデリンドウ｜春105

フトイ｜秋・冬205
フナバラソウ｜夏212
フユイチゴ｜秋・冬206
フユノハナワラビ｜秋・冬181
ヘクソカズラ｜夏213
ヘツカラン｜秋・冬207
ベニシュスラン｜秋・冬121
ベニバナイチヤクソウ｜夏214
ベニバナボロギク｜秋・冬207
ヘビイチゴ｜春220
ヘラオオバコ｜春49、夏215
ペラペラヨメナ｜春99
ペンペングサ｜春176
ホウオウシャジン｜夏215、秋・冬45
ボウシバナ｜夏158
ホウチャクソウ｜春222
ホオズキ｜秋・冬178
ホクロ｜春123
ホソアオゲイトウ｜秋・冬208
ホソバコゴメグサ｜夏106
ホソバナコバイモ｜春107
ホソバノアマナ｜春19
ホソバノホロシ｜夏246
ホソバノヤマハハコ｜夏244
ホソバハグマ｜秋・冬65

ホソバヒナウスユキソウ｜夏33
ホタルイ｜秋・冬205
ホタルカズラ｜春223
ホタルブクロ｜夏216
ボタンボウフウ｜夏218
ホテイアオイ｜秋・冬209
ホテイアツモリソウ｜春15
ホテイシダ｜秋・冬209
ホテイラン｜夏219
ホトケノザ｜春224
ホトトギス｜秋・冬210
ボロギク｜春190、夏118

マ

マアザミ｜夏15
マイヅルソウ｜春225
マコモ｜秋・冬214
マツカゼソウ｜秋・冬215
マツバウンラン｜春226
マツバラン｜秋・冬215
マツムシソウ｜秋・冬216
マツムラソウ｜秋・冬218
マツモトセンノウ｜夏137
マツヨイグサ｜夏220
ママコナ｜夏229
ママコノシリヌグイ｜秋・冬219
マムシグサ｜春227
マメグンバイナズナ｜春177
マメヅタ｜秋・冬220
マユハケソウ｜春210
マルバエゾニュウ｜夏16
マルバコンロンソウ｜春110
マルバダケブキ｜夏222
マルバトウキ｜夏134
マルバノホロシ｜夏47
マンジュシャゲ｜秋・冬188
ミコシグサ｜秋・冬99
ミシマサイコ｜夏222
ミズ｜春36
ミズイチョウ｜夏25
ミズギク｜秋・冬221
ミズギボウシ｜夏81
ミズタマソウ｜夏223
ミズナ｜春36
ミズバショウ｜春228
ミズヒキ｜秋・冬222
ミスミソウ｜春229
ミセバヤ｜秋・冬224
ミゾカクシ｜秋・冬24
ミゾソバ｜秋・冬225
ミソハギ｜夏224
ミゾホオズキ｜夏225
ミチノクエンゴサク｜春131
ミツガシワ｜夏226
ミツバオウレン｜夏226
ミツバツチグリ｜春230
ミツモトソウ｜秋・冬226
ミドリハコベ｜春193
ミノコバイモ｜春107
ミミダレグサ｜夏249
ミミナグサ｜春231
ミヤオソウ｜春196
ミヤクコングサ｜春231
ミヤコグサ｜春230
ミヤコワスレ｜春232
ミヤコワスレ｜春234
ミヤマアキノキリンソウ｜秋・冬17
ミヤマウイキョウ｜夏134
ミヤマウズラ｜夏227、秋・冬121
ミヤマエンレイソウ｜春129
ミヤマオダマキ｜春55
ミヤマオトコヨモギ｜秋・冬247
ミヤマカタバミ｜春65
ミヤマカラマツ｜夏69
ミヤマキケマン｜春233
ミヤマキンバイ｜夏228
ミヤマクロユリ｜夏96
ミヤマコウゾリナ｜夏70
ミヤマコゴメグサ｜夏106
ミヤマシオガマ｜夏251
ミヤマシャジン｜夏207
ミヤマセントウソウ｜春147
ミヤマナルコユリ｜春17・233
ミヤマノウルシ｜夏189
ミヤマママコナ｜夏229
ミヤママンネングサ｜春109
ミヤマヨメナ｜春234
ミヤマヨメナ｜春232
ミョウガ｜夏230
ムサシアブミ｜春235
ムシトリスミレ｜夏231
ムシトリナデシコ｜夏232
ムシャリンドウ｜夏232
ムラサキカタバミ｜春65
ムラサキケマン｜春236
ムラサキサギゴケ｜春174・236
ムラサキタンポポ｜秋・冬137
ムラサキツメクサ｜春6
ムラサキツユクサ｜夏159
ムラサキハナナ｜春237
ムラサキモメンヅル｜夏233

メガルカヤ|秋・冬62
メキシコマンネングサ|春109
メタカラコウ|夏233
メドハギ|秋・冬227
メナモミ|秋・冬228
メハジキ|夏234
メヒシバ|秋・冬229
メマツヨイグサ|夏221
メヤブマオ|秋・冬237
メリケンカルカヤ|秋・冬229
モウズイカ|夏210
モウセンゴケ|夏235
モジズリ|夏180
モミジガサ|秋・冬230
モミジカラマツ|夏69
モミジハグマ|秋・冬65・176
モミジバセンダイソウ|秋・冬231
モントブレチア|夏208

ヤ

ヤイトバナ|夏213
ヤエムグラ|春238
ヤクシソウ|秋・冬231
ヤクシマショウジョウバカマ|春125
ヤクモソウ|夏234
ヤグルマソウ|夏236
ヤシャジンシャジン|秋・冬45
ヤナギソウ|夏238
ヤナギタデ|秋・冬37
ヤナギトラノオ|夏237
ヤナギラン|夏238
ヤハズソウ|秋・冬232
ヤハズノエンドウ|春70
ヤハズヒゴタイ|秋・冬233
ヤブカラシ|夏239
ヤブカンゾウ|夏240
ヤブジラミ|夏241
ヤブソテツ|秋・冬234
ヤブタバコ|秋・冬235
ヤブタビラコ|春57
ヤブニンジン|春147
ヤブヘビイチゴ|春221
ヤブマオ|秋・冬236
ヤブマメ|秋・冬238
ヤブミョウガ|夏242
ヤブラン|秋・冬239
ヤブレガサ|春240
ヤマエンゴサク|春131
ヤマオダマキ|春55
ヤマゴボウ|秋・冬74
ヤマジノホトトギス|秋・冬211
ヤマシャクヤク|春241
ヤマゼリ|秋・冬240
ヤマタツナミソウ|春153、夏243
ヤマトリカブト|秋・冬160・240
ヤマドリゼンマイ|春242
ヤマネコノメソウ|春187
ヤマノイモ|秋・冬241
ヤマハタザオ|春243
ヤマハッカ|秋・冬242
ヤマハハコ|夏244
ヤマブキショウマ|夏175・245
ヤマブキソウ|春243
ヤマホタルブクロ|夏217
ヤマホトトギス|秋・冬211
ヤマホロシ|夏47・246
ヤマムグラ|春239
ヤマユリ|夏247
ヤマラッキョウ|秋・冬35・243
ヤマルリソウ|春244
ヤワタソウ|春254
ユウガギク|秋・冬90・244
ユウゲショウ|夏10
ユウスゲ|夏248
ユウレイタケ|春86
ユキザサ|春245
ユキノシタ|夏249
ユキモチソウ|春246
ユキワリイチゲ|春77
ユキワリコザクラ|春113
ユキワリソウ|春229
ユリワサビ|春247
ヨウシュヤマゴボウ|秋・冬245
ヨウラクラン|春248
ヨゴレネコノメ|春187
ヨシ|秋・冬21
ヨシノシズカ|春210
ヨツバシオガマ|夏250、秋・冬103
ヨツバヒヨドリ|夏252、秋・冬197
ヨツバムグラ|春239
ヨブスマソウ|秋・冬101
ヨメナ|秋・冬90
ヨメノサイ|春255
ヨモギ|秋・冬246

ラ

ラショウモンカズラ|春249
ラセイタソウ|秋・冬248
リシリソウ|夏253
リシリヒナゲシ|夏253
リュウキンカ|春250
リュウノウギク|秋・冬249

リュウノヒゲ｜夏126
リョウメンシダ｜春251
リンドウ｜春105、夏41、秋・冬250
ルイヨウショウマ｜春251
ルイヨウボタン｜春252
ルリソウ｜春244
レイジンソウ｜夏48、秋・冬252
レンゲ｜春98
レンゲショウマ｜夏254
レンゲソウ｜春98
レンプクソウ｜春253
ロウト｜春194

ワ

ワスレグサ｜夏240
ワスレナグサ｜春253
ワタスゲ｜夏255
ワタナベソウ｜春254
ワダン｜秋・冬253
ワニグチソウ｜春255
ワラビ｜春255
ワラベナ｜春255
ワレモコウ｜秋・冬254

解説・写真

高橋勝雄（たかはし・かつお）――一九三八年生まれ。一九八八年から一九九九年までNHKテレビ「趣味の園芸」に山野草などのテーマの講師として出演。一九九一年から四年一〇カ月間、毎日新聞で連載のユーモア・エッセイ『野の花に親しむ』を担当。著書に『山溪名前図鑑　野草の名前（全三巻）』（山と溪谷社）、『日本エビネ花譜（全四巻）』（毎日新聞社）、『夏の山野草一〇〇』『春の山野草一〇〇』『秋の山野草一〇〇』（NHK出版）など多数ある。二〇一一年、七三歳で逝去。

絵

松見勝弥（まつみ・かつや）――一九四二年、熊本県生まれ。名古屋市在住。広告会社退職後、イラストレーターとして活躍。高橋勝雄氏の著書一四冊余のイラスト担当。名古屋市東山植物園の講師として植物知識を提供。絶滅危惧植物の増殖や実生にも挑戦している。

写真提供＝香取建介、山ノ内崇志、設楽拓人、井澤健輔
装幀・フォーマットデザイン＝田中聖子（MdN Design）
本文DTP＝佐藤壮太（オフィス・ユウ）
編集＝単行本　江種雅行・武田朋子・高橋礼子
　　　文　庫　舘野太一、井澤健輔（山と溪谷社）

野草の名前　秋・冬

和名の由来と見分け方

二〇一七年九月一〇日　初版第一刷発行
二〇一九年十二月一日　初版第二刷発行

著　者　高橋勝雄

発行人　川崎深雪
発行所　株式会社　山と溪谷社
郵便番号　一〇一‐〇〇五一
東京都千代田区神田神保町一丁目一〇五番地
https://www.yamakei.co.jp/
■乱丁・落丁のお問合せ先
山と溪谷社自動応答サービス　電話　〇三‐六八三七‐五〇一八
受付時間／十時～十二時、十三時～十七時三十分（土日、祝日を除く）
■内容に関するお問合せ先
山と溪谷社　電話　〇三‐六七四四‐一九〇〇（代表）
■書店・取次様からのお問合せ先
山と溪谷社受注センター
電話　〇三‐六七四四‐一九一九
ファクス　〇三‐六七四四‐一九二七

印刷・製本　図書印刷株式会社
定価はカバーに表示してあります

Printed in Japan ISBN978-4-635-04836-1

ヤマケイ文庫

既刊

米田一彦 山でクマに会う方法

加藤則芳 森の聖者 自然保護の父ジョン・ミューア

岡田喜秋 定本 日本の秘境

伊沢正名 くう・ねる・のぐそ 自然に「愛」のお返しを

梅棹忠夫 山をたのしむ

羽根田治 ドキュメント 道迷い遭難

高桑信一 古道巡礼 山人が越えた径

岡田喜秋 旅に出る日

盛口満 教えてゲッチョ先生！ 昆虫のハテナ

盛口満 教えてゲッチョ先生！ 雑木林のフシギ

田口洋美 新編 越後三面山人記 マタギの自然観に習う

岡田喜秋 定本 山村を歩く

平谷けいこ 四季の摘み菜12ヵ月

羽根田治 パイヌカジ 小さな鳩間島の豊かな暮らし

新刊

既刊

羽根田治 ドキュメント 気象遭難

椎名誠 あやしい探検隊 アフリカ乱入

椎名誠 あやしい探検隊 焚火酔虎伝

椎名誠 あやしい探検隊 バリ島横恋慕

一坂太郎 坂本龍馬を歩く

山本素石 山釣り

叶内拓哉 くらべてわかる野鳥 文庫版

小塚拓矢 怪魚ハンター

蔵田敏明 時代別京都を歩く 歴史を彩った24人の群像

山と溪谷社 編 紀行とエッセーで読む 作家の山旅

山本素石 新編 溪流物語

高橋勝雄 野草の名前 夏 和名の由来と見分け方

高橋勝雄 野草の名前 秋・冬 和名の由来と見分け方